医药高等职业教育创新教材

YAOWUHECHENGJISHU

药物合成技术

主审　王质明

主编　沈新安

编者　沈新安　郑　苏　赵功宝

中国医药科技出版社

内容提要

本书是医药高等职业教育创新教材之一。全书包含10章，19个实训，在每一个具体反应类型里，介绍了化学反应的基本原理、概念、反应条件、工艺影响因素、应用与限制。与此同时，紧扣工业生产过程，介绍具体的生产工艺、生产方法和影响生产过程的各种因素，对生产与控制的环节作了充分说明；针对所学内容配备相应的实验实训项目。

本书适合高职药学及其相关专业使用。

图书在版编目（CIP）数据

药物合成技术/沈新安主编. —北京：中国医药科技出版社，2013. 8

医药高等职业教育创新教材

ISBN 978-7-5067-6252-6

Ⅰ.①药… Ⅱ.①沈… Ⅲ.①药物化学—有机合成—高等职业教育—教材 Ⅳ.①TQ460.31

中国版本图书馆CIP数据核字（2013）第144566号

美术编辑 陈君杞
版式设计 郭小平

出版 中国医药科技出版社
地址 北京市海淀区文慧园北路甲22号
邮编 100082
电话 发行：010-62227427 邮购：010-62236938
网址 www. cmstp. com
规格 787×1092mm 1/16
印张 14 3/4
字数 260千字
版次 2013年8月第1版
印次 2013年8月第1次印刷
印刷 北京印刷一厂
经销 全国各地新华书店
书号 ISBN 978-7-5067-6252-6
定价 35.00元

医药高等职业教育创新教材建设委员会

编写说明

BIANXIESHUOMING

近几年来，中国医药高等职业教育发展迅速，成为医药高等教育的半壁河山，为医药行业培养了大批实用性人才，得到了社会的认可。

医药高等职业教育承担着培养高素质技术技能型人才的任务，为了实现高等职业教育服务地方经济的功能，贯彻理论必需、够用，突出职业能力培养的方针，就必须具有先进的职业教育理念和培养模式。因此，形成各个专业先进的课程体系是办好医药高等职业教育的关键环节之一。

江苏联合职业技术学院徐州医药分院十分注重课程改革与建设。在对工作过程系统化课程理论学习、研究的基础上，按照培养方案规定的课程，组织了一批具有丰富教学经验和第一线实际工作经历的教师及企业的技术人员，编写了《中药制药专门技术》、《药物分析技术基础》、《药物分析综合实训》、《分析化学实验》、《药学综合实训》、《仪器分析实训》、《药物合成技术》、《药物分析基础实训》、《医疗器械监督管理》、《常见病用药指导》、《医药应用数学》、《物理》等高职教材。

江苏联合职业技术学院徐州医药分院教育定位是培养拥护党的基本路线，适应生产、管理、服务第一线需要的德、智、体、美各方面全面发展的医药技术技能型人才。紧扣地方经济、社会发展的脉搏，根据行业对人才的需求设计专业培养方案，针对职业要求设置课程体系。在课程改革过程中，组织者、参与者认真研究了工作过程系统化课程和其他课程模式开发理论，并在这批教材编写中进行了初步尝试，因此，这批教材有如下几个特点。

1. 以完整职业工作为主线构建教材体系，按照医药职业工作领域不同确定教材种类，根据职业工作领域包含的工作任务选择教材内容，对应各个工作任务的内容既保持相对独立，又蕴涵着相互之间的内在联系；

2. 教材内容的范围与深度与职业的岗位群相适应，选择生产、服务中的典型工作过程作为范例，安排理论与实践相结合的教学内容，并注意知识、能力的拓展，力求贴近生产、服务实际，反映新知识、新设备与新技术，并将SOP对生产操作的规范、《中国药典》2010年版对药品质量要求、GMP、GSP等法规对生产与服务工作质量要求引入教材内容中。项目教学、案例教学将是本套教材较为适用的教学方法；

3. 参加专业课教材编写的人员多数具有生产或服务第一线的经历，并且从事多年教学工作，使教材既真实反映实际生产、服务过程，又符合教学规律；

4. 教材体系模块化，各种教材既是各个专业选学的模块，又具有良好的衔接性；每种教材内容的各个单元也形成相对独立的模块，每个模块一般由一个典型工作任务构成；

5. 此批教材即适合于职业教育使用，又可作为职业培训教材，同时还可做为医药行业职工自学读物。

此批教材虽然具有以上特点，但由于时间仓促和其他主、客观原因，尚有种种不足之处，需要经过教学实践锤炼之后加以改进。

医药高等职业教育创新教材编写委员会

2013 年 3 月

前言

QIANYAN

本教材是江苏联合职业技术学院徐州医药分院根据医药高等职业教育的培养目标和要求组织编写的医药高等职业教育教材。在编写中，遵照国家教育部提出的教材必须具备“思想性、科学性、先进性、启发性和适用性”的指导原则，以从事化学制药生产中的一线岗位所必需的基本职业技能、专业知识、职业素质为主线，注重实际操作技能的培养，为医药类学生今后从事化学制药相关岗位的工作奠定坚实的实用基础。

本书分 10 章及实验实训指导。第 1 至第 6 章讨论了以原子或官能团引入和转化为主的卤化、硝化、磺化、重氮化、氧化、还原反应操作和必要理论；第 7 至第 10 章讨论了以有机分子骨架改变为主的烃化、酰化、缩合、环合反应操作和必要理论。在每一个具体反应类型里，介绍了化学反应的基本原理、概念、反应条件、工艺影响因素、应用与限制。与此同时，紧扣工业生产过程，介绍具体的生产工艺、生产方法和影响生产过程的各种因素，对生产与控制的环节作了充分说明；针对所学内容配备相应的实验实训项目。书末附有药物合成反应中常用的缩略语、人名反应英汉对照表、重要化学试剂英汉对照表及主要参考书目。

针对化学制药技术专业学生今后的工作岗位，紧扣工业生产过程，设计了具体的生产工艺操作过程、生产方法和影响生产过程的各种因素等内容，并对生产与控制的环节作了充分说明。在介绍具体的医药中间体产品工业生产过程之后，由此及彼，进一步推广到同一类医药中间体产品的合成，尽量使读者触类旁通，举一反三。以职业实际需求为准则，强调基本技能的培训，理论与实践融为一体，彻底打破了学科教育的模式，突出了职业技术教育的特点，在职教教材编写上有较大突破。本教材可操作性强、操作顺序清楚，且专业基础知识和基础理论重点突出、语言简练。

本教材由江苏联合职业技术学院徐州医药分院沈新安主编，并编写全书主要内容；江苏联合职业技术学院徐州医药分院郑苏负责实验部分的编写；江苏联合职业技术学院徐州医药分院赵功宝负责各章反应工艺流程图的绘制及各章习题编写。

本教材由江苏联合职业技术学院徐州医药分院王质明主审。

本教材适合高等职业教育化学制药技术等专业教学使用，也可作为企业化学制药相关工种、以及其他相关专业员工培训教材和参考书使用。

限于编者水平，成稿时间仓促，书中定有疏漏和不妥之处，诚恳欢迎读者及同行专家批评指正。

编者

2013 年 3 月

目录

MULU

第一章　卤化反应技术　/　1

第二章　硝化反应技术　/　17

第三章 磺化反应技术 / 36

第四章 重氮化反应技术 / 50

第五章　氧化反应技术　/　66

第六章　还原反应技术　/　80

第七章　烃化反应技术　/　99

实验 / 173

附录 / 202

参考文献 / 220

第一章

卤化反应技术

第一节 卤化反应的基本化学原理

从广义上讲，向有机分子中引入卤素原子的反应称为卤化反应（halogenation reaction）。根据引入卤素的不同，可分为氟化、氯化、溴化和碘化。由于不同种类卤素的活性和碳—卤键的稳定性差异等因素，氟化、氯化、溴化和碘化各有其不同的特点。其中，氯化和溴化较为常用。近年来，随着含氟药物在临床上的应用呈上升趋势，氟化反应也相应引起了人们的关注。

卤化反应可以分为加成反应、取代反应、置换反应。

一、加成反应

卤素或卤化氢与有机化合物分子的加成反应是形成卤化物的主要方法之一。有机氯或溴化物常常是重要的药物合成中间体。

例如，抗高血压药卡托普利（Captopril）的中间体的制备；

$$CH_2{=}C(CH_3){-}COOH \xrightarrow[\text{过氧化物}]{HX} XCH_2{-}CH(CH_3)COOH$$

二、取代反应

有机化合物分子中的氢原子被其他原子或基团所代替的反应称为取代反应。如：

$$H_2N{-}C_6H_4{-}COCH_3 \xrightarrow{Cl_2/CH_3COOH} H_2N{-}C_6H_2Cl_2{-}COCH_3 \xrightarrow{Br_2/CHCl_3} H_2N{-}C_6H_2Cl_2{-}COCH_2Br$$

$$H_3C{-}C_6H_4{-}COOH \xrightarrow[100\sim115℃]{Cl_2/Tol} ClCH_2{-}C_6H_4{-}COOH$$

三、置换反应

有机化合物分子中，氢以外的原子或基团被其他原子或基团所代替的反应称为置换反应。如：

$$O_2N{-}C_6H_4{-}COOH \xrightarrow[\text{回流，}30\sim40h]{SOCl_2} O_2N{-}C_6H_4{-}COCl$$

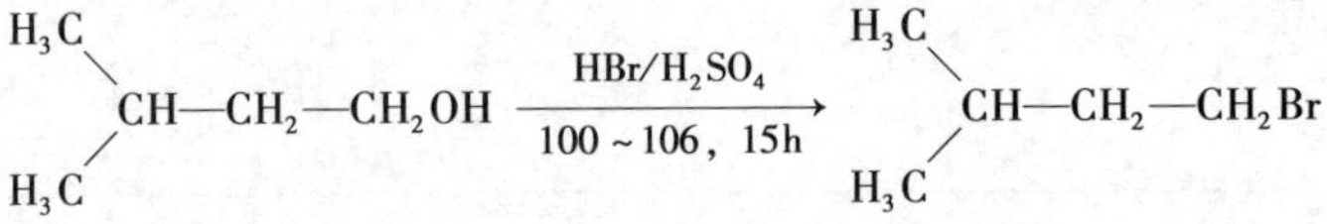

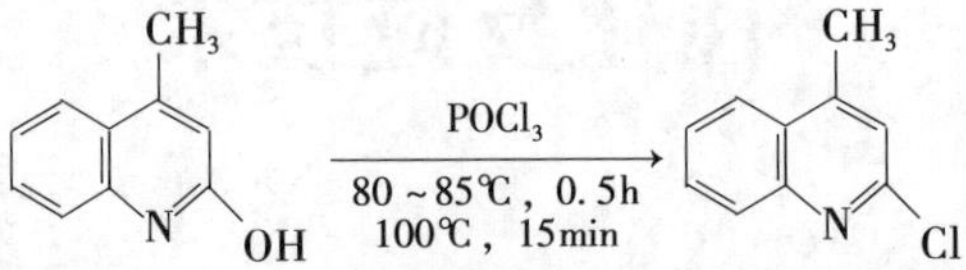

$$(CH_3)_2CH-CH_2-CH_2OH \xrightarrow[100\sim106, 15h]{HBr/H_2SO_4} (CH_3)_2CH-CH_2-CH_2Br$$

$$\text{4-甲基-2-羟基喹啉} \xrightarrow[80\sim85℃, 0.5h; 100℃, 15min]{POCl_3} \text{4-甲基-2-氯喹啉}$$

卤素原子的引入可以使有机化合物的理化性质、生理活性发生一定变化，常使有机分子具有极性或极性增加，反应活性增强，容易被其他原子或基团所置换，生成多种衍生物。因此，卤化反应在药物合成中的应用非常广泛。

制备药物中间体 如乙醇溴化制得溴乙烷，后者又作为烃化剂使丙二酸二乙酯发生乙基化反应，生成二乙基丙二酸二乙酯，它是催眠镇静药巴比妥（Barbital）中间体；

$$C_2H_5OH \xrightarrow[H_2SO_4]{NaBr} C_2H_5Br \xrightarrow[C_2H_5ONa]{CH_2(COOC_2H_5)_2} (C_2H_5)_2C(COOC_2H_5)_2$$

又如17α-羟基黄体酮，C_{21}位引入碘后，反应活性增大，易与醋酸钾反应，生成肾上腺皮质激素醋酸可的松（Cortisone Acetate）；

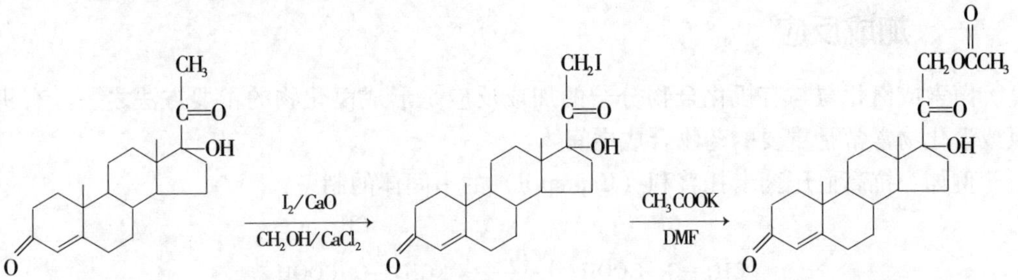

$$\text{17α-羟基黄体酮 (}COCH_3\text{)} \xrightarrow[CH_3OH/CaCl_2]{I_2/CaO} \text{(}COCH_2I\text{)} \xrightarrow[DMF]{CH_3COOK} \text{(}COCH_2OCOCH_3\text{)}$$

制备具有不同生理活性的含卤素的有机药物如抗菌药氯霉素（Chloramphenicol），诺氟沙星（Norfloxacin），抗肿瘤药氟尿嘧啶（Fluorouracil），拟肾上腺素药克仑特罗（Clenbuterol）等；

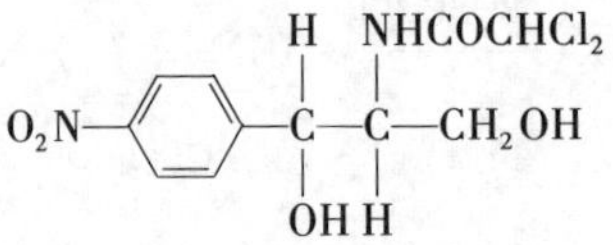

$$O_2N-C_6H_4-CH(OH)-CH(NHCOCHCl_2)-CH_2OH$$

氯霉素

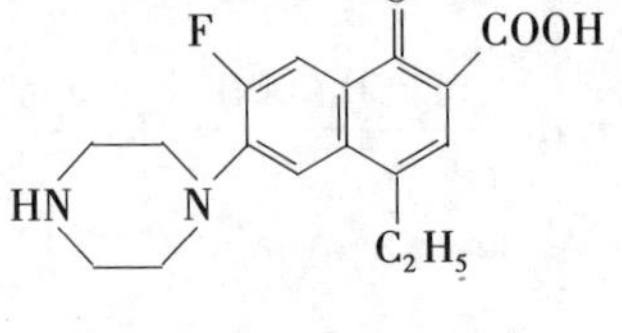

诺氟沙星

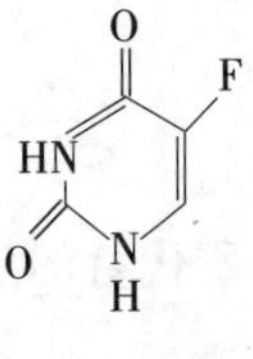

氟尿嘧啶

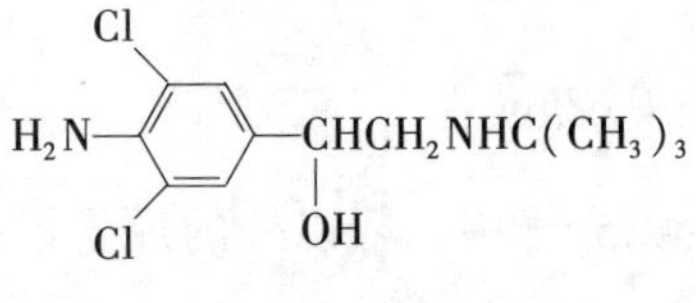

$$H_2N-C_6H_2Cl_2-CH(OH)CH_2NHC(CH_3)_3$$

克仑特罗

其他应用

卤代烃是低极性化合物，具有较低的沸点和熔点，溶于非极性溶剂而不溶于水，本身是其他低极性化合物的良好溶剂。如三氯甲烷、二氯乙烷等。卤化物不易燃，四氯化碳可以作为灭火剂，有的还作制冷剂，如氟利昂。四氯乙烯可用作有机溶剂、干洗剂和金属表面活性剂，也可用作驱肠虫药。

第二节　反应操作实例——β－溴乙胺氢溴酸盐的制备

一、氮杂环丙烷与氢溴酸加成的工艺

（一）制备方法

1. 反应原理

$$\text{(氮杂环丙烷, NH)} + 2HBr \rightarrow BrCH_2CH_2NH_2 \cdot HBr$$

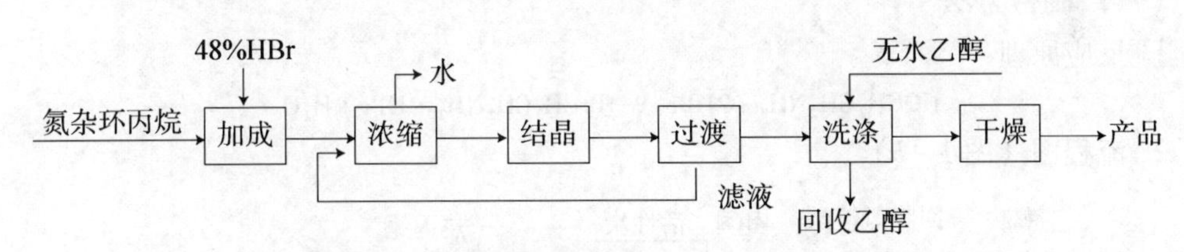

图 1－1　氮杂环丙烷与氢溴酸加成制备 β－溴乙胺氢溴酸盐的生产流程

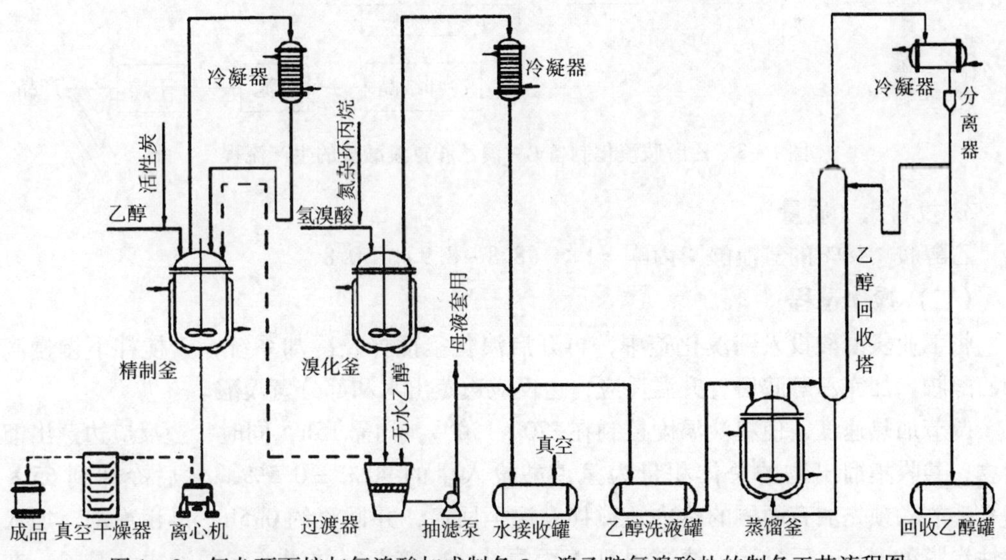

图 1－2　氮杂环丙烷与氢溴酸加成制备 β－溴乙胺氢溴酸盐的制备工艺流程图

2. 投料比（质量）

氮杂环丙烷∶48% 氢溴酸＝1∶（10～10.5）

（二）操作过程

在加成釜内投入 48% 的氢溴酸，开启搅拌及冷冻盐水冷却系统，将料液冷却至

0℃，然后开始滴加氮杂环丙烷，滴加速度控制在料液温度不超过5℃。加毕，继续搅拌30min，接着真空浓缩、冷却析出结晶、过滤。滤液返回浓缩釜与下一批合并，滤饼则先用少量无水乙醇淋洗，再抽干得粗品，收率80%左右。

粗品加乙醇加热溶解后，稍冷却，并加适量活性炭脱色、热过滤。所得的滤液经冷却结晶、过滤、真空干燥，得白色的结晶，熔点173～174℃。

（三）注意事项

（1）投料次序可改为将氢溴酸滴加到氮杂环丙烷中。

（2）如果产品用于合成β－溴乙基硫脲，则无需重结晶，粗品干燥后，即可使用。

（3）β－溴乙胺氢溴酸盐为白色结晶，熔点172～174℃。易溶于水，微溶于冷的乙醇，溶于热的乙醇、甲醇和丙酮，不溶于冷的丙酮和乙醚。

二、乙醇胺溴化的工艺

（一）制备方法

1. 反应原理

$$HOCH_2CH_2NH_2 + 2HBr \longrightarrow BrCH_2CH_2NH_2 \cdot HBr + H_2O$$

2. 流程图（图1－3）。

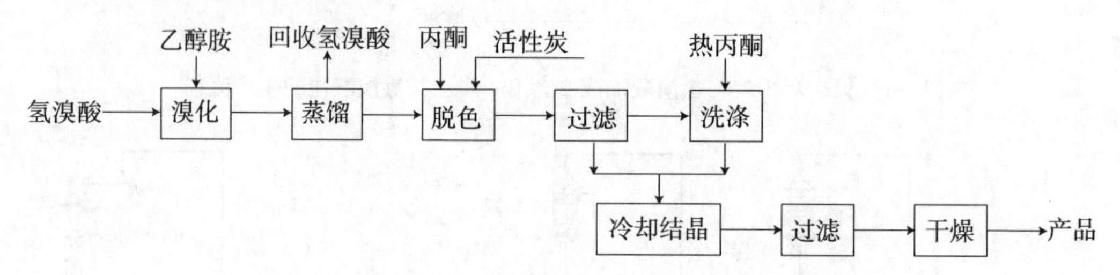

图1－3　乙醇胺溴化制备β－溴乙胺氢溴酸盐的生产流程

3. 投料比（质量）

乙醇胺∶48%的氢溴酸∶丙酮＝1∶（8.8～8.9）∶0.8

（二）操作过程

将工业氢溴酸投入到溴化釜中，再开启溴化釜搅拌及冷却系统，于搅拌下慢慢滴加乙醇胺。加完乙醇胺后，升温反应，边反应边蒸出水和部分氢溴酸。

调节加热速度，使料液温度控制在120～150℃，约需15h，同时，边反应边蒸出馏出物，共收集馏出物的总体积量为氢溴酸投入量的90%±0.5%。然后冷却到65～70℃，放入预先加有丙酮的釜内，搅拌升温至回流，并回流约0.5h，再稍冷却，加入活性炭脱色15min后过滤。滤饼用50℃丙酮洗涤，接着合并滤液和洗液去结晶釜，在搅拌下冷却结晶（工业上一般采用冷冻盐水冷却至接近0℃）。待结晶充分析出后过滤，所得的滤饼用适量的冰丙酮淋洗至无色，再真空干燥，得白色结晶。熔点为172～174℃，收率约80%。

（三）注意事项

（1）溴化在反应精馏装置中进行，边反应边脱水，接收馏出物的速度先快后慢，开始每小时接收氢溴酸投料量25%，再到15%，10%，5%和1%。

（2）氢溴酸与水形成共沸物，共沸点为126℃，共沸组成含水52.5%，故反应温度控制在120~150℃。

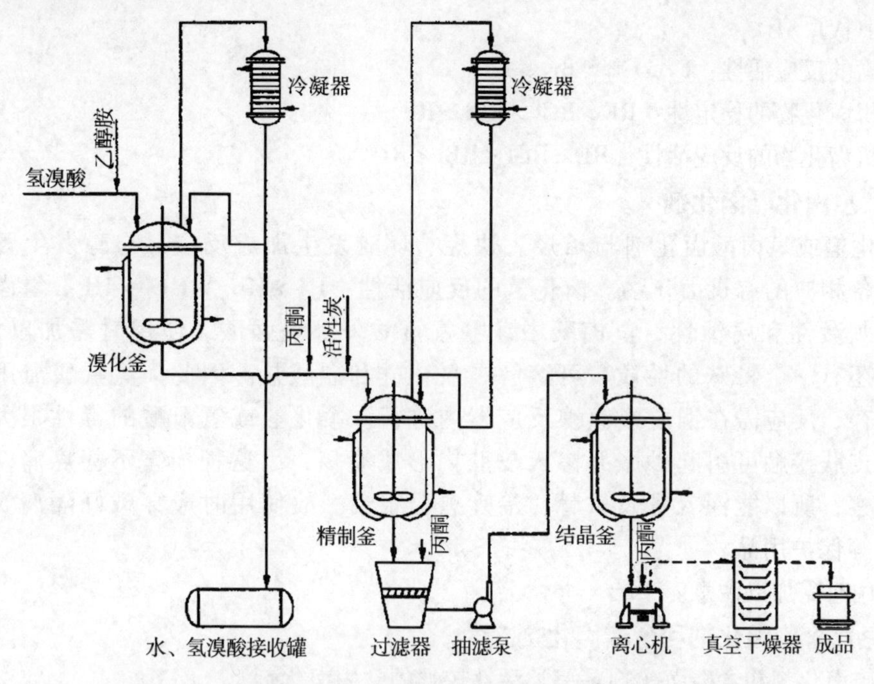

图1-4 乙醇胺溴化制备β-溴乙胺氢溴酸盐的制备工艺流程图

（3）对丙酮处理后的母液，工业生产过程可套用4~5次，再去精制。精制一般采取蒸馏方法，先蒸出丙酮，残留物冷却后析出结晶，再用丙酮处理，可回收一部分产品。

（4）也有的生产厂家用水代替丙酮进行重结晶，但产品在水中的溶解度较大，且干燥比较慢。

①产品规格

外观	白色结晶	水分,%	≤0.5
熔点,℃	172~174	灰分,%	≤0.2
含量,%	≥99.0	相关物质,%	≤0.2

②用途　β-溴乙胺氢溴酸盐主要用于合成抗利病（Antiradonum）、头孢替安（Cefotiam）等。

第三节　卤化反应操作常用知识

一、常用卤化剂及其特点

卤化反应是借助卤化剂的作用来完成的。卤化剂主要有卤素、卤化氢、含硫卤化剂、含磷卤化剂、及次卤酸盐等。

（一）卤素卤化剂

在卤素中，原子量越小，越容易进行卤代反应；其相应的有机卤化物就越稳定，反应活性越小。在不同条件下，卤素能与不饱和烃发生加成反应，与芳烃、羰基化合物发生取代反应。

卤素的反应活性：$F_2 > Cl_2 > Br_2 > I_2$

有机卤化物的稳定性：RF > RCl > RBr > RI

有机卤化物的反应活性：RF < RCl < RBr < RI

（二）卤化氢卤化剂

卤化氢或氢卤酸卤化剂与烯烃、炔烃、环醚发生加成反应，与醇发生置换反应，制备相应的有机卤化物。卤化氢的反应活性：HI > HBr > HCl > HF。氢卤酸有较强的刺激性和腐蚀性，氢卤酸中，除氢氟酸外都是强酸，使用时需加以注意。氢氟酸还有一个特殊的性质，可溶解二氧化硅和硅酸盐。因此，氢氟酸需用塑料器皿贮存，反应需在铜质或镀镍反应器内进行。氟化氢或氢氟酸的毒性很大，氢氟酸与皮肤接触可引起肿胀并渗入皮肤内形成溃疡；因这种损害不甚疼痛，起初不易觉察，所以能深入骨及软骨，治疗愈合很慢。故使用时应穿戴好隔离衣、橡皮手套等保护用品。

使用时需加以注意。

（三）含硫卤化剂和含磷卤化剂

含硫卤化剂和含磷卤化剂是一类活性较强的常用卤化剂。

1. 亚硫酰氯

亚硫酰氯又叫氯化亚砜 分子式为 $SOCl_2$，无色液体，沸点 79℃，相对密度 1.68。在湿空气中遇水蒸气分解为氯化氢和二氧化硫而发烟，可溶于强酸、强碱及乙醇中。是常用的氯化试剂，反应活性较强，可用于醇羟基和羧羟基的氯置换反应。因亚硫酰氯本身的沸点低，反应后，过量的亚硫酰氯可蒸馏回收再用；反应中生成的氯化氢和二氧化硫均为气体，易挥发除去而无残留物，产品易纯化。

但是，大量的氯化氢和二氧化硫逸出，会污染环境，需进行吸收利用或“三废”处理。

例如，镇痛药哌替啶（Pethidine）的原料的制备：

$$CH_3-N(CH_2CH_2OH)_2 \xrightarrow[\text{回流，3h}]{2SOCl_2/PhH} CH_3-N(CH_2CH_2Cl)_2 \cdot HCl$$

消炎镇痛药贝诺酯（Benorilate）的中间体的制备：

$$\text{邻-}(OCOCH_3)C_6H_4COOH \xrightarrow[\text{回流}]{SOCl_2/Py} \text{邻-}(OCOCH_3)C_6H_4C(=O)-Cl$$

2. 五氯化磷

五氯化磷（PCl_5），为白色或淡黄色四角形晶体，极易吸收空气中的水分而分解成磷酸和氯化氢，发生白烟和特殊的刺激性臭味。

五氯化磷不仅能置换醇和酚分子中的羟基，也能置换缺电子芳杂环上的羟基和烯醇中的羟基而将其氯化；脂肪族和芳香族羧酸以及某些位阻较大的羧酸都能与五氯化磷发生酰氯化反应，生成相应的酰氯。五氯化磷的选择性不高，在制备酰氯时，分子中的羟基、醛基、酮基、烷氧基等敏感基团都有可能发生氯置换反应。同时，由于五氯化磷受热易解离成三氯化磷和氯气，温度越高，解离度越大（300℃时可以完全解离成三氯化磷和氯气），置换能力随之下降，解离出的氯气还可能产生芳核上的氯取代和双键上的加成等副反应。因此，使用五氯化磷作氯化剂时，反应温度不宜过高，时间不宜过长。

由于反应生成的 $POCl_3$ 一般借助分馏法去除，故要求制得的酰氯沸点应与 $POCl_3$ 的沸点有较大差距，以利得到较纯的产品。实际操作中，将五氯化磷溶于三氯化磷或三氯氧化磷中使用，效果更好。

$$p\text{-}(CH_3)_2N-C_6H_4-COOH \xrightarrow[\text{r·t, 2h}]{PCl_5/CS_2/Py} p\text{-}(CH_3)_2N-C_6H_4-C(=O)-Cl \cdot HCl$$

3. 三氯化磷

三氯化磷（PCl_3），活性较五氯化磷小，可用于醇羟基的氯置换反应和脂肪酸的羧羟基的氯置换。例如，

$$HC\equiv C-CH_2OH \xrightarrow[\text{回流，4h}]{PCl_3/Py/\text{火油}} HC\equiv C-CH_2Cl$$

$$\text{1-苯基环戊烷-}C-COOH \xrightarrow[\text{74℃～84℃，回流，4h}]{PCl_3/PhH} \text{1-苯基环戊烷-}C-COCl$$

4. 三氯氧化磷

三氯氧化磷（$POCl_3$）又称磷酰氯，俗称氧氯化磷，无色澄明液体，常因溶有氯气或五氯化磷而呈红色。相对密度 1.675，熔点 2℃，沸点为 105.3℃。露置于潮湿空气中迅速分解成磷酸和氯化氢，发生白烟。

三氯氧化磷的活性比三氯化磷大，醇和酚均能与三氯氧化磷作用，生成相应的氯代烃。药物合成中，主要还是用于芳环或缺电子芳杂环上羟基的氯置换。三氯氧化磷分子中虽然有三个氯原子，但只有一个氯原子活性最大，以后逐渐递减。因此，置换一摩尔羟基化合物，通常需用一摩尔以上的三氯氧化磷。有时，还须加入适量催化剂，才可使置换反应进行完全。常用的催化剂有吡啶、二甲基甲酰胺、二甲苯胺和三乙胺等。

该试剂与羧酸作用较弱，但易与羧酸盐类反应而得相应的酰氯。因反应中不生成氯化氢，故宜于制备不饱和酸的酰氯衍生物。

$$CH_3CH{=}CHCOONa \xrightarrow[\text{室温}]{POCl_3/CCl_4} CH_3CH{=}CHCOCl$$

5. 有机磷卤化物试剂

三苯膦卤化物（Ph_3PX_2、$Ph_3P^+CX_3X^-$）和亚磷酸三苯酯卤化物，如（$(PhO)_3PX_2$ 和（$(PhO)_3P^+-RX^-$等。它们均具有活性大，反应条件温和等特点，且反应中不生成HX，没有由于HX存在而引起的副反应。若用一般试剂对2，2－二甲基－1－丙醇进行卤置换，均易发生重排、消除和异构等反应，收率低。而采用上述试剂，不仅条件温和，收率和纯度也高。

$$(CH_3)_3C{-}CH_2OH \xrightarrow[\text{室温}]{(PhO)_3PCl_2/DMF} (CH_3)_3C{-}CH_2Cl$$

N－卤代酰胺如N－溴（氯）代乙酰胺（NBA，NCA）和N－溴（氯）代丁二酰亚胺（NBS，NCS）为由烯烃制备β－卤醇及其衍生物最普遍应用的卤化剂。N－卤代酰胺和烯烃在酸催化下于不同亲核性溶剂中反应，生成β－卤醇或其衍生物，其卤素和羟基的定位也遵循马氏法则。

$$Ph{-}CH{=}CH_2 \xrightarrow[25℃,\ 35min]{NBS/H_2O} Ph{-}CH(OH){-}CH_2Br$$

NBS为广泛应用的溴化剂之一。特别适用于烯丙位和苄位氢的溴取代反应，选择性高，无芳核取代和羰基α－位溴化等副反应。通常在四氯化碳中加热回流，NBS即溶解，烯烃与NBS进行均相反应。反应后生成的丁二酰亚胺几乎不溶于四氯化碳中而析出，可滤取回收。用过氧化苯甲酰或光进行引发，使反应顺利进行。

$$\text{(5-硝基-2-甲基苯基)}{-}CH_2{-}C(COOC_2H_5)_2{-}NHCOCH_3 \xrightarrow[\text{hv，回流3h}]{NBS_4\ \ CCl_4} \text{(5-硝基-2-溴甲基苯基)}{-}CH_2{-}C(COOC_2H_5)_2{-}NHCOCH_3$$

NCS可用作氯化剂，与NBS类似。其选择性与氯相近。NCS主要用于烯丙位和苄位氢的氯取代，无双键加成、芳核取代和羰基α－氯代副反应。如：

$$\text{2-甲基吡嗪} \xrightarrow[CCl_4,\ \triangle 6h]{NCS_2\ (PhCOO)_2} \text{2-}CH_2Cl\text{吡嗪}\quad (58.7\%)$$

此外，三苯膦或亚磷酸酯和N－卤代酰胺组成的复合卤化剂，特别适宜于对酸不稳定的醇或甾体醇的卤置换反应。

$$\text{HO-甾体} \xrightarrow[THF/r{\cdot}t,\ 1h]{NBS/Ph_3P\text{或}(PhO)_3P} \text{Br-甾体}$$

二、卤化反应常见影响因素

（一）卤素对烯烃的加成工艺影响因素

1. 溶剂

在四氯化碳、三氯甲烷、二硫化碳、醋酸和醋酸乙酯等溶液中，氯气和溴素可以和无位阻的烯烃迅速反应，生成邻二卤化物。当以醇、水、羧酸作反应溶剂，产物中将混有其他加成物（如β-卤醇或其酯等）。若在反应介质中添加无机卤化物以增大卤负离子的浓度，则可以提高邻二卤化物的比例。如：

$$CH_3(H)C{=}C(H)C_2H_5 \xrightarrow[25℃]{Cl_2/CH_2COOH} CH_3CH(Cl)CH(Cl)C_2H_5 + CH_3CH(OCOCH_3)CH(Cl)C_2H_5 + CH_3CH(Cl)CH(OCOCH_3)C_2H_5$$

无添加剂：	52%	33%	13%
添加剂为 LiCl：	69%	21%	8%

2. 温度

氯或溴素的加成反应的温度不宜太高，否则生成的邻二卤化物有脱去卤化氢的可能。

例如，抗癌药氨蝶呤钠（Aminopterin Sodium）的合成原料2，3-二溴丙醛的制备；

$$CH_2{=}CH{-}CHO + Br_2 \xrightarrow[0℃]{CCl_4} BrCH_2CH(Br){-}CHO$$

3. 催化剂

双键邻侧连有吸电子基的烯烃，由于双键电子云密度降低，卤素加成的活性就下降，在这种情况下，可加入少量的路易斯酸或叔胺进行催化，提高卤素的活性，促使反应顺利进行。

$$CH_2{=}CH{-}CN \xrightarrow[水冷却]{Cl_2/Pyr} ClCH_2(Cl)CHCN$$

（二）卤素与芳烃反应的工艺影响因素

1. 芳环上的卤化

芳烃氢原子被卤素原子取代的反应机理属于亲电取代。

（1）工艺影响因素

①芳烃的结构　芳环上有吸电子基时，芳环被钝化，一般需加强反应条件，反应才能顺利进行，产物以间位为主。卤素使芳环钝化，但却是邻、对位定位基。芳环上有给电子基，使芳环活化，易发生卤代反应，产物以邻对位为主。萘环的α-位电子密度大，优先发生α-卤代。

$$C_6H_5OH \xrightarrow[0\sim5℃]{Br_2\ (1mol)\ /CS_2} p\text{-}BrC_6H_4OH$$

$$C_6H_5NO_2 \xrightarrow[120\sim135℃,\ 3h]{Br_2/Fe} m\text{-}BrC_6H_4NO_2$$

$$C_6H_5OH \xrightarrow[60℃,\ 30min]{Br_2} 2,4,6\text{-}Br_3C_6H_2OH$$

$$C_{10}H_8 \xrightarrow[60℃]{Br_2/CCl_4} 1\text{-}BrC_{10}H_7$$

②催化剂　在反应中，路易斯酸可促进亲电试剂的形成，因此，用它们作催化剂。常用的催化剂有：$AlCl_3$、$SbCl_5$、$FeCl_3$、$FeBr_3$、$SnCl_4$、$TiCl_4$、$ZnCl_2$等。对于芳环上有给电子基的芳烃或使用活性较大的卤化剂时，芳环上的卤代反应可以在没有催化剂存在的情况下顺利进行。

③溶剂　反应溶剂以极性溶剂为多，常用的有稀醋酸、稀盐酸、三氯甲烷或其他氯代烃类等。采用非极性溶剂，则使反应速度减慢。若反应物在反应温度下为液体，也可不用溶剂。

（2）应用实例

①氯取代　用氯分子直接对芳烃进行氯取代反应较容易。这是由于氯有足够的电负性，它本身在反应中发生极化而参与反应。若用路易斯酸催化，则反应会更快进行。

例如，抗绦虫药氯硝柳胺（Niclosamine）中间体的制备：

$$o\text{-}HOC_6H_4COOH + Cl_2\ (gas) \xrightarrow{PhCl} 5\text{-}Cl\text{-}2\text{-}HOC_6H_3COOH + HCl$$

中枢兴奋药甲氯芬酯（Meclofenoxate）中间体的制备：

$$C_6H_5\text{—}OCH_2COOH \xrightarrow[26\sim34℃]{Cl_2\ (gas)\ /CH_3COOH} Cl\text{—}C_6H_4\text{—}OCH_2COOH$$

拟肾上腺素药克仑特罗（Clenbuterol）中间体的制备：

$$H_2N\text{—}C_6H_4\text{—}COCH_3 \xrightarrow{Cl_2/CH_3COOH} H_2N\text{—}C_6H_2Cl_2\text{—}COCH_3$$

②溴取代　用溴素进行的溴取代反应通常应在醋酸中进行，也可在乙醇、四氯化碳、三氯甲烷等溶剂中反应。反应时，需另一分子溴素来极化溴分子，才能进行正常速度的溴化反应。若在反应介质中加入碘，促进溴的极化，则可使反应加速。

例如，祛痰药溴己新（Bromhexine）的中间体的制备：

$$\text{邻甲苯胺}(CH_3, NH_2) + 2Br_2 \xrightarrow[\text{回流，10h}]{CHCl_3} \text{2-甲基-4,6-二溴苯胺}(CH_3, NH_2 \cdot HBr, Br, Br)$$

2. 芳环侧链的卤化

芳烃侧链 α－位上的氢较活泼，易发生卤化反应，其机理属于游离基型取代反应。苄位卤取代的难易，与芳环上的取代基的性质和位置有关。若邻位、对位有吸电子基，则反应较难；若为给电子基，则反应容易。溶剂对游离基的卤代反应影响较大，能与游离基形成氢键的溶剂通常都能降低游离基的活性。因此，游离基型的卤素取代反应多采用非极性惰性溶剂，以免游离基反应终止。同时，还要控制反应中的水分。

若反应体系中有铁、锑和锡存在，将会发生芳环上卤素亲电取代的副反应。

药物合成中常用游离基型的卤化反应制备有机氯化物和溴化物等药物中间体。由于溴的选择性较好，且生成的有机溴化物又具有良好的反应活性，故溴代反应在药物合成中应用较多。

例如，抗心律失常药溴苄胺托西酸盐（Bretylium Tosilate）中间体的制备：

$$\text{邻溴甲苯}(CH_3, Br) \xrightarrow[160\sim180℃]{Br_2/h\nu} \text{邻溴苄溴}(CH_2Br, Br)$$

防晒药对氨苯甲酸（Aminobenzoic Acid）中间体的制备：

$$\text{对甲基苯甲酸}(CH_3, COOH) \xrightarrow[\text{微微回流}]{Br_2/PhCl} \text{对溴甲基苯甲酸}(COOH, CH_2Br)$$

氯的选择性不如溴好，但氯价廉易得，制药工业上仍然采用。控制合适的温度，调整配料比，可以使某一产物为主。再利用其他方法分离除去不需要的副产物。

例如，抗组胺药马来酸氯苯那敏（Chlorphenamine Maleate）中间体的制备：

$$\text{2-甲基吡啶}(N, CH_3) \xrightarrow[h\nu,\ 60\sim50℃]{Cl_2/Na_2CO_3/CCl_4} \text{2-氯甲基吡啶}(N, CH_2Cl)$$

抗疟药乙胺嘧啶（Pyrimethamine）中间体的制备：

$$Cl\text{-}C_6H_4\text{-}CH_3 + Cl_2 \xrightarrow[\text{AIBN，回流}]{h\nu} Cl\text{-}C_6H_4\text{-}CH_2Cl$$

为了提高氯的选择性，常将三氯化磷或五氯化磷与氯一起使用。通过控制反应温度、通氯量及照射光波长的选择，可以获得不同的氯代产物。

（三）羰基 α－位氢的卤素取代反应的工艺影响因素

在酸或碱催化下，羰基的 α－位氢原子可被卤素取代。常用的卤化剂有卤素、N－卤代酰胺、硫酰卤化物和次氯酸盐等。常用的溶剂有四氯化碳、三氯甲烷、乙醚、醋酸等。

酸催化机理：

$$>C(H)—C(=O)— \underset{快}{\overset{H^+}{\rightleftharpoons}} \left[>C(H)—C(OH)— \underset{慢}{\overset{B}{\rightleftharpoons}} >C=C(OH)— \right] \underset{快}{\overset{X_2}{\longrightarrow}} >C(X)—C(=O)—$$

（B: 进攻 H，$(—BH^+)$；$X—X$；$(—HX)$）

碱催化机理：

$$>C(H)—C(=O)— \underset{慢}{\overset{OH^-}{\rightleftharpoons}} \left[>\bar{C}—C(=O)— \longleftrightarrow >C=C(O^-)— \right] \underset{快}{\overset{X_2}{\longrightarrow}} >C(X)—C(=O)—$$

（$(-H_2O)$；$X—X$；$(-X^-)$）

在酸催化的烯醇化过程中，也需要适当的碱（B：）参与，以帮助α-位氢质子的脱去，这是决定烯醇化速率的过程，未质子化的羰基化合物可作为有机碱发挥这样的作用。例如，苯乙酮的溴化在催化量的三氯化铝存在下，可得α-溴代苯乙酮；但在过量的三氯化铝存在下，由于羰基化合物完全形成三氯化铝的络合物而难于烯醇化，结果不发生α-卤代，而发生苯核的亲电卤代反应，得到间溴苯乙酮。

$$C_6H_5COCH_3 \xrightarrow[Et_2O,\ 0℃]{Br_2/AlCl_3\ (催化量)} C_6H_5COCH_2Br \quad 88\% \sim 96\%$$

$$C_6H_5COCH_3 \xrightarrow[80 \sim 85℃]{Br_2/AlCl_3\ (2.5mol)} \left[C_6H_5C(CH_3)=O^+-AlCl_3 \right] \longrightarrow m\text{-}BrC_6H_4COCH_3$$

在碱催化的卤代反应中，对α-取代基的影响与在酸催化的情况相反，α-碳原子上有给电子基时降低α-氢原子活性，而α-碳原子上有吸电子基则有利于α-氢质子离去而促进反应。因此，在碱催化下，α-位容易继续进行卤代，最后得到三卤化物。"卤仿反应"就是一个典型的例子。

羰基α-位氢的卤素取代反应常被用于合成药物中间体。

例如，氯霉素（Chloramphenicol）中间体的制备：

$$O_2N-C_6H_4-COCH_3 \xrightarrow{Br_2/C_6H_5Cl} O_2N-C_6H_4-COCH_2Br$$

克仑特罗（Clenbuterol）中间体的制备：

$$H_2N-C_6H_2Cl_2-COCH_3 \xrightarrow{Br_2/CHCl_3} H_2N-C_6H_2Cl_2-COCH_2Br$$

（四）卤化氢对烯烃的加成反应的工艺影响因素

卤化氢对烯烃的加成得到卤素取代的饱和烃。反应机理属于亲电加成，与卤素和烯烃加成类似，当卤化氢与不对称烯烃加成时，卤原子的定位符合马氏法则。

$$CH_3-\overset{\delta^+}{C}H=\overset{\delta^-}{C}H_2+\overset{\delta^+}{H}-\overset{\delta^-}{Br}\longrightarrow CH_3-\underset{Br}{CH}-CH_3$$

$$C_6H_5CH_2CH=CH_2+HBr\ (gas)\xrightarrow[0℃,\ 12h]{CH_3COOH}C_6H_5CH_2\underset{Br}{CH}-CH_3$$

但在光照或有过氧化物存在时，溴化氢与不对称烯烃的加成系自由基反应，定位主要取决于中间体碳自由基的稳定性。溴倾向于加在含氢较多的烯烃碳原子上，属反马氏法则。如：

$$CH_3-CH=CH_2+HBr\xrightarrow{(PhCOO)_2}CH_3-CH_2-CH_2Br$$

值得注意的是，过氧化物效应只存在于溴化氢与不对称烯烃的加成。这是因为氯化氢不能被过氧化物氧化成氯游离基；碘化氢虽然易被过氧化物氧化成碘游离基，但反应活性差，易自身结合成碘。

例如，消炎镇痛药苄达明（Benzydamine）中间体的制备：

$$ClCH_2-CH=CH_2\xrightarrow[-5℃]{HBr/\ (PhCOO)_2/NaBr}ClCH_2CH_2CH_2Br$$

（五）卤化氢与醇的置换反应的工艺影响因素

卤化氢与醇反应的机理属于亲核置换。在亲核取代反应中醇的活性顺序为：烯丙醇 > 苄醇 > 叔醇 > 仲醇 > 伯醇。活性较大的叔醇、苄醇的卤置换反应倾向于 S_N1 机理，而其他醇的反应大多以 S_N2 机理为主。

醇和卤化氢的反应属于可逆性平衡反应，其反应难易程度取决于醇和卤化氢的活性以及平衡点的移动方向。

$$ROH+HX\rightleftharpoons RX+H_2O$$

由此可见，增加醇和 HX 的浓度，以及不断移去产物和水，均有利于加速卤置换反应和提高收率。

采用氢溴酸进行溴置换时，为了保证溴化氢有足够的浓度，可在反应中及时分馏除去水，或将浓硫酸慢慢滴入溴化钠和醇的水溶液中进行反应。

例如，镇静催眠药异戊巴比妥（Amobarbital）的原料的制备：

$$(CH_3)_2CHCH_2CH_2OH\xrightarrow[100\sim106℃,\ 1.5h]{HBr/H_2SO_4}(CH_3)_2CHCH_2CH_2Br$$

抗痛风药丙磺舒（Probenecid）原料的制备：

$$CH_3CH_2CH_2OH\xrightarrow[\text{回流},\ 2h]{NaBr/H_2SO_4}CH_3CH_2CH_2Br$$

醇的氯置换反应中，活性较大的苄醇、叔醇可直接用浓盐酸或氯化氢气体进行反应。伯醇常用卢卡斯（Lucas）试剂进行氯置换反应。卢卡斯试剂是浓盐酸和无水氯化锌的混合物，其中的氯化锌可以使氯化氢的反应活性增强，同时又能结合反应中生成的水。

例如，镇咳药咳宁（Sodium Dibunate）的原料的制备：

$$CH_3-\overset{\displaystyle CH_3}{\underset{\displaystyle CH_3}{\overset{|}{\underset{|}{C}}}}-OH \xrightarrow[20^\circ C,\ 1min]{浓\ HCl/ZnCl_2} CH_3-\overset{\displaystyle CH_3}{\underset{\displaystyle CH_3}{\overset{|}{\underset{|}{C}}}}-Cl$$

降血糖药甲苯磺丁脲（Tolbutamide）的原料的制备：

$$CH_3(CH_2)_3OH \xrightarrow[\triangle,\ 4h]{浓\ HCl/ZnCl_2} CH_3(CH_2)_3Cl$$

在醇的卤素置换反应中，对于某些仲、叔醇和β-位具有叔碳原子取代的伯醇，若温度过高，可产生重排，异构化、脱卤化氢等副反应。

三、卤化设备的腐蚀与防护

卤化生产过程对由钢材等金属材料制造的设备的腐蚀是相当严重的。例如在氯化苯的生产中，主要介质是盐酸，氯化工艺过程的反应设备、尾气处理设备、粗馏和精馏设备，大部分都采取了防腐措施。氯化塔采用非金属防腐衬里，各塔节都衬两层耐酸瓷板，用水玻璃胶泥作黏合剂，其配方是：

辉绿岩粉	100 份
水玻璃	36 份~8 份
氟硅酸钠	5 份~6 份
陶土	5 份
一氧化铅	3 份

其他工艺设备，例如水洗罐、中和罐、分离器、喷淋塔，衬砖设备占的比重很大，粗馏和精馏操作中，物料进入冷凝器时产生腐蚀，用普通碳钢制造的冷凝器，最多只能使用3~6月，需采用石墨冷凝器。

在甲苯进行侧链氯化时，主要的腐蚀介质是盐酸，次氯酸和湿氯，氯化工艺的设备和管道基本上都是玻璃的。玻璃设备及管道，虽然有优良的耐腐蚀性能，但耐温急变较差，脆性较大，在使用中要特别小心。

在溴化反应中，一般溴素单独使用的时候较少，最常见的是溴素和硫酸、溴素和盐酸混合使用。溴素在不同的状态有不同的腐蚀作用，干燥溴素、含水溴素、溴气的腐蚀作用有不同的特点。干燥的溴气属溴的气相腐蚀，氧化性表现比较突出，腐蚀途径比较单一。含水分的溴素，因生成溴化氢和氢溴酸，在腐蚀方面与干燥的气体有很大区别。溴的湿气体及水溶液可选用的材料有高硅铸铁，用于制造较大设备，防腐性较好的金属材料是钴合金、马氏体不锈钢、铝及铝合金、铌等。在非金属材料方面有聚三氟乙烯、聚四氟乙烯、高硼玻璃、石英玻璃及化工陶瓷等。

在实际生产中，溴化是在溴素和其他的腐蚀介质混合使用下进行的。在国内，溴化锅几乎都是搪玻璃的，溴素计量瓶由高硼硅玻璃制造。高硼硅玻璃材料，在所有的酸性介质中几乎都是一级耐腐蚀材料，只有在氢氟酸和氢氧化钠存在时不能使用。溴化冷凝器主要采用套杯式搪玻璃冷凝器，也可选用高硼硅玻璃蛇管沉浸式冷凝器，轴封处采用聚四氟乙烯波纹管的机械密封，可减少泄漏，改善操作环境。溴素的阀门采用聚三氟氯乙烯材质，不受压部位采用高硼硅四氟乙烯阀。

目标检测题

一、简答题

1. 什么叫卤化反应？按卤原子引入方式不同，卤化反应分哪几种？按反应类型分，卤化反应有可分哪几种？各举一例说明。
2. 什么是过氧化物效应？氯化氢、碘化氢与不对称烯烃的加成有过氧化物效应吗？为什么吗？
3. 卤素与烯烃加成的工艺影响因素有哪些？
4. 卤素与芳烃反应的工艺影响因素有哪些？
5. 工业上卤化反应的设备材质如何选用？

二、写出下列反应的主要产物

1. $CH_2{=}CHCH_3 + HBr \longrightarrow$

2. $CH_3CH_2CH{=}CH_2 + HBr \xrightarrow{(C_6H_5CO_2)_2}$

3. （对硝基甲苯：苯环上 CH_3，对位 NO_2）$\xrightarrow[58\sim62℃]{Cl_2,\ FeCl_3}$

4. $n-C_4H_9OH \xrightarrow[\text{回流 30min}]{NaBr,\ H_2SO_4}$

5. Ph（CH₂CH₂Br）$\xrightarrow[CCl_4,\ 60℃]{NBS,\ (PhCO_2)_2}$

6. （苯环上 $N(CH_2CH_2OH)_2$，对位 $CH_2CH_2CH_2COOCH_3$）$\xrightarrow[\text{回流 3h}]{POCl_3,\ PhH}$

7. （3,4-二甲氧基苯基–CH_2–$C(CH_3)(NH_2)$–$COOH$；苯环上 CH_3O、OCH_3）$\xrightarrow[\triangle,\ 55h]{48\%\ HBr}$

8. （苯环上 $COCH_3$）$\xrightarrow[Et2O,\ 0℃]{Br_2/AlCl_3\ (cat.)}$

9. $O_2N-C_6H_4-COCH_3 \xrightarrow{Br_2/NaOH}$

三、根据下列工艺回答问题

2，6－二氨基－4－氯嘧啶的合成

性状：橙黄色固体，mp200～202℃溶于乙酸乙酯、乙醇，可溶于酸。

制法：

$$\text{2-}H_2N\text{-4-OH-6-}NH_2\text{-嘧啶} + POCl_3 \longrightarrow \text{2-}H_2N\text{-4-Cl-6-}NH_2\text{-嘧啶}$$

于装有搅拌器、温度计、回流冷凝器的反应瓶中，加入2，6－二氨基－4－氯嘧啶126g（1mol），三氯氧磷600g，搅拌下加热回流。全溶后继续回流2小时，稍冷后减压蒸馏回收三氯氧磷。慢慢加入5倍量的水，冷却，于50℃左右加入氨水调pH 8.5～9，用乙酸乙酯提取6次，提取温度50～60℃，合并提取液，减压蒸馏回收乙酸乙酯至干，得淡黄色2，6－二氨基－4－氯嘧啶108g，收率75%，mp198～200℃。

1. 根据生产工艺，画出流程方框图。
2. 画出生产工艺流程图。
3. 减压回收三氯氧磷后，为什么要慢慢加入水？
4. 氨水调pH至8.5～9，为什么？
5. 乙酸乙酯萃取时，为何要趁热进行？

第二章

硝化反应技术

第一节　硝化反应的基本化学原理

在有机化合物分子中引入一个或几个硝基的反应称为硝化反应（Nitration Reaction）。广义的硝化反应包括氧－硝化、氮－硝化和碳－硝化。

用混酸硝化双脱水山梨醇，生成抗心绞痛药硝酸异山梨酯（Isosorbide Dinitrate）的反应为氧－硝化反应。

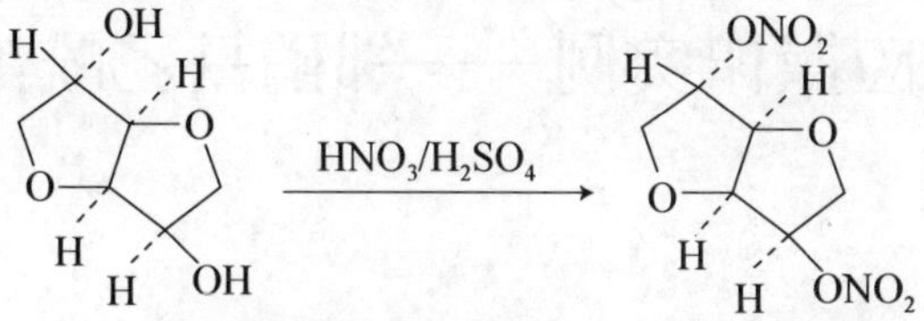

OH
H
H
O
O
H
H
OH
HNO_3/H_2SO_4
ONO_2
H
H
O
O
H
H
ONO_2

用2－甲基－2－羟基－丙腈硝酸酯硝化吗啉，生成N－硝基吗啉的反应为氮－硝化反应。

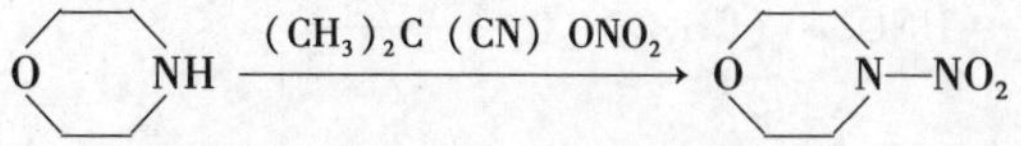

O
NH
$(CH_3)_2C(CN)ONO_2$
O
$N—NO_2$

用混酸硝化乙苯，生成抗菌药氯霉素（Chloramphenicol）的中间体对硝基乙苯的反应为碳－硝化反应。

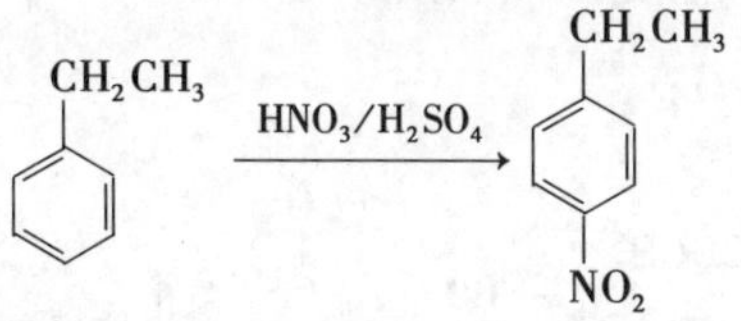

CH_2CH_3
HNO_3/H_2SO_4
CH_2CH_3
NO_2

通常所说的硝化反应是指狭义的碳－硝化。在碳－硝化中，脂肪族化合物的硝化因反应难以控制，很少用于药物合成中；而芳香族硝基化合物及其还原产物（芳胺）是有机合成的重要中间体，本部分主要讨论芳环和杂环上的硝化反应技术。

引入硝基主要有如下目的：

（1）制取氨基化合物的一条重要途径。

（2）用硝基的极性，或使药物的生理效应有显著变化；另外一些多硝基化合物，如三硝基甲苯（TNT）或三硝基苯酚（苦味酸）等是烈性炸药。

（3）硝基的吸电子性，使芳环上其他取代基活化，易于发生亲核置换反应。同时，硝基本身有时也可作为离去基团，被其他亲核基团所置换。

芳环上的硝化反应是亲电取代反应。反应时，具有 $X-NO_2$ 通式的硝化剂产生亲电

性的 NO_2^+ 离子向芳环上电子云密度较高的碳原子进攻，生成π－配位化合物（1），经分子内重排转变成σ－配位化合物（2），σ－配位化合物中的正碳离子容易脱去质子形成硝基化合物。

$$X—NO_2 \rightleftharpoons NO_2^+ + X^-$$

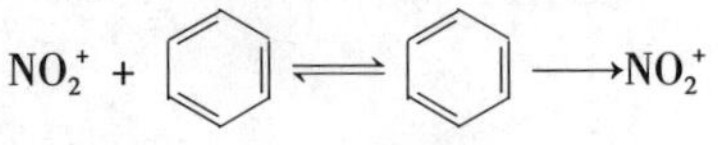

$$NO_2^+ + C_6H_6 \rightleftharpoons C_6H_6 \longrightarrow NO_2^+$$

（1）

$$C_6H_6 \longrightarrow NO_2^+ \xrightleftharpoons{慢} C_6H_6^+(H)(NO_2)$$

（2）

$$C_6H_6^+(H)(NO_2) \longrightarrow C_6H_5NO_2 + H^+$$

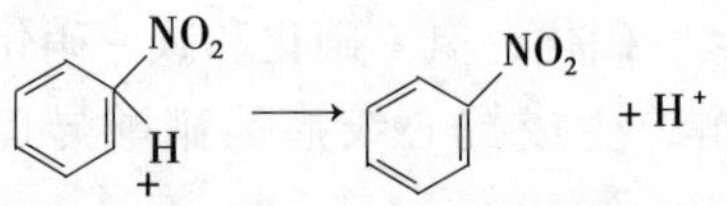

第二节　反应操作实例——邻硝基乙酰苯胺的制备

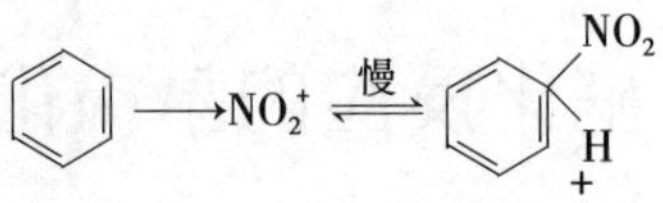

一、制备原理

反应原理

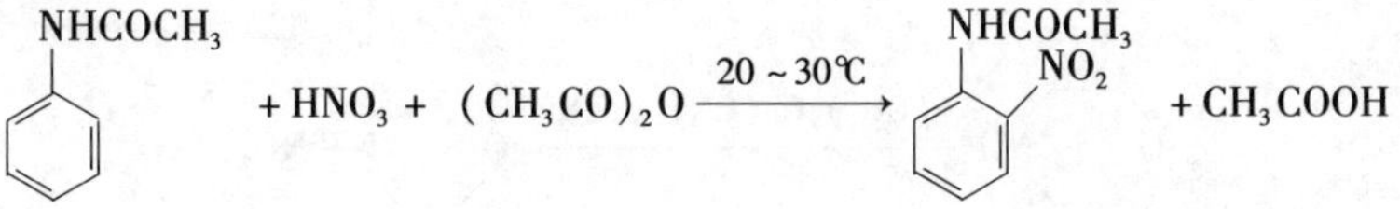

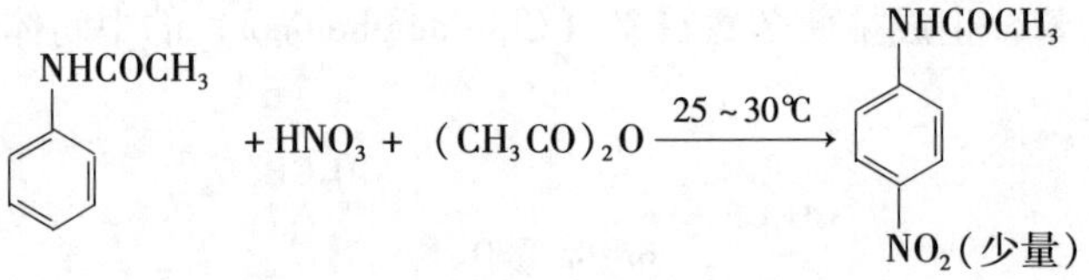

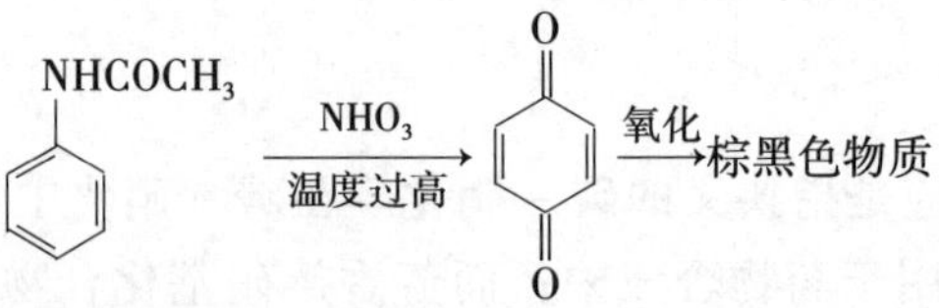

$$C_6H_5NHCOCH_3 + HNO_3 + (CH_3CO)_2O \xrightarrow{20\sim30℃} o\text{-}NO_2C_6H_4NHCOCH_3 + CH_3COOH$$

$$C_6H_5NHCOCH_3 + HNO_3 + (CH_3CO)_2O \xrightarrow{25\sim30℃} p\text{-}NO_2C_6H_4NHCOCH_3\ (少量)$$

$$C_6H_5NHCOCH_3 \xrightarrow[温度过高]{NHO_3} O{=}C_6H_4{=}O \xrightarrow{氧化} 棕黑色物质$$

利用乙醇进行重结晶达到精制目的。即在高温下制成饱和溶液，用活性炭除去有色杂质。趁热过滤除去活性炭和固体杂质。稍冷（约50℃）时析出的固体为对硝基乙酰苯胺，应保温滤除。母液室温自然冷却，析出晶体，过滤得到精制产品，而与母液中的杂质分开。

二、操作步骤

在装有机械搅拌、回流冷凝器、温度计和滴液漏斗的三颈瓶中（如图2－1所示）加入13.5g乙酰苯胺，24ml醋酐。把7ml醋酐置于50ml的锥形瓶中，冷（冰）水浴冷却下，边搅拌边分次慢慢加入6ml浓硝酸，将配制好的上述硝化剂加到滴液漏斗中。开动搅拌，温热三颈瓶，待反应液温度升至25℃时，慢慢滴加硝化剂。滴加过程中，保持反应液温度在25~30℃之间。加完硝化剂后继续搅拌反应0.5小时，再于室温下静置2小时。

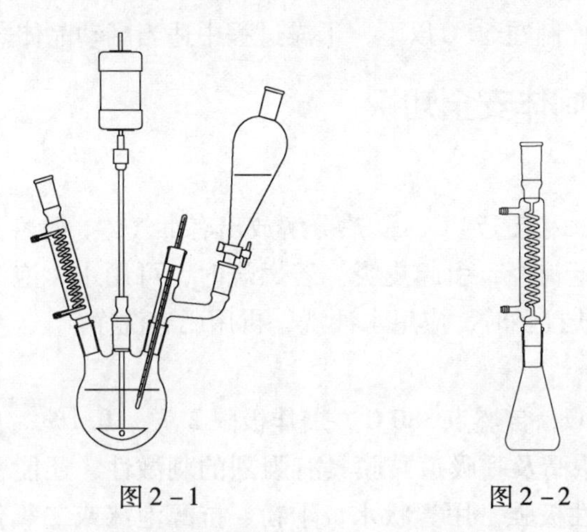

图2-1　　　　图2-2

轻轻搅拌下，将反应混合物慢慢倒入800~1000ml水中；得橘黄色针状结晶。抽滤，用冷水洗至中性（用pH试纸检查滤饼洗液），压紧，抽干。

将滤饼称重并转移至100ml的锥形瓶中（图2-2），加入适量乙醇，（每克湿品用2~3ml乙醇）置热水浴中加热溶解；稍冷后加入少量活性炭，再置热水浴中脱色5分钟。趁热抽滤，用5ml热乙醇洗涤滤渣，合并滤液和洗液于洁净的小烧杯中，室温放置以析出结晶。

抽滤，少量乙醇乙醇洗涤1~2次，轻压，抽干。将滤饼转移至培养皿中，置烘箱中干燥，得邻硝基乙酰苯胺8~10g，熔点94℃。

三、注意事项

（1）配制硝酸-醋酐硝化剂时，必须将硝酸加到醋酐中；由于剧烈放热，应在冷水浴或冰水冷却下，慢慢地加入。否则，会使部分硝酸受热分解，放出棕色的二氧化氮气。

（2）硝化反应为强放热反应。先慢慢滴加6~10滴硝化剂，待反应温度有上升趋势时，再继续滴加。若一开始加入的硝化剂太多，反应一旦诱发，非常剧烈，易造成冲料。

（3）25~30℃为最佳反应温度；低于25℃，硝化不完全；高于30℃，邻硝基乙酰苯胺的生成量降低。反应中若温度超过30℃时，可用冷水浴冷却。

（4）加完硝化剂后，一定要在继续搅拌下反应0.5小时，才可室温放置。否则反应液颜色变为棕黑色，产品精制困难。静置前已有结晶析出，静置过程中晶体增加。

（5）中性条件下，邻硝基乙酰苯胺较稳定，酸性或碱性条件下易水解。

（6）乙醇重结晶可以除去不溶性杂质、有色杂质和溶于冷乙醇的杂质。在热溶时，为防止溶剂的散失，用装配有回流冷凝器的锥形瓶较好（如图2-2所示）；为了操作方便，也可用烧杯，盖上表面皿或培养皿等。

（7）趁热抽滤时动作要迅速；布氏漏斗和抽滤瓶最好适当预热。否则在抽滤瓶中就析出晶体。此时，可在水浴上慢慢加热至50℃左右时，应全溶，若有固体，应当滤除。然后再转移至小烧杯中自然冷却（自然冷却晶形好），得产品。

（8）干燥温度宜控制在50℃以下，干燥过程中适当翻动晶体。

四、原料及中间体安全知识

（一）乙酰苯胺

为毒害品，可燃。闪点174℃，受热分解放出有毒气体，毒性比苯胺低，可生成高铁血红蛋白，刺激中枢神经，引起皮炎。若燃烧时，可用水、泡沫或二氧化碳灭火器以及砂土灭火。若皮肤接触时，应甩水冲洗，再用肥皂洗净。

（二）醋酐

易燃，闪点为54℃，自燃点380℃，爆炸极限2.7～10.1%。皮肤接触醋酐立即起水泡，随后脱皮，对眼睛及呼吸道黏膜具有强烈的刺激性，还能引起组成细胞的蛋白质变性，蒸气的刺激性极强。用雾状水、干粉、抗醇泡沫或二氧化碳灭火。吸入蒸气者脱离污染区，安置休息并保暖，给予温和饮料，以减轻喉痛。眼睛受刺激用水冲洗，对溅入眼内的严重患者须就医诊治。皮肤接触先用水冲洗，再用肥皂彻底洗涤。误服后会极感疼痛而产生呕吐，应立即洗胃后用盐类导泻，急送医院抢救。

（三）硝酸（68%）

沸点120.5℃，相对密度1.41（20℃）。硝酸化学性质活泼，是一种强氧化剂。能与多种物质如金属粉末、电石等猛烈反应，发生爆炸。与可燃物、还原剂接触引起燃烧。并散发出剧毒的棕色烟雾。蒸气对眼睛、呼吸道等的黏膜和皮肤具有强烈刺激性。蒸气浓度高时可引起肺水肿。对牙齿也具有腐蚀性。皮肤沾上液体，可引起灼伤、腐蚀而留下瘢疤。蒸气吸入患者脱离灯染区，安置在新鲜空气处，应用复苏剂和保证休息并保暖。万一溅入眼睛要用大量水冲洗15分钟。皮肤粘染要离开污染区，脱去污染衣物，用大量水冲洗并用5%三乙醇胺溶液或氧化镁甘油软膏涂敷夜肤，灼伤须就医诊治。

（四）乙醇

易燃，受热或遇明火有燃烧爆炸危险。闪点13℃，自燃点363℃；爆炸极限，3.3～19%，低毒。本品为麻醉剂，开始时导致中枢神经系统兴奋，继而使之麻痹。长期大剂量作用时可使神经系统、肝脏、心血管系统、消化器官等发生严重器质性疾病。对眼睛黏膜有轻微刺激作用，还可使皮肤发干。可使用二氧化碳、雾状水、干粉、1211灭火器或抗醇泡沫灭火。吸入蒸气者应远离现场，休息并保暖；眼部受刺激用水冲洗。

第三节　硝化反应操作常用知识

一、常用的硝化剂

药物合成中最常用的硝化剂是硝酸、硝酸－硫酸（混酸）、硝酸盐－硫酸、及硝酸－醋酐。

（一）硝酸

纯硝酸、发烟硝酸及浓硝酸很少离解，主要以分子状态存在，如75%～95%的硝酸有99.9%呈分子状态。纯硝酸也有96%以上呈分子状态，仅约3.5%的硝酸分子按下式离解成NO_2^+离子：

$$HNO_3 \rightleftharpoons NO_3^- + H^+$$

$$HNO_3 + H^+ \rightleftharpoons H_2NO_3^+ \rightleftharpoons NO_2^+ + H_2O$$

$$2HNO_3 \rightleftharpoons NO_2^+ + NO_3^- + H_2O$$

从上述平衡反应式中可以看出，水分使反应左移，不利于NO_2^+离子的生成。如果硝酸中的水分较多，则不能形成NO_2^+离子，失去硝化能力。

$$HNO_3 + H_2O \rightleftharpoons NO_3^- + H_3O^+$$

硝酸在较高温度下分解而具有氧化能力，一般稀硝酸的氧化能力比浓硝酸更强。

$$2HNO_3 \rightleftharpoons N_2O_5 + H_2O \rightleftharpoons N_2O_4 + [O]$$

因此，单用硝酸作硝化剂时，由于反应中产生的水而使硝酸的浓度降低。这不仅会使硝化能力降低，还会产生氧化副反应。所以很少用单一的硝酸作硝化剂。否则必须使用过量的浓硝酸。如：

对氯甲苯（CH_3，Cl） $\xrightarrow[4mol]{90\%\ HNO_3}$ 4-氯-2-硝基甲苯（CH_3，NO_2，Cl）

当酚类、酚醚类、芳胺类以及稠环芳烃类化合物硝化时，因芳环活性较大，可采用硝酸甚至浓度<50%的稀硝酸进行硝化。这时的硝化机理已不再是NO_2^+离子直接对芳环的亲电进攻，而是由硝酸中存在的痕量（5×10^{-4}mol）的亚硝酸所解离出的亚硝酰离子（NO^+）进攻芳环，生成亚硝基化合物，随即被硝酸氧化成硝基化合物，同时又产生亚硝酸。此时，亚硝酸起着催化剂的作用。

$$HO-C_6H_5 + HNO_2 \longrightarrow HO-C_6H_4-NO + H_2O$$

$$HO-C_6H_4-NO + HNO_3 \longrightarrow HO-C_6H_4-NO_2 + HNO_2$$

用稀硝酸硝化时，硝酸的浓度约为30%左右，常用水作为溶剂。芳烃与稀硝酸的摩尔比为1∶1.4～1.9。如：

$$\text{OC}_2\text{H}_5\text{（对位）OC}_2\text{H}_5 \xrightarrow[70℃]{34\%\ \text{HNO}_3} \text{OC}_2\text{H}_5\text{，NO}_2\text{，OC}_2\text{H}_5$$

该反应芳烃与硝酸的摩尔比为 1：1.5。

因稀硝酸对铁有严重的腐蚀作用，所以，硝化反应应使用不锈钢或搪瓷反应器。

工业硝酸有两种规格，即质量分数为98%的发烟硝酸和65%左右的浓硝酸。药物合成中主要使用98%发烟硝酸，需要低浓度的硝酸时，常用发烟硝酸配制。因为发烟硝酸对金属铝的腐蚀性小，可用铝制容器储存和运输。

（二）硝酸－硫酸（混酸）

浓硝酸（或发烟硝酸）与浓硫酸按一定比例组成的硝化剂称混酸。它具有下列的优点：

（1）增大 NO_2^+ 离子的浓度　硝酸中加入硫酸后，因硫酸供给质子的能力比硝酸强，从而增大硝酸离解为 NO_2^+ 离子的程度。

$$HONO_2 + H_2SO_4 \rightleftharpoons H_2ONO_2^+ + HSO_4^-$$

$$H_2ONO_2^+ \rightleftharpoons NO_2^+ + H_2O$$

$$H_2O + H_2SO_4 \rightleftharpoons H_3O^+ + HSO_4^-$$

$$HNO_3 + 2H_2SO_4 \rightleftharpoons NO_2^+ + H_2O^+ + 2HSO_4^-$$

不同浓度混酸中硝酸的转化率见表 2－1。

表 2－1　不同浓度混酸中硝酸的转化率

混酸中的硝酸含量（%）	10	20	40	60	80	100
硝酸转变为 NO_2^+ 的转化率（%）	100	62.5	28.8	16.7	9.8	1

（2）提高硝酸的利用率　硫酸对水的亲和力比硝酸强，用混酸硝化时，硝酸很少被反应中产生的水分稀释，因而硝酸的利用率高。

（3）降低硝酸的氧化能力　硝酸被硫酸稀释后，氧化能力降低，不易产生氧化的副反应。

（4）降低腐蚀性　混酸对铸铁的腐蚀性小，因此可用碳钢或铸铁设备进行反应。

混酸因具有上述特点，已成为硝化反应时的首选硝化剂，应用最广。混酸最大的缺点是酸度大，对某些有机化合物的溶解度差，一些对酸敏感的化合物如吡咯、呋喃、噻吩等不宜在混酸中硝化。

由于混酸中硝酸和硫酸的配比不同时，硝化能力不同。生产中常用“硫酸脱水值”（Dehydrating Value Of Sulfuric Acid），简称 D. V. S，表示硝化终了时废酸中硫酸和水的计算质量之比。

D. V. S ＝废酸中含硫酸质量/废酸中含水质量

＝混酸中硫酸质量/（混酸中含水质量＋硝化生成的水质量）

一般 D. V. S 越高，硝化能力越强。通常根据被硝化物的活性和引入硝基的多少选择适宜的D. V. S值。

（三）硝酸盐－硫酸

硝酸盐和硫酸作用产生硝酸与硫酸盐。实际上，它是无水硝酸和硫酸组成的混酸。

$$MNO_3 + H_2SO_4 \rightleftharpoons HNO_3 + MHSO_4$$

M为金属，常用的硝酸盐是硝酸钠、硝酸钾。通常，硝酸盐与硫酸的配比是0.1～0.4∶1（重量比），按这种配比，硝酸盐几乎全部生成NO_2^+时，所以硝化能力强，适用于如苯甲醛、苯甲酸、苯磺衍生物等难以硝化的化合物的硝化或多硝化。

CHO　$\xrightarrow[15℃,\ 3h]{KNO_3/H_2SO_4}$　CHO, NO_2　80%

COOH　$\xrightarrow[90℃,\ 1h]{NaNO_3/H_2SO_4}$　COOH, NO_2　60%

（四）硝酸－醋酐硝化剂

用硝酸的醋酐溶液作硝化剂时，醋酐不仅能与反应生成的水结合生成醋酸，使硝化能力增强，而且醋酐对有机化合物又有良好的溶解性，能使消化反应在均相中进行。所以，该硝化剂既保留着混酸的优点，又弥补了混酸的不足，在硝化反应中是仅次于混酸的重要的硝化剂。

硝酸在醋酐中能以任意比例溶解，常用浓度是含硝酸10%～30%的醋酐溶液。它应在使用前临时配制，以免因放置过久生成易爆的四硝基甲烷而发生爆炸事故。为了减少醋酐的用量，也可向被硝化物的醋酐溶液中直接滴加发烟硝酸，必要时也可以使用氯代烷烃类惰性溶剂。在醋酐中硝化时为了避免爆炸危险，要求在很低的温度下进行反应。

$$4\ (CH_3CO)_2O + 4HNO_3 \longrightarrow C\ (NO_2)_4 + 7CH_3COOH + CO_2$$

用硝酸－醋酐作硝化剂时，有时还加入适量的浓硫酸或浓磷酸作催化剂，使硝化反应更易于进行。

一些易被混酸破坏的化合物，用硝酸醋酐能顺利消化。

例如，抗菌药呋喃唑酮（Furazolidone）的中间体的制备：

O, CHO　$\xrightarrow[-7\sim7℃]{HNO_3,\ Ac_2O_1 H_2SO_4}$　O_2N, O, $OCOCH_3$, $CH(OCOCH_3)_2$

$\xrightarrow[60℃]{Na_2CO_3,\ H_2O}$　O_2N, O, $CH(OCOCH_3)_2$

吡啶类化合物在混酸中易质子化，影响硝化反应的顺利进行，而用硝酸－醋酐则可得到较好的收率。

例如，维生素B_6（Pydoxine）中间体的合成。

$$\text{2-羟基-3-氰基-4-}(CH_2OCH_3)\text{-6-}CH_3\text{吡啶} \xrightarrow[60\sim65℃]{HNO_3,\ Ac_2O} \text{2-羟基-3-氰基-4-}(CH_2OCH_3)\text{-5-}O_2N\text{-6-}CH_3\text{吡啶} \quad (67\%)$$

二、硝化反应的工艺影响因素

（一）被硝化物的结构

1. 芳环上不同取代基对硝化反应速度的影响和定位效应

芳环上的给电子取代基使芳环电子云密度增大，硝化反应加速。反之，吸电子取代基降低芳环电子云密度，使硝化反应减慢。

不同取代基团对苯环硝化反应速度的影响和定位效应如下：

（1）烃基　烃基对苯环可产生给电子的诱导效应（+I）和给电子的σ-π共轭效应（+C）及立体效应，反应中影响应是这三种效应的综合。若将甲苯、乙苯、异丙苯和叔丁苯进行比较：

+I的顺序是：$CH_3— < CH_3CH_2— < (CH_3)_2CH— < (CH_3)_3C—$

+C的顺序是：$CH_3— > CH_3CH_2— > (CH_3)_2CH— > (CH_3)_3C—$

立体位阻是：$CH_3— < CH_3CH_2— < (CH_3)_2CH— < (CH_3)_3C—$

由于立体效应的影响是主要的，所以三种效应影响的综合结果使反应速度的快慢顺序为：$CH_3— > CH_3CH_2— > (CH_3)_2CH— > (CH_3)_3C—$。

定位效应：苯环上连有取代基时，无论是给电子基团，还是吸电子基团，它们对其邻、对位的影响总是大于间位。给电子基使邻、对位的电子云密度增加的较间位多；吸电子基使邻对位的电子云密度降低的较间位多，结果使间位的电子云密度较邻、对位高。硝化反应时，硝基总是优先取代在电子云密度最高，空间位阻最小的位置。因此，含有给电子基团的烃基苯硝化时主要得邻、对位硝化产物。由此可见，烃基是致活的邻、对位定位基。

（2）卤素　卤素对苯环可产生吸电子的诱导效应（-I）和给电子的p-π共轭效应（+C）。因-I稍大于+C，综合作用的结果使苯环电子云密度降低，所以卤苯的硝化反应速度小于苯。将不同的卤苯进行比较：

-I的顺序是：$F > Cl > Br > I$

+C的顺序是：$F > Cl > Br > I$

硝化反应速度：碘苯 > 氟苯 > 氯苯 > 溴苯

定位效应：卤素是致钝的邻、对位定位基。硝化时主要得邻对位产物。

（3）氨基和羟基　氨基和羟基是强致活的邻、对位定位基。它们对苯环可产生吸电子诱导效应（-I）和给电子的p-π共轭效应（+C），因为+C远大于-I，使苯环电子云密度增大，尤其是邻、对位。此外，有取代的氨基（如乙酰氨基、二甲氨基等）和羟基（如甲氧基、乙酰氧基等）对苯环的影响类似于氨基和羟基。它们都是致活的邻、对位定位基。其活性次序为：

$$-N(CH_3)_2 > -NH_2 > -OH > -OCH_3 > -NHCOCH_2 > -OCOCH_3$$

氨基属致活的邻、对位定位基，但当用混酸对芳胺类化合物进行硝化时，氨基与硫酸生成铵盐。$Ar-NH_3^+$，$-NH_3^+$具有强吸电子能力，这时氨基由强致活的邻、对位定位基转变为强致钝的间位定位基。若苯胺类仍需获得邻、对位硝基取代化合物时，应选用硝酸-醋酐为硝化剂；或选择在强酸中不形成盐的芳胺衍生物作原料。

（4）硝基、羰基以及其他基团　硝基、羰基、氰基、羧基、酯基等使苯环电子云密度降低，硝化反应速度减慢，为致钝的间位定位基。

（5）取代甲基（$—CH_2—X$）　当X为弱吸电子基时，使苯环电子云密度增大，硝化活性大于苯而小于甲苯。当X为强吸电子基时，使苯环电子云密度降低，但降低程度又不及X直接连在苯环上，硝化活性比苯小但又大于C_6H_5X。

定位效应：除具有几个强吸电子基的取代甲基（如$—CCl_3$）逆转为间位定位基外，多数取代甲基仍属于邻、对位定位基，但邻、对位体的量有所减少而间位体的量有所增大。

此外，当硝化的定位为邻、对位，由于对位的电子云密度较高，立体位阻小，一般情况下，对位硝化产品的比例都大于邻位。这在体积较大的取代基存在时，表现尤为突出。如甲苯硝化时，邻、对位产品的比例为57/40，而叔丁苯为12/79。

例如，抗肿瘤药溶肉瘤素（Sarcolysin）的中间体对硝基苯丙氨酸的合成，就是利用丙氨酸的立体效应，得到高收率的对位产品。

$$C_6H_5CH_2CH(NH_2)—COOH \xrightarrow{HNO_3/H_2SO_4} p\text{-}O_2N—C_6H_4—CH_2CH(NH_2)—COOH$$

芳醚、芳胺和芳酰胺等类取代苯，用硝酸-醋酐硝化时，邻位硝化产物明显占优势，而用混酸硝化时，却无此现象。这种现象称为“邻位效应”。

2. 联苯和稠环芳烃的硝化速度和定位效应

联苯中的两个苯环处在同一环境，由于苯环的流动性大π键，一个环对另一个环表现出给电子效应，因此联苯的硝化活性大于苯。单硝化时硝基可进入任一苯环的2位和4位；继续硝化时，则由于第一个硝基的强吸电子作用，使硝化活性大大降低，第二个硝基则进入另一个苯环的2位或4位。

$$C_6H_5—C_6H_5 \xrightarrow{HNO_3} 4\text{-}O_2N—C_6H_4—C_6H_5 + 2\text{-}O_2N—C_6H_4—C_6H_5 \xrightarrow{HNO_3}$$

$$2,4'\text{-}(NO_2)_2C_{12}H_8 + 4,4'\text{-}(NO_2)_2C_{12}H_8 + 2,2'\text{-}(NO_2)_2C_{12}H_8$$

若在联苯中的一个苯环上连有给电子基，硝化时硝基进入有取代基的苯环上，硝基进入的位置与二元取代苯的定位效应相同。

萘环中的两个苯环亦处于同一环境，稠合使萘的活性远远大于苯。单硝化反应在任一苯环的 α－位，若进一步再硝化，则取代在另一环的 8 位或 5 位。当萘环上连有给电子基时，硝化反应发生在有取代基的环上。

$$\text{萘} + HNO_3 \xrightarrow[35\sim70^\circ C]{H_2SO_4} \text{1-}NO_2\text{-萘}\ (95\%) \xrightarrow{HNO_3/H_2SO_4} \text{1,8-二}NO_2\text{-萘} + \text{1,5-二}NO_2\text{-萘}$$

$$\text{2-}NHCOCH_3\text{-萘} + HNO_3 \xrightarrow[<40^\circ C]{(CH_3CO)_2O/CH_3COOH} \text{1-}NO_2\text{-2-}NHCOCH_3\text{-萘}\quad 49\%$$

3. 杂环化和物的硝化速度和定位效应

（1）五员芳杂环　呋喃、吡咯和噻吩因杂原子上的未共用电子对参与了环系共轭，使环的电子云密度增大，尤其 α－位，吡咯的活性与苯酚、苯胺相当。所以，它们比苯易于硝化，硝基通常进入电子云密度较高的 α－位。它们的活性次序为：

$$\text{呋喃} > \text{吡咯} > \text{噻吩} > \text{苯}$$

吡咯、呋喃和噻吩在混酸中易被破坏而不能硝化，但在硝酸－醋酐中则可进行正常的硝化反应。

$$\text{吡咯} \xrightarrow{HNO_3/(CH_3CO)_2O} \text{2-}NO_2\text{-吡咯}\ 83\% + \text{3-}NO_2\text{-吡咯}\ 7\%$$

$$\text{2-}(CH{=}CHCN)\text{呋喃} \xrightarrow{\text{发烟}HNO_3/(CH_3CO)_2O} \text{5-}O_2N\text{-2-}(CH{=}CHCN)\text{呋喃}$$

由于五员二氮杂环如咪唑环较稳定，用混酸硝化时，硝基进入 4 位或 5 位，若 4，5 位已有取代基，则咪唑不能被硝化。若 N_1 上的氢被甲基取代，则硝基主要进入 4 位。例如：

$$\text{咪唑} \xrightarrow[\text{沸腾，2h}]{HNO_3/H_2SO_4} \text{4-}O_2N\text{-咪唑}$$

$$\text{1-}CH_3\text{-5-Cl-咪唑} \xrightarrow[100^\circ C]{HNO_3/H_2SO_4} \text{1-}CH_3\text{-5-Cl-4-}O_2N\text{-咪唑}\quad 86\%$$

当咪唑环的2－位有甲基取代时，则易于硝化，硝基一般进入4位或5位。

例如，抗寄生虫病药甲硝唑（Metronidazole）中间体的制备：

HNO_3，H_2SO_4，Na_2SO_4；160～170℃　（60%）

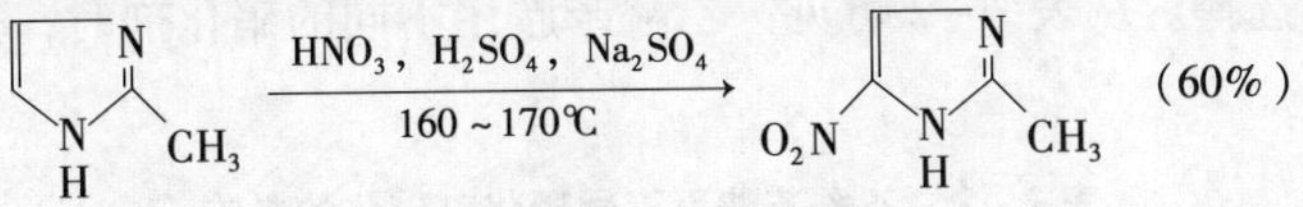

噻唑环的性质与咪唑环相似，用混酸硝化时，硝基主要进入5位。

例如，抗血吸虫药尼立达唑（Niridazole）中间体的制备：

HNO_3，H_2SO_4；<10℃，15min　（88%）

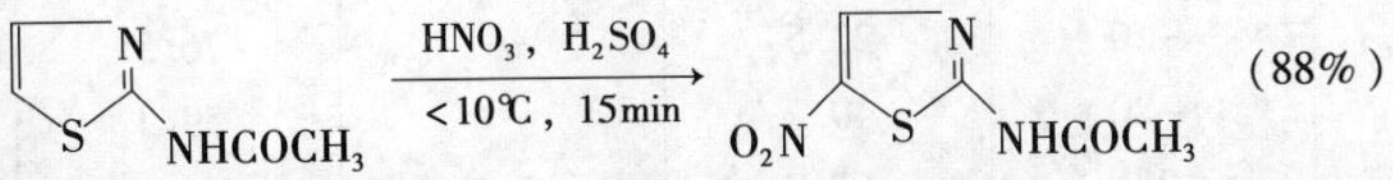

（2）六员杂环　吡啶环中氮原子上的未共用电子对没有参与环系共轭，因而对环表现出吸电子的诱导效应和共轭效应，使环电子云密度降低，在温和条件下不易进行硝化。若在较剧烈条件下（硝酸钾－硫酸，300℃）进行硝化，硝基进入电子云密度较高的β－位。

吡啶的N－氧化物较易硝化，硝基进入杂原子的对位。

例如，抗结核病药乙硫异烟胺（Ethionamide）中间体的制备：

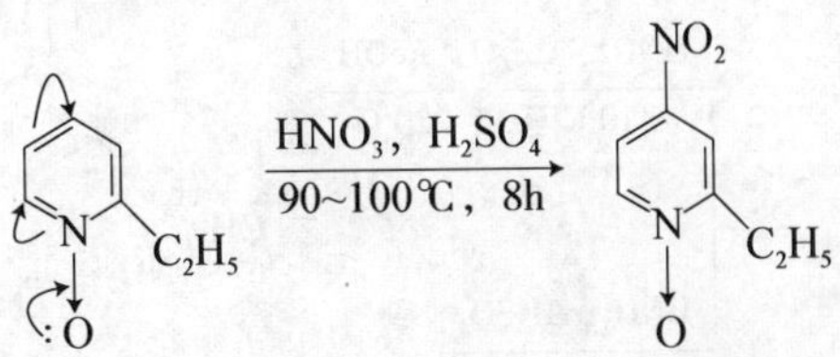

HNO_3，H_2SO_4；90~100℃，8h

嘧啶环一般不能被硝化，但在环上有两个以上强给电子基团（最常见—OH、—NH_2）取代时，也可进行硝化。药物合成中最常见的是二羟基嘧啶的硝化，硝基一般进入5位。

例如，维生素B_4（Adenine）中间体的制备：

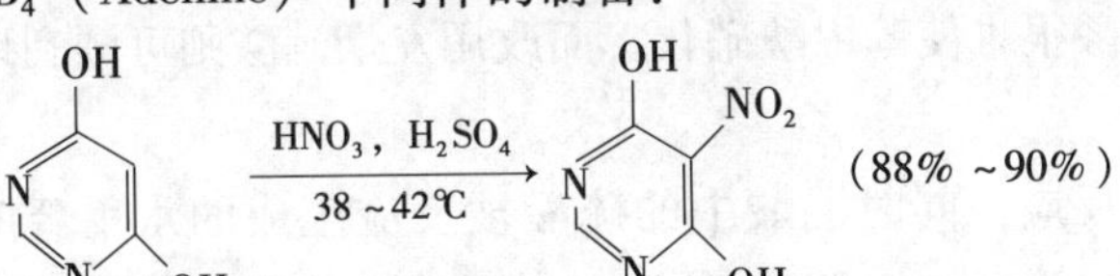

HNO_3，H_2SO_4；38～42℃　（88%～90%）

喹啉环硝化时，因吡啶环活性低，单硝化反应在8位或5位进行。用混酸硝化时，因杂环部分成盐，难以进行。若用硝酸在较高温度下反应，因硝酸氧化吡啶环成氮氧化物，而使吡啶环活化，因此，硝基取代在吡啶环的4位上。

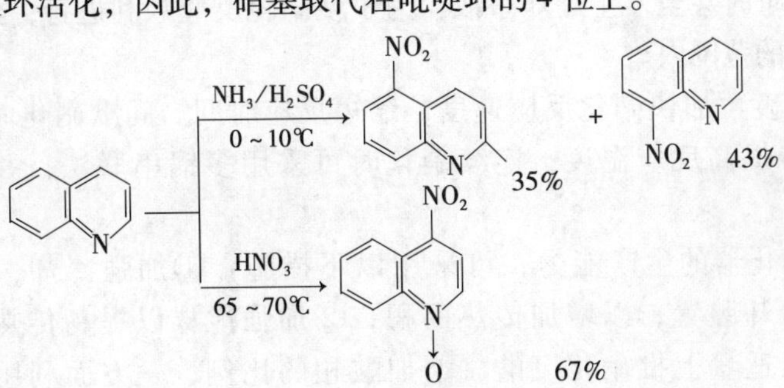

NH_3/H_2SO_4；0～10℃：35%　+　43%

HNO_3；65～70℃：67%

（二）硝化剂

相同的硝化对象，如采用不同的硝化剂硝化，则常得到不同的产物组成，因此必须考虑硝化剂的选择。从表 2-2 可见，乙酰苯胺用不同的硝化剂时，产物的组成相差很大。

表 2-2　乙酰苯胺用不同硝化剂硝化的影响

硝化剂	温度（℃）	邻位（%）	间位（%）	对位（%）	邻位/对位
$HNO_3 + H_2SO_4$	20	19.4	2.1	78.5	0.25
90% HNO_3	-20	23.5	—	76.5	0.31
80% HNO_3	-20	40.7	—	59.3	0.69
HNO_3 在乙酐中	20	67.8	2.5	29.7	2.28

被硝化物在硝化剂中溶解度不同，不仅影响反应的速度，有时还会影响硝化的深度。如均三甲苯在硝酸-醋酐中硝化，得一硝基化合物，而在混酸中硝化，则主要得二硝基化合物。这是因为均三甲苯在混酸中溶解度较小，但其一硝化产物溶于混酸继续硝化得二硝基化合物。

HNO_3，Ac_2O，AcOH
<10℃至 15~20℃
（76%）
HNO_3，H_2SO_4

硝化剂的浓度与被硝化物之间的配比对硝化反应的结果也有影响。一般来说，浓度小，配比少，硝化反应不易进行。浓度大，配比多硝化反应易进行，甚至可得多硝基化合物。如浓硝酸很难使苯甲酸硝化，而改用发烟硝酸则可顺利地进行。

（三）温度

硝化是强放热反应，同时混酸中的硫酸被反应生成的水稀释时，还放出稀释热，稀释热约为反应摩尔焓变的 7.5%~10%。由于硝化反应速度相当快，为了保持适宜的硝化温度，必须尽可能快地移出大量的热效应，否则会使反应温度和反应速度迅速上升，引起多硝化、氧化等副反应，同时还会造成硝酸的大量分解，产生大量的棕红色氧化氮气体，严重时甚至发生爆炸事故。为了使硝化反应顺利进行，必须将硝化温度严格控制在规定的范围内。

提高硝化温度可加快硝化反应速度，缩短反应时间。间歇硝化时可控制混酸的加料速度并逐步提高反应温度；连续硝化时可采用多锅串联法，并逐锅提高反应温度。

为了提高硝化器的生产能力，可采用以下措施：①加强冷却，在硝化器内安装蛇管或列管冷却装置，以增加传热面积；②加强搅拌以提高传热系数；③在硝化器中预先加入适量上批硝化废酸，增加酸相的比例，一方面利用酸相的传热系数大，有利于移出反应热；另一方面，硝化反应主要在酸相中进行，有利于加快反应速度。

另外，硝化温度对于硝化产物异构体的生成比例也有一定影响。

（四）搅拌

大多数硝化是非均相的，为了保证反应的顺利进行，提高传质和传热效率，必须具有良好的搅拌，增大搅拌有利于液滴分散，增大交界面积和减小传质阻力。当甲苯在小型设备中进行非均相硝化时，转速从300r/min提高到1100r/min，转化率很快增加，转速超过1100r/min时，转化率变化则不太明显。

在硝化过程中，尤其是在间歇硝化反应的加料阶段，停止搅拌非常危险，因为这时两相很快分层，大量活泼的硝化剂在酸相积累，一旦搅拌再次开动，就会突然发生激烈反应，使温度失去控制。它是造成硝化车间爆炸事故的重要原因之一。因此要求在硝化设备上装有自控装置，一旦设备停止搅拌或温度超过规定范围，即能自动停止加料并报警。

（五）酸油比和循环废酸比

酸油比指的是混酸与被硝化物的质量比，当脱水值和硝酸比固定时，酸油比与混酸组成有关。使用含水量多的混酸时，优点是反应温和，不易生成多硝化物；缺点是硫酸的用量大。为了减少硫酸的用量，可改用含水量尽可能少的混酸。例如萘的一硝化时，为了避免多硝化副反应，可在硝化反应器中预先加入适量的上一批硝化的废酸，使滴入的混酸（含水少的）立即被废酸所稀释。另外，加入循环废酸还有利于传热和提高反应速度。但循环废酸量太多又会降低设备的生产能力，因此循环废酸与被硝化物的质量比应综合考虑。苯一硝化的重要改进是采用了低硝酸含量的混酸，从而提高了酸油比。

（六）副反应

硝化时的主要副反应是多硝化和氧化。避免多硝化副反应的主要方法是控制混酸的硝化能力、硝酸比、循环废酸的用量、反应温度和采用低硝酸含量的混酸。

氧化副反应主要是在芳环上引入羟基，例如，在甲苯一硝化时总会生成少量的硝基酚类。硝化后分离出的粗品硝基物异构体混合物必须用稀碱液充分洗涤，除净硝基酚类，否则，在粗品硝基物脱水和用精馏法分离异构体时有爆炸危险。

在发生氧化副反应时，硝酸分解为二氧化氮，而二氧化氮又会促进氧化副反应，例如二氧化氮会使多烷基苯上的烷基发生复杂的氧化副反应，影响粗产品的质量。必要时加入适量的尿素将二氧化氮破坏掉，可以抑制氧化副反应。

$$3N_2O_4 + 4CO(NH_2)_2 \longrightarrow 8H_2O + 4CO_2\uparrow + 7N_2\uparrow$$

为了使生成的二氧化氮气体能及时排出，硝化器上应配有良好的排气装置和吸收二氧化氮的装置另外，硝化器上还应该有防爆孔以防意外。

第四节 硝化的一般工艺

一、混酸配制

（一）硫酸的脱水值

硫酸的脱水值简称“D. V. S.”，是指硝化终了时废酸中（即硝酸含量很低时）H_2SO_4/H_2O 的计算质量比。

D. V. S = 废酸中含硫酸质量/废酸中含水质量

= 混酸中硫酸质量/（混酸中含水质量 + 硝化生成的水质量）

当已知混酸组成和硝酸比 ϕ 时，脱水值的计算公式可推导如下：设 $w(H_2SO_4)$ 和 $w(HNO_3)$ 分别表示混酸中硫酸和硝酸的质量分数，ϕ 表示硝酸/被硝化物的摩尔比。以100份质量混酸为计算基准，当 $\phi>1$ 时，则

混酸中含 $H_2O = 100 - w(H_2SO_4) - w(HNO_3)$

$$\text{反应生成的 } H_2O = \frac{w(HNO_3)}{\Phi} \times \frac{18}{63} = 2w(HNO_3)/7\Phi$$

$$D.V.S = \frac{w(H_2SO_4)}{(100 - w(H_2SO_4) - w(HNO_3)/\Phi) + 2w(HNO_3)/7\Phi}$$

$$= \frac{w(H_2SO_4)}{100 - w(H_2SO_4) - 5w(HNO_3)/7\Phi}$$

当硝酸的用量等于或低于理论量，即 $\phi \leqslant 1$ 时，则：

$$D.V.S. = \frac{w(H_2SO_4)}{100 - w(H_2SO_4) - 5w(HNO_3)/7}$$

脱水值高，表示废酸中 H_2SO_4 含量多，H_2O 含量少，混酸的硝化能力强。

具体硝化过程的 D. V. S. 与被硝化物的性质、混酸组成、硝酸比以及硝化温度、硝化时间、操作方式和硝化器结构等因素有关。近年来对于许多硝化过程的 D. V. S. 做了改进，对于一硝化，一般稍稍降低废酸中 H_2SO_4 的分析浓度（质量含量），以进一步降低二硝化副产物。

（二）混酸配制

1. 配酸计算

用几种不同的原料酸配制混酸时，可根据物料平衡原理建立联立方程式，求解各原料酸的用量。

在废酸中往往含有少量的硝化产物和氮的氧化物，而氮的氧化物能与硫酸发生下述反应：

$$\underset{76}{N_2O_3} + \underset{2\times98}{2H_2SO_4} \rightleftharpoons 2ONOSO_3H + \underset{18}{H_2O}$$

为此在配酸以前，需要对废酸进行全分析，求得各组分的含量，并在配酸时加以修正。方法如下：

每份 N_2O_3 消耗的硫酸量为：$2 \times 98/76 = 2.58$ 份

每份 N_2O_3 生成的水量为：$18/76 = 0.24$ 份

例 设 1kmol 萘在一硝化时用质量分数为 98% 硝酸和 98% 硫酸，要求混酸的脱水值为 1.35，硝酸比 ϕ 为 1.05，试计算要用 98% 硝酸和 98% 硫酸各多少 kg、所配混酸的组成、废酸计算含量和废酸组成（在硝化锅中预先加有适量上一批的废酸，计算中可不考虑，即假设本批生成的废酸的组成与上批循环废酸的组成相同）。

解 计算步骤

100% 的硝酸用量 = 1.05kmol = 66.15kg

98% 的硝酸用量 = 66.15/0.98 = 67.50kg

所用硝酸中含 H_2O = 67.50 − 66.15 = 1.35kg

理论消耗 HNO_3 = 1.00kmol = 63.00kg

剩余 HNO_3 = 66.15 − 63.00 = 3.15kg

反应生成 H_2O = 1.00kmol = 18.00kg

设所用 98% 硫酸的质量为 Xkg；所用 98% 硫酸中含 $H_2O = 0.02X$kg，则：

$$\text{D. V. S.} = \frac{0.98x}{1.35 + 18 + 0.02x} = 1.35$$

解得：

所用 98% 硫酸的质量 X = 27.41kg

混酸中含 H_2SO_4 = 27.41 × 0.98 = 26.86kg

所用 98% 硫酸中含 H_2O = 27.41 − 26.86 = 0.55kg

混酸中含 H_2O = 1.35 + 0.55 = 1.90kg

混酸质量 = 67.50 + 27.41 = 94.91kg

混酸组成（质量分数）：H_2SO_4 28.30%；HNO_3 69.70%；H_2O 2.00%

废酸质量 = 26.86 + 3.15 + 1.35 + 0.55 + 18 = 49.91kg

废酸计算含量（质量分数）= 26.86/49.91 = 53.82%

废酸中 HNO_3 含量（质量分数）= 3.15/49.91 = 6.31%

废酸中 H_2O 含量（质量分数）=（1.35 + 0.55 + 18）/49.91 = 39.87%

应该指出：用上述方法计算出的废酸计算含量是简化的理论计算值，这里没有考虑硝化不完全、多硝化以及氧化副反应所消耗的硝酸和生成的水、被硝化物先用于萃取上一批废酸中的硝酸等因素的影响。实际上，只要废酸的分析组成在规定的范围之内，即可认为操作正常。

2. 配酸工艺

配酸时应注意以下三个方面：①有导出热量的冷却措施，即应控制温度 <40℃；②安装有效的机械混合装置；③考虑设备的防腐能力。

根据生产能力的大小，配酸有连续和间歇两种方式。配酸时应在有效的混合和冷却下，在 40℃ 以下，将浓硫酸先缓慢后渐快地加入水或废稀酸中，最后先慢后快地加入硝酸，这样较为安全。配好的混酸经分析合格才可使用。

二、硝化操作

以混酸为硝化剂的液相硝化，加料顺序有以下三种。

（一）正加法

将混酸逐渐加入到被硝化物中，优点是反应较缓和，可避免多硝化；缺点是反应速度较慢。常用于被硝化物容易硝化的过程。

（二）反加法

将被硝化物逐渐加入到混酸中，优点是在反应过程中始终保持有过量的混酸与不足量的被硝化物，反应速度快，适于制备多硝基物和难硝化的过程。

（三）并加法

将被硝化物和混酸按一定比例同时流入反应锅中，常用在连续硝化中。

生产上常采用多锅串联的办法实现连续化，大部分硝化反应在第一台反应锅中完成，称为“主锅”，少部分尚没有转化的被硝化物，则在其余的锅内继续反应，通常称为“副锅”或“成熟锅”。

三、硝化锅

间歇硝化过程的硝化锅常用铸铁或钢板制成，连续硝化设备则常采用不锈钢材质。硝化后废酸的浓度应不低于68%～70%，否则腐蚀铁。硝化时的热量由夹套及安装在锅内的蛇管传出。其传热系数分别为：

夹套418.7kJ/（m^2·h·℃）～837.4kJ/（m^2·h·℃）

蛇管2093.4kJ/（m^2·h·℃）～2512.1kJ/（m^2·h·℃）

常用的搅拌器有桨式、推进式及涡轮式三种，转速一般较高（100r/min～400r/min）。有时在反应锅中安装导流筒，或利用内层蛇管兼起导流筒的作用。

图2-3是几种常见的硝化釜结构，a是间歇设备；b是利用蛇管作导流筒的连续硝化釜，适用于小量生产；c的传热面积较大，适用于大型连续硝化装置。

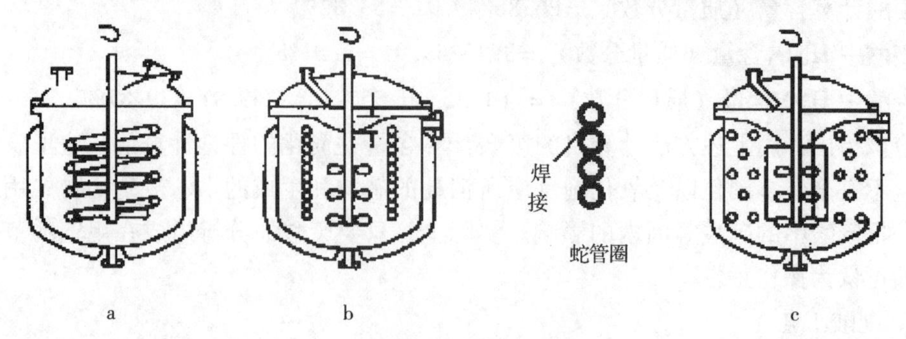

图2-3 硝化釜

为了改进传质、传热和除去反应中产生的氧化氮气体，一些工厂已采用了环形反应器，它的传热效果好，产品质量高，产物中酚与多硝基化合物的含量低。国内也有采用环形硝化器的，即将两个列管式硝化器串联，在一侧硝化器上用立式轴流泵进行强制循环，用冷却水移出反应热（如图2－4）。

在硝化工艺中有将硝酸、硫酸用泵分别送至硝化器，而不采用预先配酸的办法。也有采用管式硝化器的。还有在带夹套的硝化器内在搅拌器同心圆的位置上布置换热排管的。

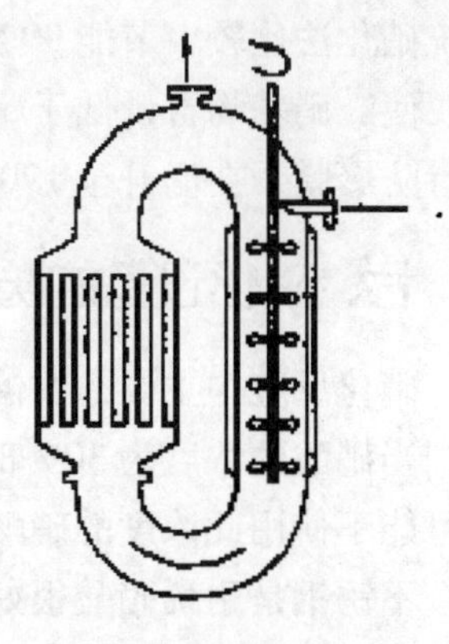

图2－4 环形硝化器

四、硝化产物的分离

由硝化锅流出的物料沿切线方向进入连续分离器中，利用硝化产物与废酸有较大比重差而实现连续分层分离。

为了减少硝基物在硫酸中的溶解度，有时在静置分层前加入少量水稀释，加水量应考虑到设备的耐蚀程度、硝基物与废酸的易分离程度，以及废酸循环或浓缩所需的经济程度。如二硝基甲苯的生产中，加水使废酸浓度由82.8%稀释到74%，再冷却到室温时，可使二硝基甲苯在废酸的溶解度由5.3%降低到0.8%左右。

在连续分离器中加入叔辛胺，可加速硝化物与废酸的分层，加入量为0.0015%～0.0025%。

分出的硝基物中的废酸，一般采用水洗、碱洗法除去。回收的浓缩后废液也要尽量沉降去除杂质。硝化液在水洗过程中有时出现乳化而影响分层，如果由于操作失误或分层不好而使乳化液进人蒸馏设备，不仅会增加热量消耗，还会形成潜在的爆炸危险。

利用混合磷酸盐的水溶液处理中性粗硝基物的“解离萃取法”，可使几乎所有的酚解离成酚盐。用解离萃取法不需消耗大量碱，可回收酚，但投资费用较高。

五、废酸处理

硝化后的废酸组成是73%～75%硫酸，0.2%硝酸，0.3%亚硝酰硫酸，硝基物0.2%以下。因此用蒸浓方法回收废酸前要进行脱硝。

处理废酸的方法如下。

（1）将硝化后废酸用于下一批硝化生产中，即实行闭路循环套用；

（2）在用芳烃对废酸进行萃取后蒸发浓缩，使硫酸浓度增浓到92.5%～95%，再用于配制混酸；

（3）若废酸浓度只有30%～35%，则通过浸没燃烧，先提浓至60%～70%，再进行浓缩；

（4）通过萃取、吸附或过热蒸气吹扫等手段，除去废酸中所含有机杂质然后加氨水制成化肥。

六、绝热硝化

绝热硝化的特点是使用过量的混酸在绝热反应器中进行硝化反应，混酸中硝酸百分比低，反应热被吸收为显热，反应温度不会过高，可以省掉通用硝化法所需冷却装置。另外由硝基苯分离出来的稀硫酸在真空下闪蒸脱水，使浓度达70%左右，并用于配制硝化用混酸，因此避免了废酸浓缩的有害操作，并节省了能量消耗。这一方法与传统硝化法比较，节能90%；由于采用过量芳烃和高水含量的混酸，产品质量大大提高，使二硝基物含量低于 500×10^{-6}（w/w）；其最高温度只有136℃，并且在分离器上装有防爆膜，在温升至190℃前即自行破裂，因而较为安全。

七、硝化设备的防腐

硝化反应中主要的腐蚀剂是硝化剂。稀硝酸对金属的腐蚀随浓度的增加而逐渐严重，当硝酸的浓度为30%时，对碳钢的腐蚀速度达到最大值。因此在使用硝酸的时候，尽可能不使用此浓度的硝酸；或是尽可能地缩短30%的硝酸的使用及存在时间。

不锈钢是耐稀硝酸很好的防护材料，它不但有很好的耐腐蚀性，并具有很理想的机械性能、焊接性能、冷加工性能、很好的塑性和韧性，并且没有磁性，所以不锈钢是硝酸生产中及使用硝酸场合中很好的防腐材料。铝材能耐浓硝酸。钛材有很好的耐腐蚀性能，能承受较高的温度，并有较高的强度及密度低等优点，但价格较为昂贵。

目标检测题

一、简答题

1. 什么叫硝化反应？硝化反应分哪几种？各举一例说明？
2. 硝酸－醋酐硝化剂在配制时应注意什么？
3. 什么叫邻位效应？
4. 如何理解硝化反应中搅拌的作用？

二、下列硝化反应，选用何种硝化剂为好？并说明原因？

1. CH_3, CH_3 ⟶ CH_3, O_2N, NO_2, CH_3, NO_2

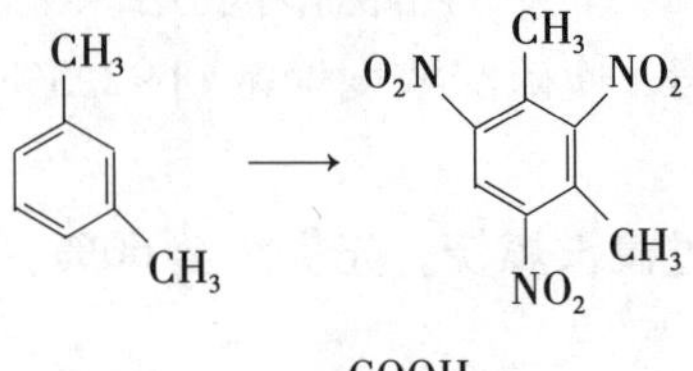

2. COOH ⟶ COOH, NO_2

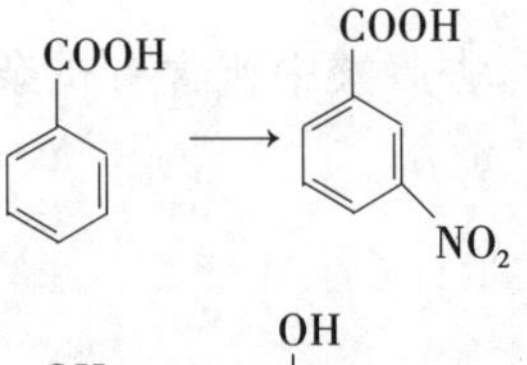

3. OH ⟶ OH, NO_2

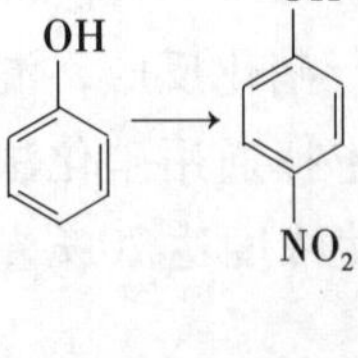

4. $C_6H_5{-}OCH_3 \longrightarrow o{-}O_2N{-}C_6H_4{-}OCH_3$

5. $C_6H_5{-}NH_2 \longrightarrow o{-}O_2N{-}C_6H_4{-}NH_2 + p{-}O_2N{-}C_6H_4{-}NH_2$

三、根据下列工艺回答问题

对硝基乙酰苯胺的制备

性状：白色棱状结晶，mp 215～216℃，溶于热水，醇、醚几乎不溶于冷水。

制法：

$$C_6H_5{-}NHCOCH_3 \xrightarrow[H_2SO_4]{HNO_3} O_2N{-}C_6H_4{-}NHCOCH_3$$

于装有搅拌器、温度计、滴液漏斗的反应瓶中，加入冰醋酸 25ml，干燥的粉状乙酰苯胺 25g，搅拌下慢慢加入浓硫酸 92g（52ml），放热，成一透明溶液。冰浴冷却至 2℃，滴加 15.5g 浓硝酸与 12.5g 浓硫酸配成的混酸，保持反应溶液部超过 10℃，加完后升至室温反应 1h，将反应物倒入 250mg 冰水中，立即析出沉淀，充分搅拌，15min 后抽滤，冷水洗涤，直至无游离酸。工业乙醇重结晶，得无色对对硝基乙酰苯胺 20g，收率 60%，mp 214℃。

1. 画出上述生产工艺的流程图。
2. 合成工艺中加入 25mg 的冰醋酸是什么作用？
3. 合成工艺的后处理为什么要倒入“冰水”、“冷水洗涤”，能不能用热水或室温水？
4. 合成工艺中冷水洗涤为何要洗至无游离酸？
5. 乙醇重结晶的基本步骤有哪些？

第三章

磺化反应技术

第一节　磺化反应的基本化学原理

磺化反应（Sulfonation Reaction）是指在有机化合物分子中引入磺酸基（$—SO_3H$），磺酸盐基（如$—SO_3Na$）或磺酰卤基（$—SO_2X$）的化学反应。生成的产品是磺酸（$R—SO_3H$，R 表示烃基）、磺酸盐（$R—SO_3M$，M 表示 NH_4或金属离子）或磺酰卤（$R—SO_2X$）。

S 原子和 C 原子相连，得到的产物是磺酸（$R—SO_3H$）；S 原子和 O 原子相连，得到的产物是硫酸酯（$R—OSO_3H$）；S 原子和 N 原子相连，则得到磺胺（$R—NHSO_3H$）化合物。

本部分重点讨论发生在芳环上的磺化反应。

磺化反应是典型的亲电取代反应，反应过程一般认为是：以硫酸为例，磺化剂首先分解成三氧化硫，由于硫原子的电负性比氧原子小，带部分正电荷，可作为具有正电性中心的亲电试剂向苯环进攻，生成苯磺酸。

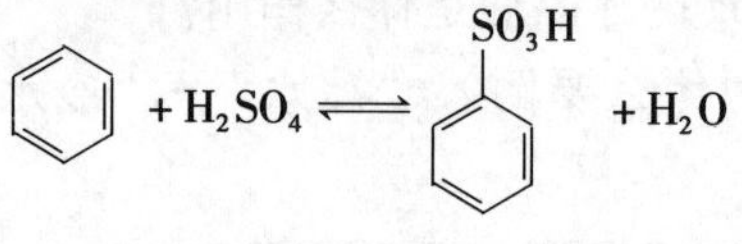

$$C_6H_6 + H_2SO_4 \rightleftharpoons C_6H_5SO_3H + H_2O$$

$$2H_2SO_4 \rightleftharpoons SO_3 + H_3\overset{+}{O} + HSO_4^-$$

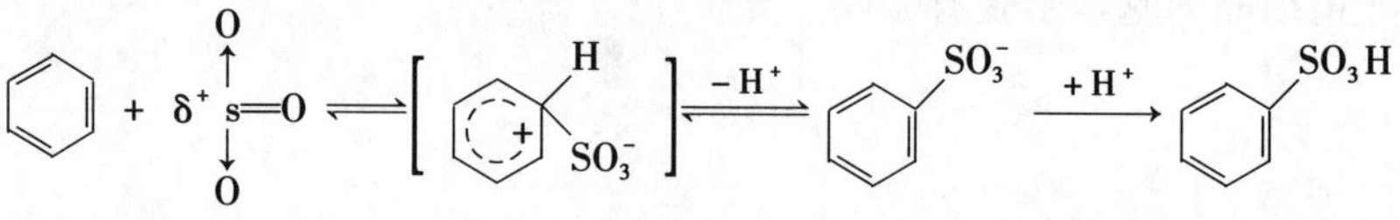

$$C_6H_6 + \delta^+ SO_3 \rightleftharpoons \left[C_6H_6^+ (H)(SO_3^-) \right] \xrightleftharpoons{-H^+} C_6H_5SO_3^- \xrightarrow{+H^+} C_6H_5SO_3H$$

第二节　反应操作实例——对甲苯磺酸的制备

一、制备方法

反应原理

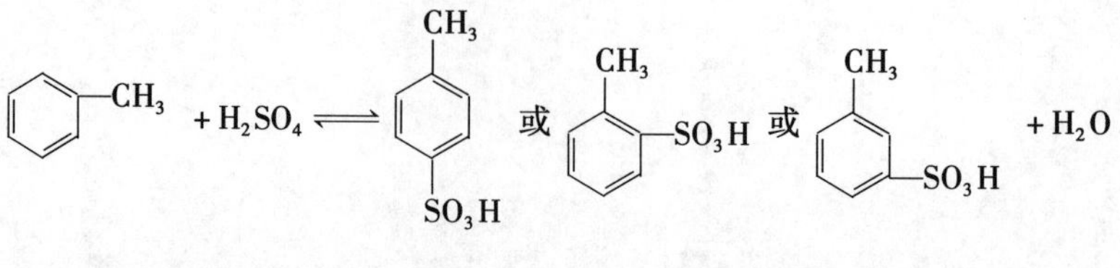

$$C_6H_5CH_3 + H_2SO_4 \rightleftharpoons p\text{-}CH_3C_6H_4SO_3H \text{ 或 } o\text{-}CH_3C_6H_4SO_3H \text{ 或 } m\text{-}CH_3C_6H_4SO_3H + H_2O$$

该反应为可逆反应，反应速度 r∝［$CH_3C_6H_5$］/［H_2O］^{2}，所以要提高反应速度，并使平衡向生成物方向移动，必须设法移走磺化生成的水。

流程方框图见图3－1，制备工艺流程图见图3－2。

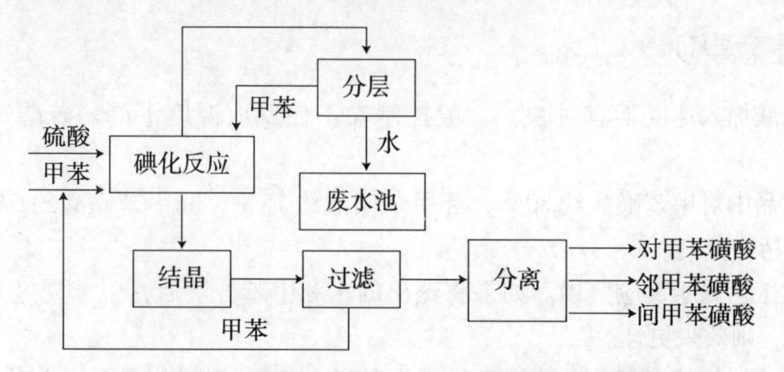

图3－1　甲苯磺化法制对甲苯磺酸的生产流程

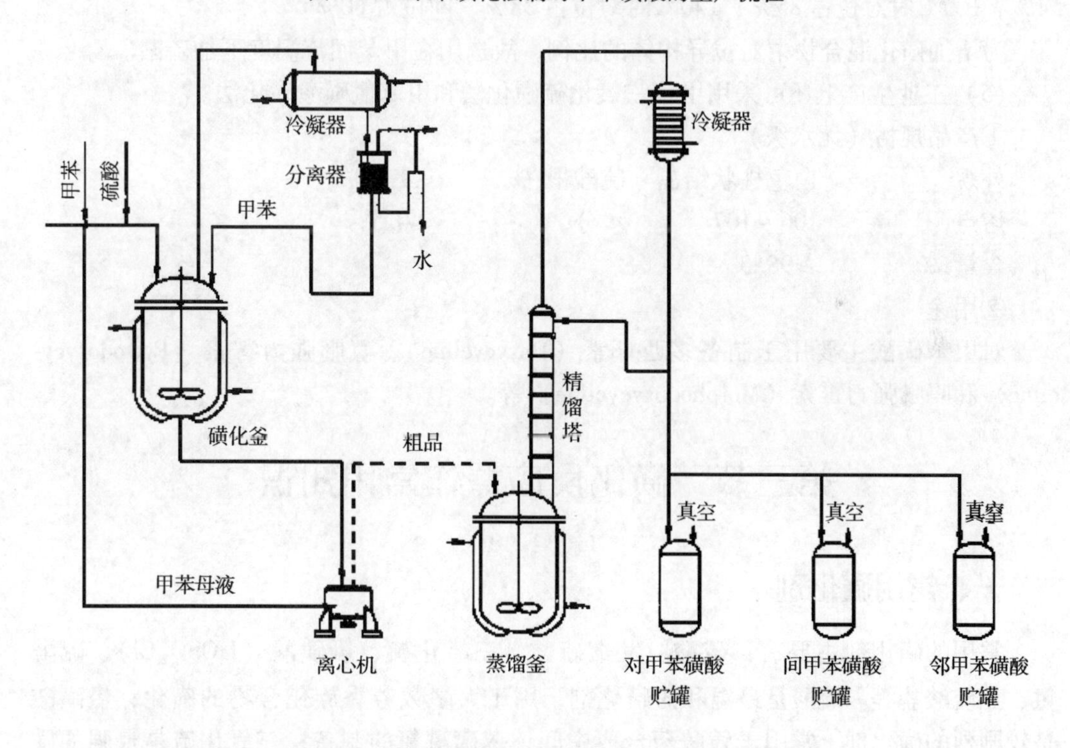

图3－2　甲苯磺化法制对甲苯磺酸的制备工艺流程图

投料比（质量）　甲苯：95%硫酸＝1：（0.55～0.70）。

二、操作过程

先将甲苯一次性投入到磺化反应器中，再开启磺化器的升温系统，将甲苯加热至回流，然后滴加95%的工业硫酸。硫酸中的水及反应生成的水随甲苯一起蒸出，经冷凝、分层，甲苯返回磺化反应器，水计量后去废水池。

硫酸加完后，继续回流反应10～15h，待馏出物基本不含水时，停止回流，接着冷却结晶，过滤。所得的甲苯返回磺化反应器循环使用，粗品经分离即得白色柱状的对甲苯磺酸晶体。

收率大于75%，含量大于98.5%。

三、注意事项

(1) 硫酸加入速度不宜过快，一般控制在不使反应温度下降。硫酸选用工业级即可。

(2) 粗品中对甲苯磺酸约80%，邻甲苯磺酸约15%，间甲苯磺酸约5%，一般需采用高真空精馏分离。

(3) 本工艺属于反应蒸馏。如果将蒸出的水和甲苯分层后，甲苯先经干燥再返回磺化反应器，则效果更佳。

(4) 影响异构体分布的主要因素是磺化温度。在0℃时磺化混合物中对位异构体占54%；100℃时对位占85%；140℃时对位占38%，间位占60%。

为增加磺化混合物中对位异构体的比例，故选用在甲苯回流温度下加硫酸。

(5) 工业生产上还可采用甲苯三氧化硫磺化法和甲苯氯磺酸磺化法。

①产品规格（无水级）

外观	白色柱状结晶	硫酸根,%	≤1.0
熔点,℃	106～107	水分,%	≤0.5
含量,%	≥98.5		

②用途

对甲苯磺酸主要用于制备多西环素（Doxycycline）、氢吡强力霉素（Pyrrodoxycycline）和吗啉强力霉素（Morphodoxycycline）等。

第三节 磺化反应操作常用知识

一、常用磺化剂

常用的磺化剂主要有：硫酸、发烟硫酸、三氧化硫、氯磺酸（$HOSO_2Cl$）、硫酰氯、亚硫酸盐等。硫酸是最温和的磺化剂，用于大多数芳香族化合物的磺化；氯磺酸是较剧烈的磺化剂，常用于磺胺药合成中间体苯磺酰氯的制备；三氧化硫是最强的磺化剂，但常伴有副产物砜的生成。

（一）硫酸和发烟硫酸

纯硫酸是一种无色油状液体，凝固点为10.01℃，沸点为337.85 ℃（98.3% H_2SO_4）。硫酸和发烟硫酸实际上是不同浓度的三氧化硫的水溶液，工业硫酸通常制成两种规格，即92%～93%和98%～100%三氧化硫的一水合物，后者也可看作是三氧化硫与水以1∶1的比例组成的络合物。发烟硫酸也有两种规格，将三氧化硫溶于浓硫酸，就得到组成为$H_2SO_4 \cdot xSO_3$的发烟硫酸。即含游离三氧化硫20%～25%和60%～65%，这两种规格的发烟硫酸都具有最低凝固点，它们在常温下为液体，便于使用。

使用硫酸作磺化剂，副反应较少，反应速度较慢。磺化 1mol 产品将同时产生 1mol 水。

$$Ar—H + H_2SO_4 \rightleftharpoons Ar—SO_3H + H_2O$$

此反应为可逆反应。随着磺化反应的进行，体系内的水分不断增加，硫酸浓度不断降低，致使磺化反应不再朝正向进行。此外，磺酸化合物因水解而将磺酸基脱去，使反应逆向进行，成为脱磺酸反应。

要保持高磺化率，往往加入过量硫酸，这种方法的优点是适用范围广，缺点是硫酸过量较多，生产能力较低，在反应完成后，常常要用碱去中和废酸，使得产品中含有较多的硫酸钠杂质。

硫酸是最温和的磺化剂，它适用于较活泼的芳香化合物的磺化。

例 1 维生素 E 醋酸酯（Vitamine E Acetate）中间体 2，4，5 - 三甲基苯磺酸的制备，即用过量的硫酸与 1，2，4 - 三甲基苯进行磺化反应，两物料配比为 2：1（摩尔比）。

CH_3 CH_3 CH_3 $\xrightarrow[65 \sim 70℃,\ 3h]{H_2SO_4}$ CH_3 CH_3 SO_3H CH_3

发烟硫酸适用于反应活性较低的芳香化合物磺化和多磺酸物的制备。

例 2 利尿药依他尼酸（Etacrynic Acid）中间体 2，3，4 - 三氯苯磺酸钠的制备；

Cl Cl Cl $\xrightarrow{H_2SO_4 \cdot SO_3/NaCl}$ Cl Cl Cl SO_3Na

采用发烟硫酸作磺化剂，反应速度快且稳定，温度较低，同时具有工艺简单、设备投资低、易操作等优点，但缺点是对有机物作用剧烈，常伴有氧化、成砜副产品；磺化时，仍有水产生。随着反应的进行，生成的水使硫酸浓度下降，当达到 95% 时，反应停止，产生大量的废酸。

提高磺化率的另一种方法是共沸去水磺化法。即将过量的过热苯蒸气通入 120 ~ 180℃浓硫酸中，利用共沸原理使未反应的苯蒸气带出生成的水，保证硫酸的浓度不致下降太多，这样硫酸的利用率可达 91%。从磺化锅逸出的苯蒸气和水蒸气经冷凝后分层可回收苯，回收苯经干燥又可循环使用。因为此法利用苯蒸气进行磺化，工业上简称为“气相磺化”。

此法只适用于沸点较低易挥发的芳烃。例如苯和甲苯的磺化。

（二）三氧化硫

三氧化硫的磺化能力最强，对芳香化合物进行磺化反应的通式为：

$$Ar—H + SO_3 \rightleftharpoons Ar—SO_3H$$

用三氧化硫磺化时不生成水，SO_3 用量可接近理论量，反应迅速，设备容量小，不需要外加热量，三废少，有利环保，经济合理，已日益引起制药、合成工业部门的重视。如果用三氧化硫代替发烟硫酸磺化，磺化剂的利用率可高达 90% 以上。不足之处是反应热很大，容易导致物料分解或副反应，而且反应物料黏度高，给传质带来困难。近年来，采用三氧化硫作磺化剂的工艺日益增多，它不仅可用于芳香族化合物的磺化，而且可用于脂肪醇和烯烃，并可直接用于烷基苯的磺化和 N－磺化反应。

例 3 抗生素磺苄西林（Sulbenicillin）中间体 α－磺酸基乙酸的合成：

$$C_6H_5CH_2COOH \xrightarrow{SO_3/二氧六环} C_6H_5CH(SO_3H)COOH$$

采用三氧化硫作磺化剂通常是以下三种形式：直接利用液体 SO_3；由液体 SO_3 蒸发得气态 SO_3；如果就近没有 SO_3 来源，也可以将 20%～25% 发烟硫酸加热到 250℃ 以蒸出 SO_3。

三氧化硫磺化可有以下几种方式。

1. 气体三氧化硫的磺化

由十二烷基苯制备十二烷基苯磺酸钠就是采用此法磺化：

$$C_{12}H_{25}C_6H_5 \xrightarrow{SO_3（气态）} p\text{-}C_{12}H_{25}C_6H_4SO_3H \xrightarrow{NaOH} p\text{-}C_{12}H_{25}C_6H_4SO_3Na$$

三氧化硫与烷基苯的反应速度比硫酸、发烟硫酸快得多，该反应属于快速气液相反应，决定反应速度的快慢主要是三氧化硫在气相中的扩散速度。为了抑制副反应，提高产品质量，烷基苯与三氧化硫的比例控制比与发烟硫酸更严格。因为三氧化硫稍过量即会产生多磺化；反之，则未磺化的烷基苯会存在于产品中，造成产品不合格。

2. 用液体三氧化硫磺化

主要用于不活泼液态芳烃的磺化，生成的磺酸在反应温度下必须是液态的，而且黏度不大。硝基苯在液态三氧化硫中磺化可生成间－硝基苯磺酸。

$$C_6H_5NO_2 \xrightarrow[95\sim120℃]{SO_3（液态）} m\text{-}NO_2C_6H_4SO_3H$$

3. 三氧化硫溶剂法磺化

适用于被磺化物或磺化产物为固态的磺化过程，反应温和，容易控制。所用溶剂可分为无机溶剂和有机溶剂两大类。无机溶剂有硫酸和二氧化硫。硫酸与三氧化硫可混溶，而且还能破坏有机磺酸的氢键缔合，降低磺化反应物的黏度。磺化操作时，在有机物中先加入 10% 重量的硫酸，再通入气体或加入液体的三氧化硫，逐步进行磺化。此过程能代替一般的发烟硫酸磺化，故通用性大，技术简单。

有机溶剂常用的有二氯甲烷、1，2－二氯乙烷、1，1，2，2－四氯乙烷、石油醚、硝基甲烷等。这些溶剂的优点是价廉、稳定、容易回收，与有机物混溶，对三氧化硫的溶解度常在 25% 以上。有机物溶解在有机溶剂后，被有机溶剂所稀释，有利于抑制副反应的发生，因而能完成高转化率的磺化。

（三）氯磺酸

氯磺酸（$HOSO_2Cl$）可以看作是 $SO_3 \cdot HCl$ 的配位化合物，凝固点为 $-80℃$，沸点 152℃，达到沸点时则离解成 SO_3 和 HCl。氯磺化反应分两步进行，先由芳香化合物与氯磺酸反应生成芳磺酸，后者再与另一分子氯磺酸作用生成芳磺酰氯化合物。

$$Ar—H + ClSO_3H \longrightarrow Ar—SO_3H + HCl\uparrow$$

$$Ar—SO_3H + ClSO_3H \rightleftharpoons Ar—SO_2Cl + H_2SO_4$$

若用等 mol 比或稍过量的氯磺酸反应，得到的产物是芳磺酸；若用过量很多的氯磺酸反应，产物则是芳磺酰氯。由于第二步反应是可逆的，所以要得到较高产率的芳磺酰氯，要求加入过量的氯磺酸，（理论量的 2~5 倍），也可以采用化学方法移除硫酸。例如，在制备苯磺酰氯时，除了氯磺酸以外，加入适量氯化钠，可使收率由 76% 提高到 90%。氯化钠的作用是使硫酸转变为硫酸氢钠与氯化氢。

$$H_2SO_4 + NaCl \longrightarrow NaHSO_4 + HCl$$

还可以加入氯化钠和惰性溶剂（如 CCl_4），溶剂的存在可以减少氯磺酸的用量。若单用氯磺酸不能使磺酸基全部转化为磺酰氯时，可加入少量氯化亚砜：

$$Ar—SO_3H + SO_3Cl \longrightarrow Ar—SO_2Cl + SO_2\uparrow + HCl\uparrow$$

采用氯磺酸的优点是：反应能力强，反应条件温和，得到产品较纯，副产物氯化氢可在负压下排出（可用水吸收制成盐酸），有利于反应进行完全。缺点是：价格较高，而且分子量大，引入一个磺酸基的磺化剂用量相对较多，反应中产生的氯化氢具有强腐蚀性，因此，工业上应用相对较少。

氯磺酸在药物合成中的主要用途是制取芳族磺酰氯。

例 4 合成磺酰胺类抗菌药的重要中间体对乙酰氨基苯磺酰氯的制备。

$$CH_3CONH—C_6H_5 \xrightarrow[50℃,\ 3h]{HOSO_2Cl} CH_3CONH—C_6H_4—SO_2Cl$$

例 5 利尿降压药氢氯噻嗪（Hydrochlorothiazide）中间体 3－氯－4，6－双磺酰氯苯胺的制备。

$$3\text{-}Cl\text{-}C_6H_4NH_2 \xrightarrow[110℃,\ 4h]{HOSO_2Cl/PCl_3} 3\text{-}Cl\text{-}4,6\text{-}(ClO_2S)_2C_6H_2NH_2$$

例 6 降血糖药甲苯磺丁脲（Tolubutamide，ovinase）中间体对甲基苯磺酰氯的制备。

$$CH_3—C_6H_5 \xrightarrow{HOSO_2Cl} CH_3—C_6H_4—SO_2Cl$$

例 7 安定药氯普噻吨（泰尔登，Chlorprothixene）中间体对氯苯磺酰氯的制备。

$$Cl—C_6H_5 \xrightarrow[20℃,\ 2h]{HOSO_2Cl} Cl—C_6H_4—SO_2Cl$$

二、磺化反应的工艺影响因素

（一）被磺化物的结构

磺化反应是典型的亲电取代反应。当芳环上存在供电子基团时，使芳环邻、对位电子云密度增高，对磺化反应有利，用硫酸在不太的温度下即可进行；当存在吸电子基团时，则对磺化反应不利，需以强烈的磺化剂－发烟硫酸在高温下进行。如苯酚用硫酸即可进行磺化，硝基苯则需以发烟硫酸在高温下进行。

$$\text{C}_6\text{H}_5\text{OH} \xrightarrow[30℃]{H_2SO_4} p\text{-HOC}_6\text{H}_4SO_3H + o\text{-HOC}_6\text{H}_4SO_3H$$

$$\text{C}_6\text{H}_5NO_2 \xrightarrow[140℃]{H_2SO_4 \cdot SO_3} m\text{-}O_2N\text{C}_6\text{H}_4SO_3H$$

在进行多磺化时，由于—SO_3H 为强吸电子基，因而，欲再引入一个—SO_3H 需在更为强烈的反应条件下进行。

因为磺基的体积较大，所以磺化时的空间效应比硝化、卤化大得多。在磺酸基邻位有取代基时，使磺化速度减慢。取代基愈大，位阻愈大，邻位磺酸产物的收率愈低。

（二）磺化剂的浓度和用量

采用硫酸作磺化剂时，引入一个磺基的同时，产生 1mol 水。水的生成使硫酸的浓度降低，磺化反应的速度大为减慢。动力学研究表明：在浓硫酸（92%～99%）中，磺化速度与硫酸中所含水分浓度的平方成反比，因此，芳烃的磺化速度依赖于硫酸的浓度。

当硫酸的浓度降低到一定程度时，反应几乎停止进行。此时剩余硫酸称为“废酸”。其浓度通常用含三氧化硫的质量分数表示，称为磺化的“π 值”。表 3－1 为几种芳烃的 π 值。

表 3－1 为几种芳烃化合物的 π 值

化合物	π 值	H_2SO_4%
苯单磺化	64	78.4
蒽单磺化	43	53
萘单磺化（60℃）	56	68.5
萘二磺化（160℃）	52	63.7
萘三磺化（160℃）	79.8	97.3
硝基苯单磺化	82	100.1

当硫酸浓度低于 78.4%，不论温度、搅拌或催化剂如何，苯的磺化反应均不能进行，此时 100 份 78.4% 硫酸中所含三氧化硫量为 64 份，因而 π 值为 64。对于容易磺化的化合物，π 值要求较低；而对于难磺化的过程，π 值却要求较高。

利用 π 值的概念可以定性地说明磺化剂的开始浓度对磺化剂用量的影响。假设在酸相中被磺化物和磺酸的浓度极小，可以忽略不计，就可以推导出每摩尔被磺化物在磺化时所需要的硫酸或发烟硫酸的用量 X 的计算公式：

$$X = 80n \times (100 - \pi) / (a - \pi)$$

式中，X：磺化剂硫酸的用量（kg）；

a：磺化剂硫酸中含 SO_3 的质量分数；

π：废酸中含 SO_3 的质量分数；

n：引入磺酸基的个数；

由上式可以看出，当用三氧化硫作磺化剂（$a = 100$）时，它的用量是80，即相当于理论量。当磺化剂的开始浓度 a 降低时，磺化剂的用量将增加。当 a 降低到废酸的浓度 π 时（即 $a \approx \pi$），磺化剂的用量将增加到无限大。因此，要得到较好收率的磺化产物，采用足够过量的酸，以保持酸的浓度超过 π 值，是实际生产中常用的方法。如果只从磺化剂的用量来考虑，应采用三氧化硫或65%发烟硫酸，但是浓度太高的磺化剂会引起许多副反应。如磺化、氧化和生成砜等，并可能影响磺酸基进入芳环的位置。另外磺化剂用量过少，常常使反应物过于黏稠而难于操作。同时，生成的磺酸一般都溶解于酸相中，而酸相中磺酸的浓度也会影响反应速度。所以上述简化公式并不适用于计算磺化剂的实际用量。

在实际工作中为保证收率，一般都采用过量的酸。同时采取下列方法脱水以降低水对酸的稀释作用。

1. 物理方法脱水

使用过量的溶剂不断带走反应生成的水，如苯及甲苯均可采用本法。对于萘的β-位磺化，可以利用高温（160~165℃）带出水分，仅需加入过量40%的酸。这一方法被推广应用于芳胺的磺化，利用邻二氯苯为溶剂加入等摩尔量的酸在150~200℃磺化，利用共沸去水，从而使反应顺利进行。

2. 化学方法脱水

向磺化物中加入能与水作用的物质，如 BF_3、$SOCl_2$，以 $SOCl_2$ 为例，它可将水分解成氯化氢和二氧化硫。本法费用很高，只被用于实验室中。

$$H_2O + SO_2Cl \longrightarrow HCl + SO_2$$

（三）反应温度

反应温度是影响磺化反应的主要影响因素。温度太低，影响磺化速度；温度太高，会引起多磺化、氧化、砜和树脂物的生成等副反应。温度还会影响磺酸基引入的位置及异构体的比例。

（四）磺酸基的水解

芳磺酸在含水的酸性介质中，在一定温度下会发生水解反应使磺酸基脱落，这可看作是磺化反应的逆反应。

$$C_6H_5\text{—}SO_3H + H_2O \xrightleftharpoons{H^+} C_6H_5\text{—}H + H_2SO_4$$

对于有吸电子基的芳磺酸，芳环上的电子云密度降低，磺基难水解。对于有给电子基的芳磺酸，芳环上电子云密度高，磺基易水解。此外，介质中 H_3^+O 的浓度愈高，水解速度越快。磺化反应和水解反应速度都与温度有关，温度升高，水解速度的增加值比磺化速度快，因此，一般水解的温度比磺化温度高。

（五）磺基的异构化

磺基不仅能够发生水解反应，在一定条件下还可以从原来的位置转移到其他位置，通常是转移到热力学更稳定的位置，称为“磺基的异构化”。一般认为，在含有水的硫酸中，磺酸的异构化是一个水解－再磺化的反应，而在无水硫酸中则是分子内的重排反应。温度的变化对磺基的异构化也有一定影响。当苯环上有给电子基时，低温有利于磺酸基进入邻位，高温有利于进入对位，甚至有利于进入更稳定的间位。

例如，萘磺化时，在80℃以下主要发生α－萘磺酸；在高温时主要生成β－萘磺酸。随着温度升高，α－位的磺基会通过逆反应大部分转移到β－位。

$$\text{萘} + H_2SO_4 \xrightleftharpoons{30\sim60℃} \text{α-萘磺酸}(SO_3H) + H_2O$$

$$\text{萘} + H_2SO_4 \xrightleftharpoons{160℃} \text{β-萘磺酸}(SO_3H) + H_2O$$

一般来说，对于较易磺化的过程，低温磺化是不可逆的，属动力学控制，磺基主要进入电子云密度较高，活化能较低的位置，尽管这个位置空间障碍较大，或是磺酸基容易水解。而高温磺化是热力学控制，磺酸基可以通过水解．再磺化或异构化而转移到空间障碍较小或不易水解的位置，尽管这个位置的活化能较高。

（六）添加剂

磺化过程中加入少量添加剂，对反应常有明显的影响，它表现在以下几个方面。

1. 抑制副反应

磺化时主要的副反应是多磺化、氧化和砜的生成。生成砜的有利条件是高温和高浓度的磺化剂，此时芳磺酸能与硫酸作用生成芳砜阳离子，而后与芳烃反应生成砜。

$$Ar—SO_3H + 2H_2SO_4 \rightleftharpoons Ar—SO_2^+ + H_3^+O + 2HSO_3^-$$

$$Ar—SO_2^+ + Ar—H \longrightarrow Ar—SO_2—Ar + H^+$$

在磺化液中加入醋酐或无水硫酸钠或采用将反应物加入到磺化剂中的加料方式均可抑制砜的生成，因为硫酸钠在酸性介质中能解离产生 HSO_4^-，使平衡向左移动。

磺化时产生的氧化副反应，对多环芳烃或多烷基取代苯特别明显，尤以高温和催化剂存在时为甚。氧化后形成羟基衍生物，或进一步氧化为复杂产物。在羟基蒽醌磺化时，常加入硼酸，它能与羟基作用形成硼酸酯，可以阻碍氧化副反应发生。在萘酚进行磺化时，加入硫酸钠可以抑制硫酸的氧化作用。

2. 改变定位

加入某些试剂还能改变磺化反应的方向。例如蒽醌在使用发烟硫酸磺化时，主要得到β－蒽醌磺酸，当加入汞盐后，主要生成α－蒽醌磺酸。

$$\text{蒽醌} \xrightarrow{H_2SO_4 \cdot SO_3} \text{蒽醌-2-磺酸}(SO_3H)$$

$$\text{蒽醌} \xrightarrow[HgSO_4]{H_2SO_4 \cdot SO_3} \text{蒽醌-1-磺酸}(SO_3H)$$

应该指出，只有使用发烟硫酸做磺化剂时，汞盐才有定位作用，使用浓硫酸时汞盐没有定位作用。除汞盐外，钯、铊和铑等对蒽醌磺化也有很好的α－位定位效应。

萘在高温磺化时加入10%左右的硫酸钠或S－苄基硫脲，可使β－萘磺酸的含量提高到95%以上。

3. 促进反应

对于难磺化的化合物，加入适量的催化剂，可以降低反应温度，加速反应，提高收率。例如：吡啶用硫酸或发烟硫酸磺化时，所得吡啶3－磺酸的产率只有50%左右，但加入硫酸汞作催化剂后，不仅可使收率提高到70%，还可使反应温度从320℃降低至240℃。

例8 肌肉兴奋药溴吡司的明（Pyridostigmine Bromide）的合成原料3－磺酸吡啶的制备：

$$\text{吡啶} \xrightarrow[230\sim240℃,\ 13\sim14h]{H_2SO_4 \cdot SO_3/HgSO_4/C_2H_5OH} \text{吡啶-3-}SO_3H$$

三、磺化设备的腐蚀及防护

磺化反应过程中起主要腐蚀作用的是磺化剂。碳钢在硫酸中腐蚀特性是：当硫酸浓度较小时，腐蚀速度随浓度的增加而加大，当硫酸的浓度在70%时，其腐蚀速度达到最大值。硫酸浓度再增大，由于发生钝化，腐蚀速度逐渐降低。当硫酸的浓度在70%～100%时，腐蚀速度很小，可以用碳钢容器贮存80%～96%的硫酸溶液。在发烟硫酸中碳钢的腐蚀速度比在硫酸溶液中小得多。游离的三氧化硫的浓度在18%～20%时，腐蚀速度较大，这是由于形成的保护膜被破坏的缘故。

在浓度小于60%的硫酸中，铸铁的腐蚀速度很大。当浓度大于65%时，由于铸铁表面形成了不溶性的硫酸亚铁保护膜，因而使其耐蚀性提高。在浓度大于65%的硫酸中，铸铁是较适用的材料。在发烟硫酸中，铸铁中的硅与游离的SO_3作用生成SiO_2，同时体积增大，使铸铁出现裂缝，因此灰铸铁不适于作以发烟硫酸为磺化剂的磺化设备。磺化过程中铸铁设备的耐蚀性与铸件的质量及铸铁的成分有关。一般推荐磺化锅用的铸铁成分（以%计）为：

总碳量	2.94	磷	0.1

游离碳量　0.5　硫　0.1
硅　1.56　铬　0.14
锰　1.58　镍　0.4

耐腐蚀材料见表3－2。

表3－2　硫酸耐蚀材料表

序号	材料名称	温度（℃）	浓度（%）	耐蚀程度
1	聚四氟乙烯	100	8	耐
2	聚三氟氯乙烯	140	95	耐
3	化工陶瓷	沸腾	任意	耐
4	玻璃	100	任意	耐
5	水玻璃胶泥	800	98	耐
6	聚氯乙烯塑料	50	50	耐
7	酚醛树脂	95	50	耐
8	环氧树脂	25	50	耐
9	糠醇树脂	80	50	耐
10	糠酮树脂	50	40	耐
11	聚酯树脂	50	5	耐
12	硬橡胶	60	60	耐
13	软橡胶	60	50	耐
14	高硅铸铁	沸腾	≤100	耐
15	Fe—Cr—Ni	140	98	耐
16	含钼铸铁	沸腾	≤100	耐

四、芳磺酸的分离方法

（一）稀释酸析法

某些芳磺酸在50～80℃硫酸中的溶解度很小，将磺化液加水稀释，磺酸即可析出。如：对硝基氯苯邻磺酸、对硝基甲苯邻磺酸、1，5－蒽醌二磺酸及十二烷基苯磺酸的分离。

（二）直接盐析法

向稀释后的磺化物中直接加入食盐、氯化钾或硫酸钠，可使某些磺酸成盐析出：

$$ArSO_3H + KCl \longrightarrow ArSO_3K\downarrow + HCl\uparrow$$

利用磺酸盐溶解度的不同，还可分离异构磺酸。如，在2－萘酚生成时同时生成2－萘酚－6，8－二磺酸（G酸）和2－萘酚－3，6－二磺酸（R酸），前者的钾盐溶解度较小，后者的钠盐溶解度较小。

这一方法的缺点是有盐酸生成，对设备腐蚀性强。

（三）中和盐析法

磺化物在稀释后用 NaOH，Na_2CO_3，Na_2SO_3，NH_4OH 或 MgO 中和，利用中和时生成的硫酸钠、硫酸铵或硫酸镁可使磺酸以钠盐、铵盐或镁盐的形式盐析出来。这种方法对设备的腐蚀性小，是生产上常用的分离手段。

例如，在用磺化－碱熔法制 2－萘酚时，可利用碱熔过程中生成的亚硫酸钠来中和磺化物，中和时产生的二氧化硫气体又可用于碱熔物的酸化。

（四）脱硫酸钙法

某些磺酸，特别是多磺酸，不能用盐析法分离，这时需要采用脱硫酸钙法。磺化物在稀释后用 Ca（$OH)_2$的悬浮液进行中和，生成的磺酸钙盐能溶于水，用过滤法除去 $CaSO_4$沉淀，得到不含无机盐的磺酸钙盐溶液。将此溶液再用碳酸钠溶液处理：

$$(ArSO_3)_2Ca + Na_2CO_3 \longrightarrow 2ArSO_3Na + CaCO_3\downarrow$$

再过滤除去 $CaCO_3$沉淀，得到磺酸钠盐溶液。

由于此法操作复杂，并需处理大量的硫酸钙滤饼，应尽量避免使用。

（五）萃取分离法

为了减少三废的生成，近些年来，提出萃取分离的新方法。如：将萘高温－磺化，稀释水解除去 1－萘磺酸后的溶液，用叔胺（N，N－二苄基十二胺）的甲苯溶液萃取，叔胺与 2－萘磺酸形成配合物被萃取到甲苯层中，分出有机层，用碱液中和，磺酸即转入水层，蒸发至干即得到 2－萘磺酸钠，纯度可达 86.8%。叔胺和甲苯可回收再用。这种方法，废硫酸中基本不含有机物，便于处理，有较大的发展前景。

第四节　药物合成中的应用

磺化反应在药物合成中具有重要的意义。

一、“桥梁”作用

利用芳环上的磺酸基与其他原子或基团进行交换，制取多种化合物或中间体。几乎所有的芳环和杂环化合物都可进行磺化，磺酸基可被—OH、—NH_2、—NO_2、—Cl、—CN 等置换，生成酚、胺、硝基化合物、卤代烃、腈，或转化为磺酸的衍生物如磺酰氯、磺酰胺等，当这些化合物不易直接制取时，即可通过磺化反应间接制得。

例 9　抗结核病药对氨基水杨酸钠（Sodium Aminosalicylate）合成原料间氨基酚即由硝基苯经磺化、还原、碱融而制得。

$$C_6H_5NO_2 \xrightarrow{H_2SO_4 \cdot SO_3} m\text{-}NO_2C_6H_4SO_3H \xrightarrow{Fe/H_2SO_4} m\text{-}NH_2C_6H_4SO_3 \xrightarrow[②HCl]{①NaOH} m\text{-}NH_2C_6H_4OH$$

例 10　磺胺药合成中常用原料对乙酰氨基苯磺酰氯与磺胺的制备。

$$CH_3CONH-C_6H_5 \xrightarrow[50℃,\ 2h]{HOSO_2Cl} CH_3CONH-C_6H_4-SO_2Cl \xrightarrow[45℃,\ 1.5h]{NH_3 \cdot H_2O}$$

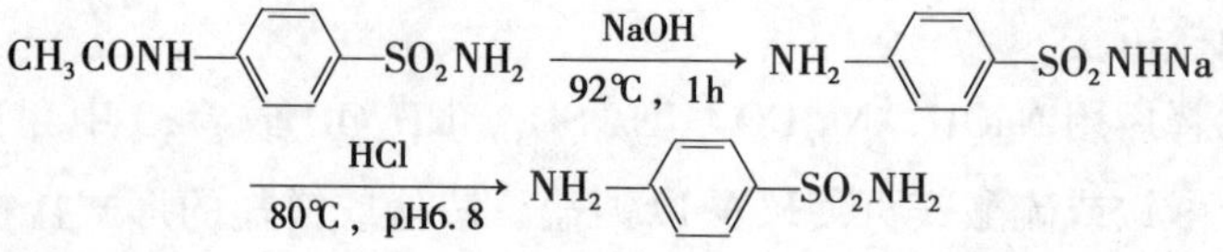

$$CH_3CONH-C_6H_4-SO_2NH_2 \xrightarrow[92℃,\ 1h]{NaOH} NH_2-C_6H_4-SO_2NHNa \xrightarrow[80℃,\ pH6.8]{HCl} NH_2-C_6H_4-SO_2NH_2$$

二、定位基作用

磺化反应为可逆反应，当磺化产物与稀硫酸共热时，磺酸基即被水解掉。在邻位合成中，常先于芳环中引入—SO_3H，等所需基团引入后，再经水解除去—SO_3H。在药物合成中，磺化－脱磺化反应是制备苯衍生物纯邻位异构体的有效方法。

例 11 抗高血压药地巴唑（Bendazol）中间体邻硝基苯胺的合成，磺酸基的占领阻碍了对位副产物的生成。

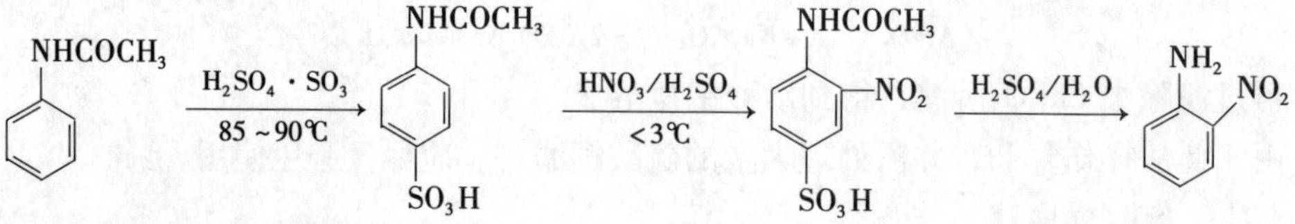

$$C_6H_5NHCOCH_3 \xrightarrow[85\sim90℃]{H_2SO_4\cdot SO_3} p\text{-}HO_3S-C_6H_4-NHCOCH_3 \xrightarrow[<3℃]{HNO_3/H_2SO_4} 4\text{-}HO_3S\text{-}2\text{-}NO_2-C_6H_3-NHCOCH_3 \xrightarrow{H_2SO_4/H_2O} o\text{-}NO_2-C_6H_4-NH_2$$

三、药物结构修饰

芳香磺酸不易挥发且易溶于水，因此，某些合成药物的结构中引入磺酸基后，其水溶性显著增加，有的还可以降低毒性。

例如，抗肿瘤药磺巯嘌呤钠（溶癌呤，Sulfomercaprine Sodium），解热镇痛药安乃近（Analgin），抗生素磺苄西林（Sulbenicillin），维生素 K_3（VitaminK_3）等。

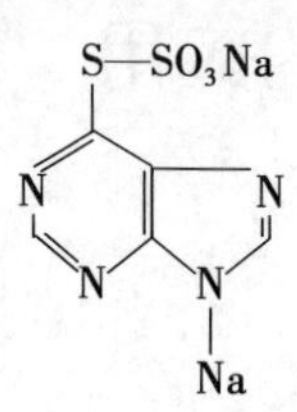

S—SO_3Na N N N N Na

磺巯嘌呤钠

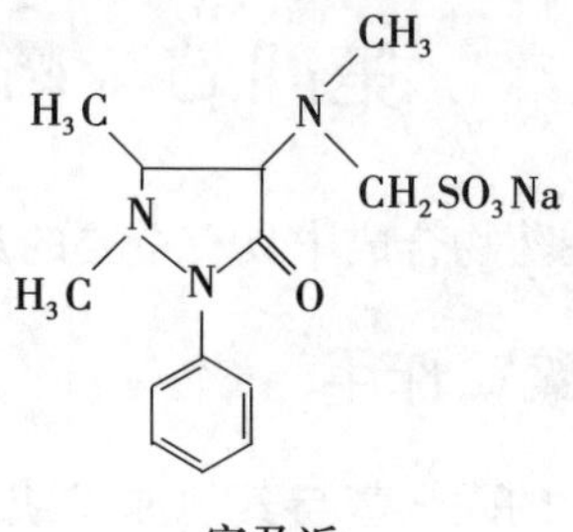

CH_3 H_3C N CH_2SO_3Na N H_3C N O

安乃近

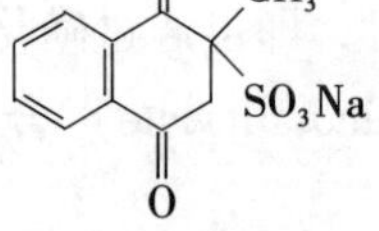

O CH_3 SO_3Na O

磺苄西林

O CH—C—NH S CH_3 SO_3H N CH_3 O COOH

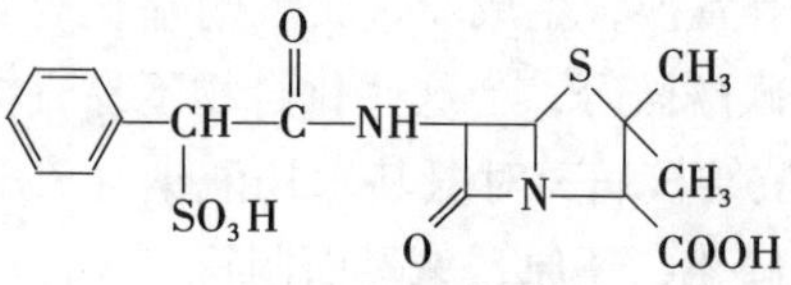

维生素K_3

目标检测题

一、简答题

1. 何为磺化反应？常用磺化剂有哪些？有何特点？
2. 磺化反应的工艺影响因素有哪些？
3. 磺酸的水解在合成中有何应用？举例说明？

二、完成下列反应式。

1. 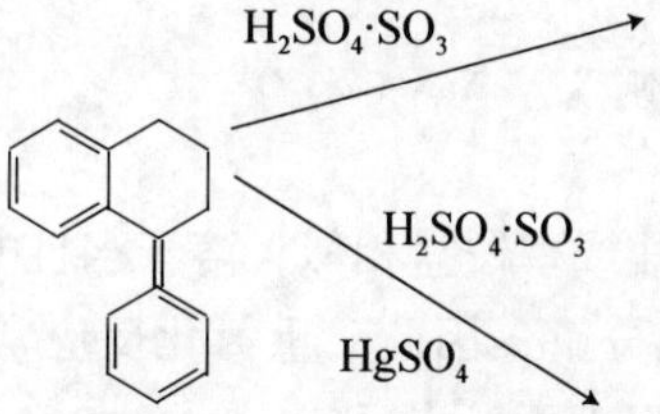 （结构式）$\xrightarrow{H_2SO_4 \cdot SO_3}$；（结构式）$\xrightarrow[HgSO_4]{H_2SO_4 \cdot SO_3}$

2. 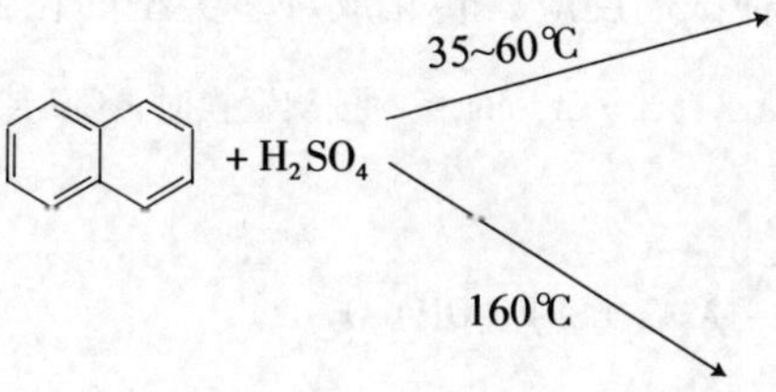 （萘）$+ H_2SO_4 \xrightarrow{35\sim60℃}$；（萘）$+ H_2SO_4 \xrightarrow{160℃}$

3. 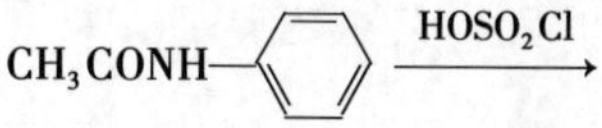 $CH_3CONH-C_6H_5 \xrightarrow{HOSO_2Cl}$

4. $CH_3CONH-C_6H_4-SO_2Cl + NH_3 \cdot H_2O \longrightarrow$

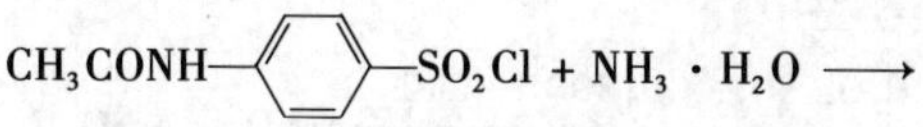

三、下列合成路线中，哪一种比较合理？为什么？

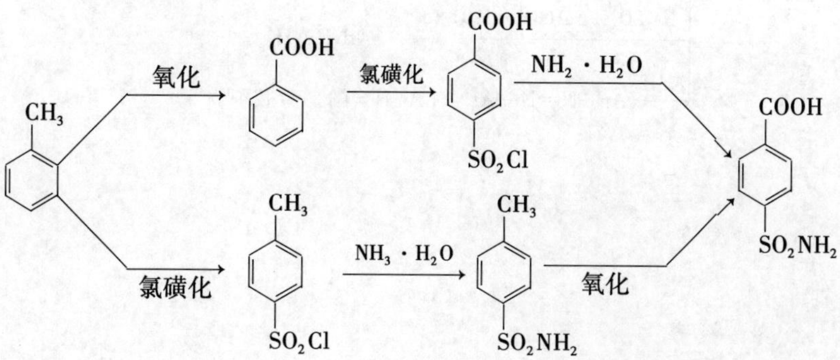

路线一：甲苯（CH_3）$\xrightarrow{氧化}$ 苯甲酸（COOH）$\xrightarrow{氯磺化}$ 对氯磺酰基苯甲酸（COOH，SO_2Cl）$\xrightarrow{NH_2 \cdot H_2O}$ 对氨磺酰基苯甲酸（COOH，SO_2NH_2）

路线二：甲苯（CH_3）$\xrightarrow{氯磺化}$ 对甲苯磺酰氯（CH_3，SO_2Cl）$\xrightarrow{NH_3 \cdot H_2O}$ 对甲苯磺酰胺（CH_3，SO_2NH_2）$\xrightarrow{氧化}$ 对氨磺酰基苯甲酸（COOH，SO_2NH_2）

第四章

重氮化反应技术

第一节　重氮化反应的基本化学原理

芳香族伯胺在无机酸存在下，与亚硝酸作用，生成重氮盐的反应，称为重氮化反应（Diazotization Reaction）。

芳伯胺常称为重氮组分，亚硝酸为重氮化剂。由于亚硝酸不稳定，通常使用亚硝酸钠和无机酸作用，使反应时生成的亚硝酸立刻与芳伯胺反应，避免亚硝酸的分解。反应通式为：

$$ArNH_2 + NaNO_2 + HX \longrightarrow ArN_2^+X^- + NaX + 2H_2O$$

式中 X = Cl，Br，HSO_4，NO_3等。

重氮化反应的生成物为重氮盐，因其与铵盐或季铵盐相似，溶于水且电离出 ArN = N^+正离子和酸根负离子。光和热都能促进重氮分解，因此，重氮化反应常在低温下进行，重氮盐溶液也不宜久放，通常是制得后就用于下一步反应。

重氮盐的化学性质很活泼，可与多种试剂反应，转化成许多类型的化合物。

$Ar-\overset{+}{N}\equiv N\ \overset{-}{X}$ ——

$$\xrightarrow{HX-CuX（或 Cu）} ArX \quad (X = Cl, Br, I；按碘置换时，CuI 或 Cu 可免)$$

$$\xrightarrow{CuCl-NaCN} ArCN$$

$$\xrightarrow{Na_2HAs(Sb)O_3-Cu} ArAs(Sb)(OH)_2O$$

$$\xrightarrow{H_2O-H_2SO_4} ArOH$$

$$\xrightarrow{C_2H_5OH 或 H_3PO_2} ArH$$

$$\xrightarrow{Na_2NO_2，SO_2-H_2O，SO_2-CH_3COOH-CuCl_2} ArNO_2，ArSO_2H，ArSO_2Cl$$

$$\xrightarrow{HBR_4} ArN_2BF_4 \xrightarrow{\triangle} ArF$$

$$\xrightarrow{Na_2SO_3-NaHSO_3} \xrightarrow{H_2O(H^+)} ArNH\overset{+}{N}H_3$$

$$\xrightarrow{Ar'H} Ar-N=N-Ar' \quad (Ar'H = 酚，芳胺\cdots)$$

第二节 反应操作实例——2，6－二氯甲苯的制备

一、制备方法

1. 反应原理

$$C_6H_4(CH_3)(NO_2) + Cl_2 \xrightarrow{FeCl_3} C_6H_3Cl(CH_3)(NO_2) + C_6H_3Cl(CH_3)(NO_2) + HCl$$

$$4\,C_6H_3Cl(CH_3)(NO_2) + 9Fe + 4H_2O \longrightarrow 4\,C_6H_3Cl(CH_3)(NH_2) + 3Fe_3O_4$$

$$C_6H_3Cl(CH_3)(NH_2) + NaNO_2 + 2HCl \longrightarrow C_6H_3Cl(CH_3)(N_2Cl) + 2H_2O + NaCl$$

$$C_6H_3Cl(CH_3)(N_2Cl) \xrightarrow{Cu_2Cl_2} C_6H_3Cl(CH_3)Cl + N_2$$

2. 流程方框图（图4－1）

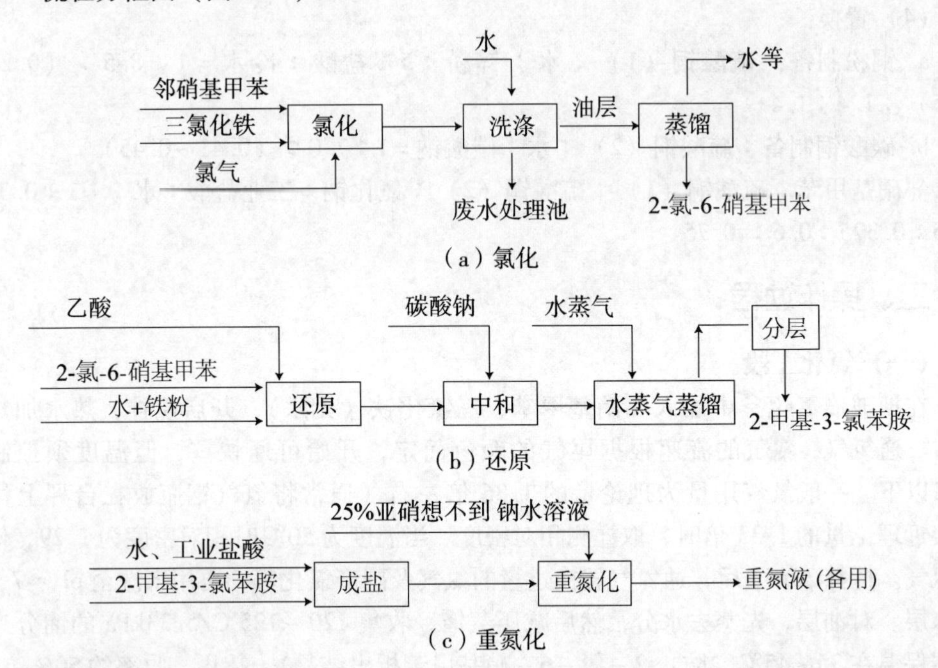

（a）氯化

（b）还原

（c）重氮化

3. 铜粉制备

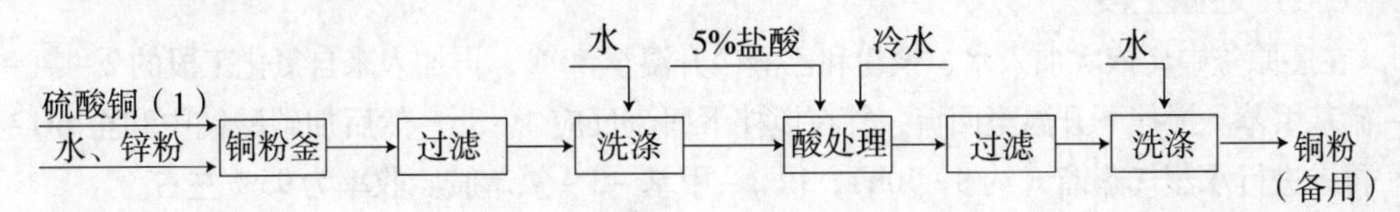

4. 碳酸铜制备

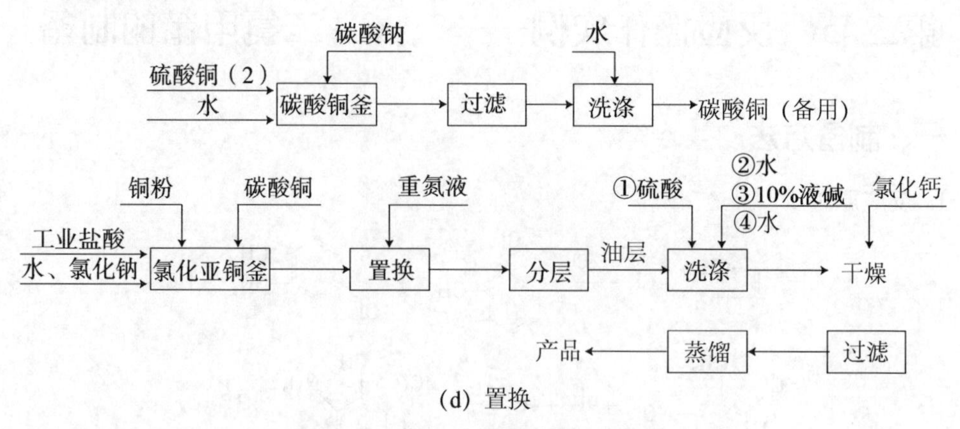

(d) 置换

图4-1　2，6-二氯甲苯的生产流程

5. 投料比（质量比）

（1）氯化：邻硝基甲苯：三氯化铁：液氯=1：0.0175：（0.7~0.75）

（2）还原：2-氯-6-硝基甲苯：水：铁粉：乙酸=1：（3.5~3.6）：（1.0~1.05）：0.5

（3）重氮化：2-甲基-3-氯苯胺：水：盐酸（30%）：25%亚硝酸钠水溶液=1：（3.0~3.5）：（3.0~3.2）：3.0

（4）置换：

a. 铜粉制备：硫酸铜（1）：水：锌粉：5%盐酸：冷水=1：8.5：（0.24~0.25）：1.4：1.4

b. 碳酸铜制备：硫酸铜（2）：水：碳酸钠=1：7.0：（0.41~0.45）

邻硝基甲苯：硫酸铜（1）：硫酸铜（2）：氯化钠：工业盐酸：水：=1：0.35：0.35：0.375：0.6：0.75

二、操作过程

（一）氯化工段

在搪玻璃氯化釜中加入邻硝基甲苯、三氯化铁（无水），开启搅拌，热水加热至50℃。通氯气，氯气的流速根据尾气的颜色而定，开始可通快些，但温度须控制在60℃以下。一般氯气用量为理论量的1.36倍左右（通常将氯气钢瓶放在台秤上秤），当接近理论量的1.35倍时，取样测相对密度。当温度为50℃时相对密度为1.29，停止通氯气。搅拌30min后，通氮气置换过量的氯气及副产氯化氢，再用水洗至pH≈7，弃去水层。对油层，先蒸去水分，然后减压蒸馏，收集120~125℃/5.33kPa的馏分（接收器保温在35~45℃，防止2-氯-6-硝基甲苯析出结晶），待用。收率约50%。

（二）还原工段

在还原釜中，依次加入水、铁粉和乙酸，升温至50℃，再加入来自氯化工段的2-氯-6-硝基甲苯。搅拌下升温至回流，并在搅拌下回流反应4~5h，然后加碳酸钠中和至pH≈8。再进进行水蒸气蒸馏（约8~10h），得2-甲基-3-氯苯胺。收率为95%左右。

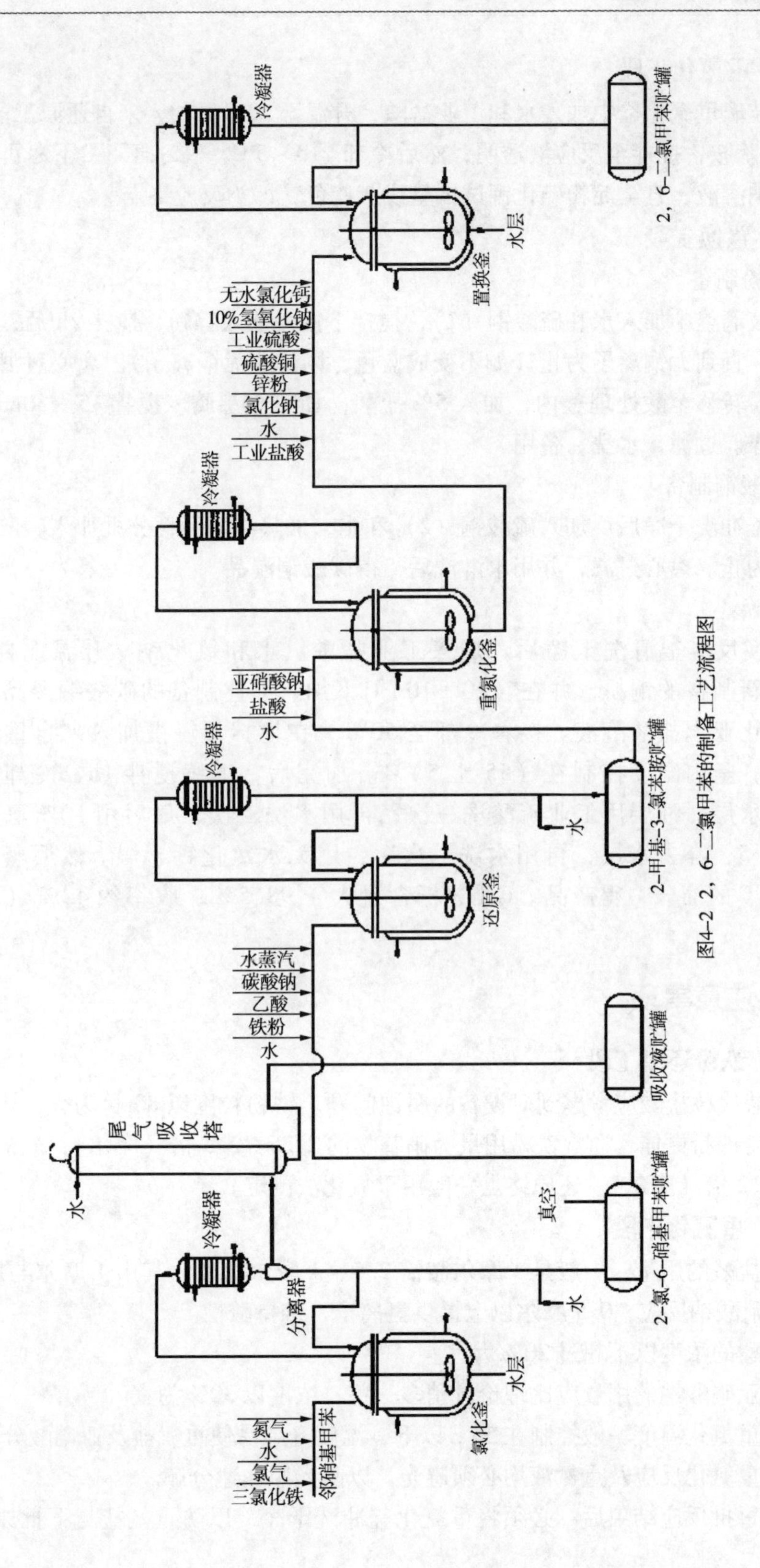

图4–2 2，6–二氯甲苯的制备工艺流程图

（三）重氮化工段

在搪玻璃重氮化釜中加入水和工业盐酸，升温至50℃，加入来自还原工段的2－甲基－3－氯苯胺，搅拌至反应液透明，然后冷却至0～5℃。在小于5℃下尽可能快地加入亚硝酸钠溶液，直至淀粉碘化钾试纸呈浅灰蓝色，即为反应终点。

（四）置换工段

1. 铜粉制备

在搪玻璃釜中加入水和硫酸铜（1），搅拌下慢慢加入锌粉，搅拌2h后，取样用氨溶液检验，直到无铜离子为止（如不变成蓝色，则说明无铜离子）。离心过滤，并用水淋洗，铜粉转移至酸处理釜内，加入5%盐酸，加热至沸腾。搅拌15～30min，冷却，加冷水洗涤。过滤，水洗，备用。

2. 碳酸铜制备

反应釜冲洗干净后，加入硫酸铜（2）和水，加热溶解后，分批加入碳酸钠，直到无铜离子为止。离心过滤，并用水淋洗后，得碳酸铜湿品。

3. 置换

将置换反应釜清洗干净后，加人工业盐酸、水和氯化钠。升温搅拌溶解后，加入上述新制备的铜粉，并在（70±10)℃下加入上述制备的碳酸铜湿品，得到浅绿色的氯化亚铜盐酸溶液。接着冷却至50℃，在搅拌下慢慢加入来自重氮化工段的重氮液，釜内温度控制在（55土5)℃。加完后，继续搅拌1h，冷却，静置分层。弃去水层，油层用工业硫酸洗三次，再用水洗二次，最后用10%氢氧化钠洗至pH≈8.5，弃去水层，再用水洗一次后，用无水氯化钙干燥。然后蒸馏，收集196～198℃的馏分，得产品。GC分析含量大于98.5%，收率约42%（以邻硝基甲苯计)。

三、注意事项

（一）铁粉还原工段

用乙酸代替盐酸应考虑到对设备的腐蚀问题。铁粉粒度以80目为宜，用富有碳素的灰色软铸铁粉更佳。通常铁粉用量为硝基物的2.25～2.5倍（摩尔)；酸的用量为硝基物的0.12倍（摩尔)。还原终点一般用重氮化法测定。

（二）重氮化工段

（1）盐酸的用量，一般是1摩尔胺需2.5～4摩尔盐酸。其中1摩尔与胺成盐，1摩尔与亚硝酸钠反应，0.5摩尔以上提供氢离子，维持酸性。

（2）酸的浓度以不超过20%为宜。

（3）亚硝酸钠的用量应比理论量稍多一些，浓度以30%为宜。

（4）重氮化温度一般控制在50℃以下，温度升高易使重氮盐及亚硝酸分解。

（5）重氮化反应及重氮液均必须避光，以防光照加速分解。

（6）每批反应结束后，必须将重氮化釜冲洗干净，以防重氮盐与下批原料发生偶合反应。

（7）原料胺、亚硝酸钠、盐酸及溶剂水中，应避免含铁、铜、锌等金属，防止重氮盐分解。

（8）生产过程中，必须做好车间的通风措施，加强劳动保护。

（9）氯化亚铜制备与置换也可在2只反应釜内进行。

（10）2，6－二氯甲苯是一种无色透明的油状液体。沸点196～198℃，闪点82℃。折光率 n_D^{20} 1.5507，相对密度（20/4℃）1.254，溶于三氯甲烷、二氯甲烷，不溶于水。

产品规格

外观	无色透明液体	含量，%	≧98.5
折光率 n_D^{20}	1.5500～1.5510		

用途　2，6－二氯甲苯为重要的有机合成中间体，是双氯苯唑青霉素的基础原料，也可用于合成许多重要的药物，如6－乙酰基苯并噻唑酮等。

第三节　重氮化反应操作常用知识

一、重氮化反应的工艺影响因素

（一）无机酸的用量和浓度

$$ArNH_2 + NaNO_2 + 2HCl \longrightarrow Ar\overset{+}{N_2}\overset{-}{Cl} + 2H_2O + NaCl$$

从上述反应式看来，1摩尔芳胺重氮化时理论上需要2摩尔一元酸，其中1摩尔酸与 $NaNO_2$ 作用产生 HNO_2，另一摩尔酸用来与芳胺成盐，便于溶解，同时又可组成重氮盐负离子。

$$NaNO_2 + HX \longrightarrow HNO_2 + NaX$$

$$Ar-NH_2 + HX \rightleftharpoons Ar-NH_2 \cdot HX$$

$$ArNH_2 + HNO_2 + HX \longrightarrow ArN_2^+X^- + 2H_2O$$

但实际使用时酸大大过量，一般高达2.5～4摩尔盐酸或1.5～3摩尔硫酸。目的是稳定生成的重氮盐，反应完毕时介质应呈强酸性，刚果红试纸呈蓝色，pH值为3。若酸量不足，生成的重氮盐容易和未反应的芳胺偶合，生成不溶性的、难以除去的重氮氨基副产物：

$$ArN_2Cl + ArNH_2 \longrightarrow Ar—N═N—NHAr + HCl$$

在稀盐酸中重氮化时，为了使被重氮化的芳伯胺和生成的重氮盐完全溶解，介质中盐酸的浓度是很低的。应该指出，亚硝酸钠与浓盐酸相作用会放出氯气，影响反应的顺利进行，盐酸的浓度以不超过20%为宜。

$$2NO_2^- + 2Cl^- + 4H^+ \longrightarrow 2NO\uparrow + Cl_2 + 2H_2O$$

在稀硫酸中的重氮化，一般只用于能生成可溶性芳伯胺硫酸盐、可溶性重氮酸性硫酸盐或不希望有氯离子存在的情况。稀硫酸质量浓度超过25%时，三氧化二氮的逸出速度将超过重氮化速度。

在浓硫酸介质中重氮化时，硫酸的用量应该能使亚硝酸钠、芳伯胺和反应产物重氮盐完全溶解或反应物料不致太稠。所用的浓硫酸一般是质量分数98%和92.5%的工业硫酸。

另外，某些芳伯胺的重氮化不能使用无机酸，而需要使用酸性较弱的有机酸或无机酸的重金属盐。

重氮化速率亦因酸的不同而异：用 HBr 作用的速率较用 HCl 快 50 倍，而用硝酸或硫酸时其速率不及盐酸。

（二）亚硝酸钠及终点控制

亚硝酸钠的用量必须严格控制，只稍微超过理论量。反应过程中，须自始至终保持亚硝酸稍过量，否则将产生重氮氨基化合物的黄色沉淀。重氮化的终点常利用淀粉 - 碘化钾试液或试纸测定，当加完亚硝酸钠溶液并经过 5 ~ 30min 后，若反应液仍可使试液或试纸变蓝，表明反应液中已有稍过量的 HNO_2 存在，芳伯胺已经完全重氮化，反应已达到终点。

$$2KI + 2HCl + 2HNO_2 \longrightarrow I_2 + 2NO + 2KCl + 2H_2O$$

由于空气中氧气也能使试液或试纸变色，出现假终点。为防止假终点的出现，常用淀粉 - 碘化钾的饱和亚硫酸铁溶液来测定；若用试纸，其试验时间，应以 1s 左右为准。

若亚硝酸过量太多，则呈褐色。过量的亚硝酸将使重氮盐分解，可通过加入尿素或氨基磺酸将其除去。反应式如下：

$$2HNO_2 + H_2NCONH_2 \longrightarrow CO_2\uparrow + N_2\uparrow + 3H_2O$$

$$HNO_2 + H_2NSO_3H \longrightarrow H_2SO_4 + N_2\uparrow + H_2O$$

亚硝酸钠一般配成浓度为 30% ~ 40% 的溶液使用，因为在此浓度下，-15℃也不会结冰。

（三）反应温度

重氮化反应速度温度的升高而加速，如在 10℃时反应速度较之在 0℃时的反应速度增加 3 ~ 4 倍。但由于重氮化反应是放热反应，生成的重氮盐对热不稳定，亚硝酸在较高温度下也易分解。因此反应温度常在低温 0 ~ 5℃进行。在该温度范围内，亚硝酸的溶解度较大，而且生成的重氮盐亦不致分解。

例 1 抗组胺药马来那敏（扑尔敏，Chlorphenamine Maleate）中间体的制备。

NaNO₂, HCl / <10℃

$$\text{(2-pyridyl)}-CH_2-C_6H_4-NH_2 \xrightarrow[<10℃]{NaNO_2,\ HCl} \text{(2-pyridyl)}-CH_2-C_6H_4-N_2^+Cl^-$$

例 2 抗肿瘤药达卡巴嗪（氮烯咪胺，Dacarbazine）中间体的制备。

$$\text{5-amino-imidazole-4-}CONH_2\cdot H_2O \xrightarrow[0\sim5℃]{NaNO_2,\ HCl} \text{imidazole-4-}CONH_2\text{-5-}N_2^+Cl^-\quad(84\%)$$

一般说来，碱性愈强的芳伯胺，重氮化的适宜温度愈低。

如生成的重氮盐较稳定，亦可在较高的温度下进行重氮化。

在工业化生产中，可通过采取连续重氮化法，使生成的重氮盐立即参与下步反应，转化成稳定的化合物。若转化反应速度大于重氮盐的分解速度，可以提高反应温度。

温度高（50~60℃），重氮化反应速度快；时间短（2~3s），生成的重氮盐还来不及分解就进行下一步转化反应。

二、重氮盐的性质

（一）水溶性

重氮盐具有铵盐的性质，其氯化物和硫酸盐一般可溶于水。因此，重氮化后的水溶液是否澄清，常作为反应正常与否的标志。

在水溶液中重氮盐能电离，光照与受热会分解。

（二）不稳定性

重氮盐活泼，不稳定，干燥品受热或震动会剧烈分解而导致爆炸。但在水溶液中较稳定。因此，一般情况下，都不必分离出重氮盐结晶，而用它的水溶液进行下一步反应。

重氮盐的稳定性与芳环上的取代基有关。一般而言，某些取代基和重氮基以内盐形式存在时，则稳定性增加。

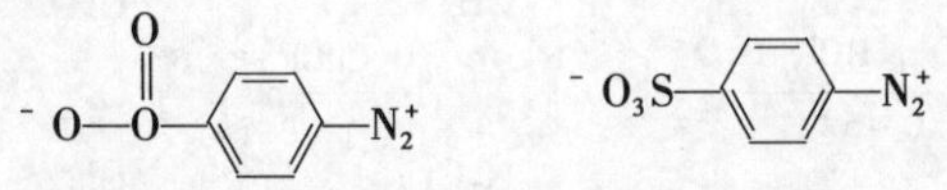

$$^{-}O-O(=O)-C_6H_4-N_2^+ \qquad ^{-}O_3S-C_6H_4-N_2^+$$

上列具有吸电子基的重氮盐，虽然它们比较难于形成，但由于形成内盐，性质较稳定，重氮化时温度可较高。

例3 降糖药氯磺丙脲（Chlorpropamide）合成中的重氮化反应。

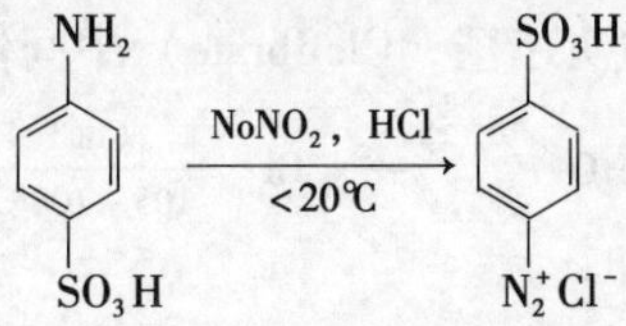

$$H_2N-C_6H_4-SO_3H \xrightarrow[<20℃]{NoNO_2,\ HCl} HO_3S-C_6H_4-N_2^+Cl^-$$

未取代的或有烷基取代的重氮盐很不稳定，只可用它们的水溶液在5℃以下进行合成。

重氮盐的稳定性除与本身结构有关外，与外界条件亦有很大关系。影响重氮盐稳定性的因素主要是温度、光、pH、某些金属离子及氧化剂等。因此，在进行重氮化反应时，一般反应温度控制在5℃以下进行。pH对重氮盐溶液稳定性的影响也相当明显。例如，对硝基苯胺的重氮盐水溶液在5℃，pH 6.5时，47小时后的分解率为80.5%；当pH 5.1时，仅分解4%左右。所以，重氮盐水溶液均保持pH 3.5以下，这样可保证重氮盐不致分解，并有利于加速反应。

（三）重氮盐的置换反应

芳香重氮盐在合成中最重要的应用，是重氮基可以被多种基团所置换：

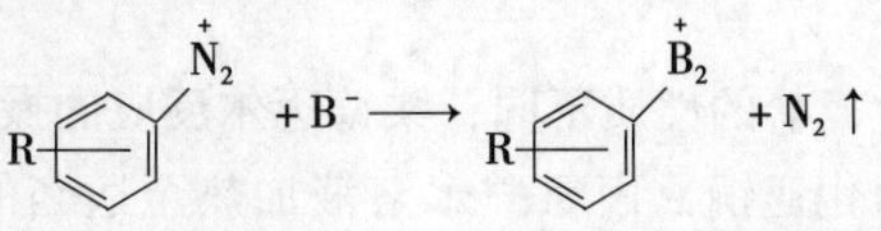

$$R-C_6H_4-N_2^+ + B^- \longrightarrow R-C_6H_4-B + N_2\uparrow$$

B基团主要有—F，—Cl，—Br，—I，—CN，—OH，—H，—OR，—SH，—S—S—，$—NO_2$，—Hg等。

1. 被卤素置换

芳胺经重氮化和卤置换反应后，可以把卤原子引入芳环中的指定位置，即胺基所在的位置，没有其他异构体或多卤化物等副产物。

（1）置换成氯、溴化合物

芳香重氮盐在卤化亚铜（CuX）催化下置换成氯、溴化合物的转化反应称为桑德迈尔（Sandmeyer）反应。其通式如下：

$$Ar\overset{+}{N_2}\overset{-}{X}\xrightarrow[\triangle]{CuX\cdot HX}Ar-X+N_2\uparrow+HX$$

式中　X = －Cl，－Br

在药物合成中，常常要应用甲苯的一氯化物或二氯化物。这些中间体虽然可以从甲苯直接氯化制备。但由于甲苯氯化后，所得到的是邻位体和对位体混合物，两者物理性质相近（邻位体沸点159℃，对位体沸点162℃），不易分离。因而在制药工业中常常用重氮盐置换方法，来制备这些氯化物。

例4　抗生素氯唑西林（Cloxacillin）中间体邻氯甲苯的制备。

$$\text{邻甲苯胺}\xrightarrow[0\sim5℃]{NaNO_2,\ HCl,\ H_2O}\text{(邻甲基苯基)}N_2Cl^-\xrightarrow{CuCl}\text{邻氯甲苯}\quad(59.31\sim70\%)$$

例5　预防疟疾药乙胺嘧啶（Pyrimethamine）中间体对氯甲苯的制备。

$$H_3C-C_6H_4-NH_2\xrightarrow[5\sim15℃]{NaNO_2,\ HCl}H_3C-C_6H_4-N_2^+Cl^-\xrightarrow[52\sim56℃,\ 1h]{CuCl,\ HCl}H_3C-C_6H_4-Cl(99\%)$$

例6　降血脂药氯贝特（氯贝丁酯，Clofibrate）中间体的制备。

$$HO-C_6H_4-NH_2\xrightarrow[<10℃]{NaNO_2,\ HCl}HO-C_6H_4-N_2^+Cl^-\xrightarrow[105\sim108℃]{CuCl}HO-C_6H_4-Cl(72\sim73\%)$$

①工艺影响因素

a. 催化剂　催化剂卤化亚铜需新鲜制备，其卤离子应与重氮盐中的卤离子以及卤化氢中卤离子一致。卤化亚钢的用量一般为重氮盐的1/5～1/10（化学计算量）。除采用卤化亚铜作催化剂外，若用铜粉和卤化氢也可以代替卤化亚铜。这种改良的桑德迈尔反应又称盖特曼（Gatterman）反应。

例7　抗心律失常药溴苄铵托西酸盐（Bretylium Tosilate）中间体的制备。

$$\text{邻甲苯胺}\xrightarrow[0\sim5℃]{NaNO_2,\ HBr}\text{(邻甲基苯基)}N_2^+Br^-\xrightarrow[50℃,\ 1h]{Cu\cdot HBr}\text{邻溴甲苯}\quad(48\sim50\%)$$

b. 反应温度及其他　桑德迈尔反应温度一般在40～80℃。有些反应在室温下也可进行。反应中加入适量无机卤化物，使卤离子浓度增加，从而加速卤置换反应，提高收率，减少副反应。

②操作方法　根据重氮盐的性质不同，桑德迈尔反应的操作方法有两种。

第一种方法为：将卤化亚铜－卤氢酸水溶液加热至适当的温度，然后慢慢滴入重氮盐溶液，滴入速度保持立即分解放出氮气。这一操作使亚铜盐始终保持过量。该法适用于反应速度较快的重氮盐的卤置换。

抗精神病药三氟哌多（Trifluperidol）中间体间溴三氟甲苯的制备，即将间三氟甲苯的重氮盐溶液加至煮沸的溴化亚铜和氢溴酸溶液中而制得。

$$m\text{-}H_2N\text{-}C_6H_4\text{-}CF_3 \xrightarrow[0\sim10℃]{NaNO_2,\ HBr} m\text{-}N_2^+Br^-\text{-}C_6H_4\text{-}CF_3 \xrightarrow{\text{加入煮沸的 CuBr 和 HBr 中}} m\text{-}Br\text{-}C_6H_4\text{-}CF_3$$

例 8 非甾体消炎镇痛药甲芬那酸（甲灭酸 Mefenamic Acid）生产中将邻羧基氯化重氮盐液分批加入预热的氯化亚铜盐酸溶液中而得邻氯苯甲酸。

$$o\text{-}NH_2\text{-}C_6H_4\text{-}COOH \xrightarrow[0\sim5℃]{NaNO_2,\ HCl} o\text{-}N_2^+Cl^-\text{-}C_6H_4\text{-}COOH \xrightarrow{CuCl\cdot HCl} o\text{-}Cl\text{-}C_6H_4\text{-}COOH \quad (80\%)$$

第二种方法为：将重氮盐一次加入冷却的卤化亚铜－卤氢酸水溶液中，低温反应一定时间后再慢慢加热，使反应完全。在这种情况下，重氮盐处于过量。该法适用于一些络合和电子转移速度较慢的重氮盐。

③主要副产物　桑德迈尔反应的主要副产物有偶氮化合物（ArN＝NAr），联芳烃衍生物（Ar－Ar），酚类（Ar－OH）及树脂状物质等。

c. 应用范围　桑德迈尔反应的产率很高（一般收率在70%～95%之间），应用范围较广。主要用于制备一些不能直接采用卤素进行亲电取代，或者取代后所得异构体难以分离纯化的氯代芳烃或溴代芳烃。但不能用来制备氟代芳烃，因为氟离子的亲核活性甚差，而且氟化亚铜的性质也很不稳定，在室温下就会自身氧化还原成铜和氟化铜。因此桑德迈尔反应主要适用于制备芳基氯和芳基溴。

（2）置换成碘化合物

由重氮盐置换成碘代芳烃可直接用碘化钾或碘和重氮盐在酸性溶液中加热即可。

例 9 脊髓造影剂碘芬酯（Iofendylate）制备芳碘时，不需加铜盐，只要将碘化钾加到重氮盐中即可。

$$C_6H_5NH_2 \xrightarrow[8\sim12℃]{NaNO_2,\ HCl} C_6H_5N_2^+Cl^- \xrightarrow[\text{回流 2h}]{KI} C_6H_5I \quad (77.5\%)$$

用于碘置换的重氮盐的制备，一般在稀硫酸或盐酸中进行。用稀硫酸效果较好；若用盐酸，则其粗品中有少量氯化物杂质。

例 10 抗癌药甲氨蝶呤（Methotrexate）中间体的制备。

$$p\text{-}H_2N\text{-}C_6H_4\text{-}CONHCH(COOH)CH_2CH_2COOH \xrightarrow{NaNO_2,\ H_2SO_4,\ KI} p\text{-}I\text{-}C_6H_4\text{-}CONHCH(COOH)CH_2CH_2COOH \quad (81\%)$$

对于一些反应速度甚慢的碘置换反应，可以加入铜粉催化。

$$HO\text{-}C_6H_4\text{-}NH_2 \xrightarrow{NaNO_2\cdot H_2SO_4} HO\text{-}C_6H_4\text{-}N_2^+\cdot HSO_4^- \xrightarrow[75\sim80℃]{KI\cdot Cu} HO\text{-}C_6H_4\text{-}I \quad (69\sim72\%)$$

（3）置换成氟化合物

重氮盐与氟硼酸盐反应，或芳伯胺直接用亚硝酸钠和氟硼酸进行重氮化反应，都能生成不溶于水的重氮氟硼酸盐（复盐）。此复盐性质稳定，经过滤、水洗、乙醇洗、低温干燥后，再经加热分解（有时在氟化钠或铜盐存在下加热）。可制得产率较高的氟代芳烃。此反应称为希曼（Schiemann）反应。

$$\text{4-BrC}_6\text{H}_4\text{NH}_2 \xrightarrow[\text{②}NH_4BF_4\ (71\sim82\%)]{\text{①}NaNO_2,\ HCl} \text{4-BrC}_6\text{H}_4N_2^+BF_4^- \xrightarrow{\triangle} \text{4-BrC}_6\text{H}_4\text{F}$$

$$\text{4-CH}_3\text{CONHC}_6\text{H}_4\text{NH}_2 \xrightarrow{NaNO_2\cdot HBF_4} \text{4-CH}_3\text{CONHC}_6\text{H}_4N_2^+BF_4^- \xrightarrow[Cu]{\triangle} \text{4-CH}_3\text{CONHC}_6\text{H}_4\text{F}\quad(82\%)$$

$$\text{4-HOC}_6\text{H}_4\text{NH}_2 \xrightarrow[0℃]{NaNO_2\cdot 56\%\,HBF_4} \text{4-HOC}_6\text{H}_4N_2^+BF_4^- \xrightarrow[80\sim90℃,\ 2h]{CuCl} \text{4-HOC}_6\text{H}_4\text{F}\quad(71\%)$$

重氮氟硼酸盐的分解必须在无水、无醇条件下进行。有水重氮盐则产品可分解成酚类和树脂状物，有醇则使重氮基被氢置换。

应该指出，重氮氟硼酸盐的热分解是快速的强烈放热反应，一旦超过分解温度，即产生大量的热，加速分解，产生大量气体，甚至发生爆炸事故。

希曼反应的收率与芳环上取代基的性质和位置有关。一般在重氮基的对位有取代基者，形成复盐溶解度小，则粗制络盐的收率较高；而在邻位有取代基者，形成的复盐水溶性大，收率较低。另外，具有羟基，羧基等水溶性倾向较大的基团，由于复盐溶解度大，收率亦较低。

2. 被氰基置换

重氮基可被氰基（—CN）置换，形成芳腈。由于该反应是在亚铜盐催化下进行，也称桑德迈尔反应。芳腈可以水解成芳甲酸采用氰化镍复盐，效果比氰化亚铜的复盐更好。

例 11 止血药氨甲苯酸（Aminomethylbenzoic Acid）中间体对氰基苯甲酸的制备。

$$\text{4-HOOCC}_6\text{H}_4\text{NH}_2 \xrightarrow[0\sim5℃]{NaNO_2,\ HCl} \text{4-HOOCC}_6\text{H}_4N_2^+Cl^- \xrightarrow[70\sim80℃,\ 1h]{NaCN\cdot NiSO_4} \text{4-HOOCC}_6\text{H}_4\text{CN}\quad(59\sim62\%)$$

3. 被羟基置换（重氮盐的水解反应）

芳伯胺在稀硫酸中重氮化，然后将重氮硫酸盐溶液加到热的或沸腾的稀硫酸中，重氮基即被羟基所置换生成酚。

例 12 拟肾上腺素药苯福林（苯肾上腺素，Phenylephrine）中间体间羟基苯乙酮的制备：

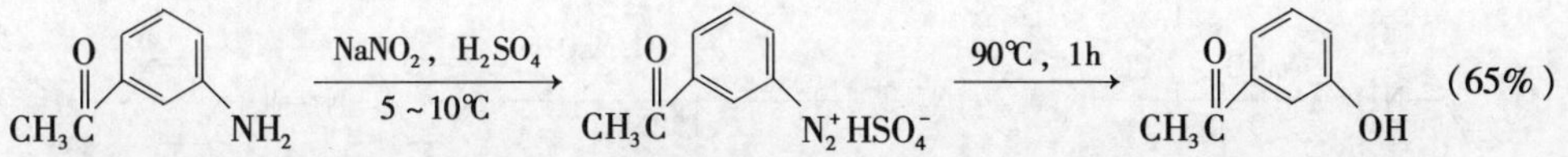

$$\text{3-}CH_3CO\text{-}C_6H_4\text{-}NH_2 \xrightarrow[5\sim10℃]{NaNO_2,\ H_2SO_4} \text{3-}CH_3CO\text{-}C_6H_4\text{-}N_2^+HSO_4^- \xrightarrow{90℃,\ 1h} \text{3-}CH_3CO\text{-}C_6H_4\text{-}OH\ (65\%)$$

重氮盐是很活泼的化合物，水解时会发生各种副反应。为了避免副反应，总是将冷的重氮硫酸盐溶液慢慢加到热的或沸腾的稀硫酸中，使重氮盐在反应液中的浓度始终很低；生成的酚最好随同水蒸气一起蒸出。如果酚不易随水蒸气一起蒸出，必要时可在反应液中加入有机溶剂（例如氯苯，二甲苯等）使生成的酚立即从水相转移到有机相，以减少副反应的发生。利用此法可以制备下列酚类化合物：

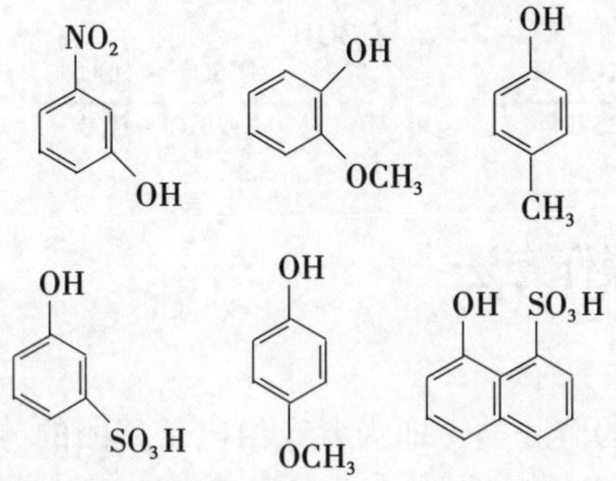

（间硝基苯酚：NO_2、OH；邻甲氧基苯酚：OH、OCH_3；对甲基苯酚：OH、CH_3；间羟基苯磺酸：OH、SO_3H；对甲氧基苯酚：OH、OCH_3；8-羟基-1-萘磺酸：OH、SO_3H）

4. 被氢原子置换（去氨基反应）

重氮盐可用多种试剂还原，失去重氮基而被氢原子置换。

去氨基反应的用途：先利用氨基定位作用，将某些取代基引入到芳环上指定的位置，经重氮化和还原（即被氢原子置换），将氨基除去。从而制备许多不能用简单的取代反应制得的取代芳香化合物。

例 13 2，4，6－三溴苯甲酸的制备。

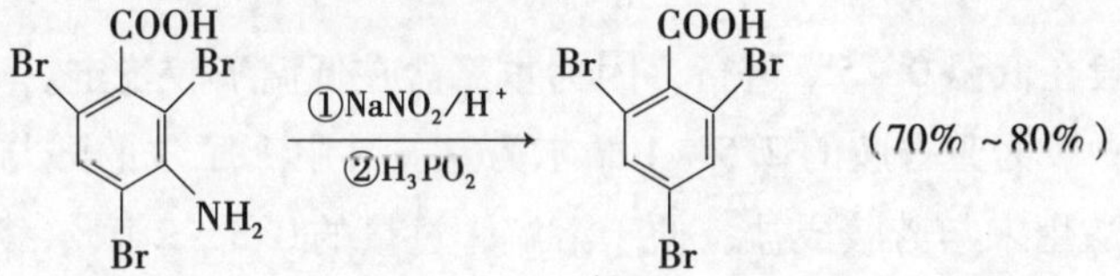

$$\text{3-氨基-2,4,6-三溴苯甲酸 (COOH, Br, Br, Br, } NH_2) \xrightarrow[②H_3PO_2]{①NaNO_2/H^+} \text{2,4,6-三溴苯甲酸 (COOH, Br, Br, Br)}\quad (70\%\sim80\%)$$

重氮基置换成氢原子的还原剂很多，有醇类、次磷酸、碱性甲醛、亚锡酸钠、锌粉和四氢硼钠等，在这些还原剂中，最常用的是乙醇、丙醇及次磷酸。

（四）重氮盐的偶合反应

重氮盐与酚类、芳胺作用生成偶氮化合物的反应称为偶合反应，这里的酚类和芳胺称为偶合组分。

$$ArN_2^+Cl^- + Ar'OH \longrightarrow Ar-N'=N-Ar'-OH$$

$$ArN_2^+Cl^- + Ar'NH_2 \longrightarrow Ar-N=N-Ar'-NH_2$$

常用的偶合组分有酚类如苯酚、萘酚及其衍生物；芳胺如苯胺、萘胺及其衍生物等。

偶氮化合物在染料生产中占有十分重要的地位。某些偶氮化合物也是药物合成中的中间体。

例 14 非甾体消炎镇痛药羟基保泰松（Oxyphenbutazone）中间体羟基偶氮苯的制备。

$$C_6H_5NH_2 \xrightarrow[0\sim5℃]{NaNO_2,\ HCl} C_6H_5N_2^+Cl^- \xrightarrow[15℃]{C_6H_5OH,\ NaOH} C_6H_5-N=N-C_6H_4-OH$$

（五）重氮盐的还原反应

对重氮盐上的两个氮原子进行还原可制备苯肼类。还原剂有氯化亚锡、锌粉，以及亚硫酸盐等。工业生产最常用的还原剂是亚硫酸钠和亚硫酸氢钠，主要过程系将苯胺制成重氮盐后，用亚硫酸盐［$(NH_4)_2SO_3$］及亚硫酸氢盐（NH_4HSO_3）的混合液还原，然后进行酸性水解而得苯肼盐类。

$$o\text{-}NH_2C_6H_4COONa \xrightarrow[25℃]{NaNO_2\cdot H^+} o\text{-}N_2^+C_6H_4COOH \xrightarrow[②HCl-H_2O]{①SO_3^{2-}-HSO_3^-} o\text{-}(NHNH_2\cdot HCl)C_6H_4COOH$$

三、重氮化一般操作方法

（一）直接法

本法适用于碱性较强的芳胺类，即为含有给电子基团的芳胺，包括苯胺、甲苯胺、甲氧基苯胺、二甲苯胺、甲基萘胺、联苯胺和联甲氧苯胺等。这些胺类可与无机酸生成易溶于水，但难以水解的稳定铵盐。

将计算量的亚硝酸钠（或稍过量）水溶液在冷却搅拌下，滴加到芳胺的稀酸水溶液中，进行重氮化。

例 15 非甾体抗炎药吲哚美辛（Indometacin）合成中的重氮盐的制备。

$$CH_3O-C_6H_4-NH_2 \xrightarrow[0\sim5℃]{NaNO_2,\ HCl} CH_3O-C_6H_4-N_2^+Cl^-$$

反应温度一般在低温0～5℃进行，因为重氮盐在低温下较稳定。

盐酸的用量一般为芳香胺的2.5～4摩尔为宜。其中1摩尔的酸与$NaNO_2$作用产生HNO_2；1摩尔的酸用来与芳胺成盐，便于溶解，过量的0.5～2摩尔酸保持反应液的酸性，不使重氮盐分解、偶合等。

水的用量，反应结束时，反应液总体积为胺量的10～12倍较为适宜。

亚硝酸钠的加料速度，取决于重氮化反应速度的快慢。主要是保证整个反应过程中自始至终不缺少亚硝酸。否则将产生重氮氨基物的黄色沉淀。

$$Ar-N_2^+Cl^- + ArNH_2 \rightleftharpoons Ar-N=N-NHAr + HCl$$

相反，如加料速度太快，则亚硝酸的生成量骤然增多，则有促使重氮盐分解的作用。另外，亚硝酸产生的速度超过了重氮化反应的速度，则有部分亚硝酸来不及反应而分解损失，

$$NaNO_2 + HCl \longrightarrow HNO_2 + NaCl$$

$$3HNO_2\text{（积多）} \longrightarrow NO_2 + 2NO + H_2O$$

$$NO + [O] \longrightarrow NO_2$$

由于二氧化氮有刺激性臭味，且有毒，并对设备有腐蚀作用，因此，对反应所使用的亚硝酸钠和盐酸的用量以及它们的加料速度都要加以严格控制。

（二）连续操作法

本法也是适用于碱性较强芳胺的重氮化。工业上以重氮盐为合成中间体时多采用这一方法。由于反应的连续性，可较大地提高重氮化反应的温度以增加反应速率。为避免生成的重氮盐分解和破坏，重氮化反应一般在低温下进行。若采用连续化操作法时，则可使生成的重氮盐立刻进入下步反应系统中，从而转变成较稳定的化合物，这种转化反应的速度往往大于重氮盐的分解速度。连续操作可以利用反应产生的热量提高温度，加快反应速度，适合于大规模生产。

例 16 利尿药呋塞米（速尿，Furosemide）中间体 2，4 – 二氯甲苯的生产，反应温度可提高到 60℃。

$$CH_3, NH_2, NH_2 \xrightarrow[50℃,\ 30min]{NaNO_2,\ HCl,\ CuCl} CH_3, Cl, Cl$$

（三）倒加料法

本法适用于一些两性化合物。即含—SO_3H，—COOH 等吸电子基的芳香伯胺，如对氨基萘磺酸和对氨基苯甲酸等。此类胺盐在酸液中生成两性离子的内盐沉淀，故不溶于酸中，因而它们很难重氮化。

$$NH_2, SO_3H \xrightarrow{HNO_2} NH_3^+, SO_3^- \downarrow + 2H_2O$$

$$NH_2, COOH \xrightarrow{HNO_2} NH_3^+, COO^- + 2H_2O$$

将这类化合物先与碱作用制成钠盐以增加溶解度，使溶解于水，再加需要量的 $NaNO_2$，然后将此混合液加入预先经过冷却的稀酸中进行重氮化。

例 17 止血药氨甲苯酸（Aminomethylbenzoic Acid）合成中重氮盐的制备方法为：将水和盐酸加入反应罐内，冷却至 0 ~ 5℃，滴加对氨基苯甲酸的氢氧化钠溶液和亚硝酸钠溶液的混合液于反应罐中，进行重氮化反应。

$$HOOC-C_6H_4-NH_2 \xrightarrow[0\sim5℃]{NaNO_2,\ HCl} HOOC-C_6H_4-N_2^+Cl^-$$

本法还适用于一些易于偶合的芳胺的重氮化，使生成的重氮盐处于过量的酸中而难于偶合。

（四）浓酸法

本法适用于碱性很弱的芳胺类，如二硝基苯胺，杂环 α – 位胺等。因其碱性弱，在稀酸中几乎完全以游离胺存在，不溶于稀酸，反应难以进行。因此，常在浓硫酸中进行重氯化。

其方法为：将该类芳胺溶解在浓硫酸溶液中，加入$NaNO_2$液或$NaNO_2$在浓硫酸中的溶液进行重氮化。

例 18 拟肾上腺素药苯福林（苯肾上腺素，Phenylephrine）中间体的制备。

$$\text{H}_2\text{N-C}_6\text{H}_4\text{-COCH}_3 \xrightarrow[\text{8～10℃, 90℃, 1h}]{NaNO_2,\ H_2SO_4} \text{HO-C}_6\text{H}_4\text{-COCH}_3 \quad (65\%)$$

加入冰醋酸或磷酸可以使反应加速。如2，6－二硝基苯胺的重氮化。

$$\text{2,6-(NO}_2)_2\text{C}_6\text{H}_3\text{-NH}_2 \xrightarrow[\text{10～20℃}]{NaNO_2 \cdot H_2SO_4 \cdot HOAc} \text{2,6-(NO}_2)_2\text{C}_6\text{H}_3\text{-}N_2^+HSO_4^-$$

（五）亚硝酸酯法

本法是将芳伯胺盐溶于醇、冰醋酸或其他有机溶剂（如DMF、丙酮等）中，用亚硝酸酯进行重氮化。常用的亚硝酸酯试剂有亚硝酸戊酯、亚硝酸丁酯等。用这个方法制成的重氮盐，可在反应结束后加入大量乙醚，使其从有机溶剂中析出，再用水溶解，能得到纯度较高的重氮盐。如氯化对－二甲氨基重氮苯盐的制备。

$$\text{p-(CH}_3)_2\text{N-C}_6\text{H}_4\text{-NH}_2 \xrightarrow{HCl \cdot (CH_3)_2CHCH_2CH_2ONO \cdot EtOH} \text{p-(CH}_3)_2\text{N-C}_6\text{H}_4\text{-}N_2^+Cl^-$$

四、重氮化设备

重氮化一般采用间歇操作，重氮化水溶液的体积很大，重氮化反应器的容积可达10～20m^3，甚至更大。某些金属或金属盐，如铜、镍或铁能加速重氮盐的分解，因此重氮化反应器不宜直接用金属材料。大型重氮化反应器最初采用木桶、衬耐酸砖的钢槽，现在已有体积20m^3或更大的塑料制重氮化槽。间歇操作的优点是操作简单，可以直接加冰冷却，更换产品灵活。

连续重氮化反应器可以采用串联反应器组或槽式－管式串联法。其优点是反应物停留时间短，可在10～30℃进行重氮化，也适用于悬浮液的重氮化。对于难溶的芳伯胺可以在砂磨机中进行连续重氮化。相关人员曾提出在绝热条件下进行连续重氮化，反应热可使最后重氮液的温度升高到60～100℃，但反应时间只有0.1～0.3s，流出的重氮液立即进行下一步反应。

目标检测题

一、简答题

1. 什么叫重氮化反应?
2. 重氮化反应的工艺影响因素有哪些?
3. 重氮化反应有哪些操作方法?各法适应范围有何特点?
4. 什么叫桑德迈尔反应?工艺影响因素有哪些?
5. 重氮盐的置换反应(被—X、—CN、—OH、—H 置换),各有何特点?举例说明。

二、完成下列反应式

$C_6H_5CH_3$ $\xrightarrow{?}$ $p\text{-}CH_3C_6H_4NO_2$ $\xrightarrow{?}$ $p\text{-}CH_3C_6H_4NH_2$ $\xrightarrow{?}$ $p\text{-}CH_3C_6H_4NHCOCH_3$ $\xrightarrow{?}$

$CH_3C_6H_3(NO_2)NHCOCH_3$ $\xrightarrow{?}$ $CH_3C_6H_3(NO_2)NH_2$ $\xrightarrow{?}$ $CH_3C_6H_3(NO_2)N_2^+$ $\xrightarrow{?}$ $m\text{-}CH_3C_6H_4NO_2$

三、合成题(无机试剂任选)

1. 由 $C_6H_5NO_2$ 合成 $m\text{-}BrC_6H_4OH$

2. 由苯和一氯甲烷合成 2,4,6-三溴苯甲酸($COOH$, Br, Br, Br)

3. 由 $p\text{-}C_2H_5C_6H_4NH_2$ 合成 $p\text{-}C_2H_5C_6H_4Cl$

第五章 氧化反应技术

第一节　氧化反应的基本化学原理

众所周知，在无机化学中凡是失电子或氧化数增加的反应被定义为氧化反应。广义地说，在有机化学中上述定义也是正确的，但由于其应用不便或容易引起困扰而很少采用。有机化合物分子中，凡失去电子或电子偏移，使一个或几个原子上电子云密度降低的反应称作氧化反应（Oxidation Reaction）。

通常人们认为，氧化反应应包括以下几个方面：①氧对底物的加成，如乙烯转化为环氧乙烷的反应；②脱氢，如烃→烯→炔，醇→醛→酸等脱氢反应均为氧化反应；③从分子中除去一个电子，如酚的负离子转化成苯氧自由基的反应。所以利用氧化反应可以制得醇、醛、酮、羧酸、酚、环氧化合物和过氧化物等有机含氧的化合物以外，还可用来制备某些脱氢产物，例如环己二烯脱氢生成苯和乙苯催化脱氢生产苯乙烯的反应。

氧化反应是通过氧化剂实现的，按照所用氧化剂以及反应特点分为化学氧化反应、催化氧化反应和生物氧化反应。

化学氧化反应是指在化学氧化剂直接作用下完成的氧化反应。化学氧化剂的种类繁多，按其结构可分为无机氧化剂（如高锰酸钾、重铬酸钠、过氧化氢等）和有机氧化剂（如异丙醇铝、四醋酸铅等）两大类。各种氧化剂的作用特点各不相同，往往一种氧化剂可对几种不同的基团发生相应的氧化反应。反之，一种基团也可被多种氧化剂所氧化。有时相同的氧化剂和被氧化物，给予不同的反应条件，会得到完全不同的产物。因此，选择适当的符合要求的氧化剂是比较复杂的过程。需要将多方面的因素加以综合考虑。本部分着重讨论常用无机氧化剂的特点和应用范围。

催化氧化是指在催化剂存在下，使用空气或氧气实现的氧化反应。因空气和氧气价廉易得，故催化氧化在制药工业中应用较广。

用微生物进行的氧化反应，由于它具有高度选择性的特点，自从可的松（Cortisone）合成的关键中间体 11α-羟基黄体酮，由黄体酮（Progesterone）用黑根霉菌一步转化得到以来，正在有机合成中日益显示出它的重要性。

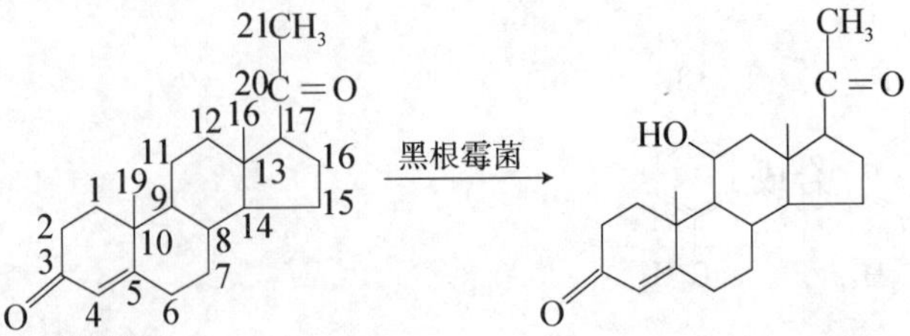

黑根霉菌

黄体酮

第二节　反应操作实例——2，4－二氯苯甲酸的制备

一、制备方法

1. 反应原理

氧化：

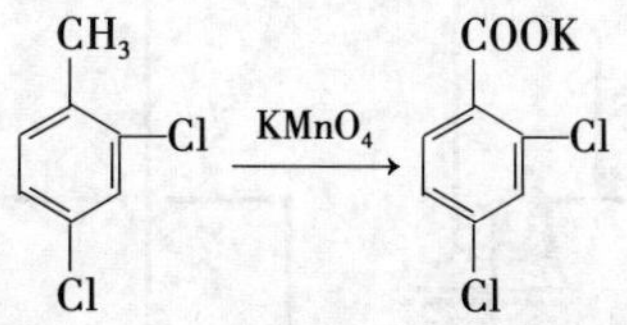

酸化：

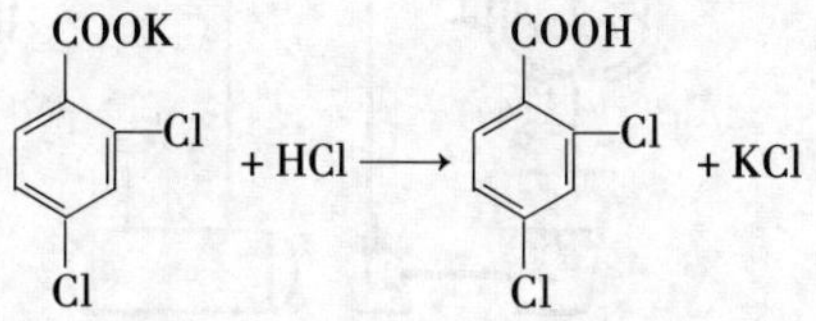

2. 流程方框图（图5－1）

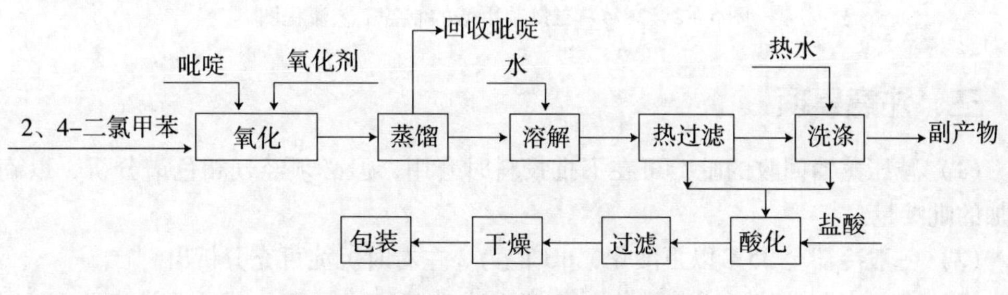

图5－1　2，4－二氯苯甲酸的生产流程

3. 投料比（质量）

2，4－二氯甲苯：高锰酸钾：吡啶：水＝1：1.9：8.0：6.04。

二、操作过程

将2，4－二氯甲苯、吡啶和水依次投到氧化釜内，开启搅拌，缓缓加入高锰酸钾。加毕，将反应釜夹套通蒸气加热，使料液慢慢升温至70℃，并在（70±2）℃下搅拌反应4～5h。

反应结束后，将料液转移至减压蒸馏釜，减压蒸馏回收吡啶，待蒸干后，加水溶解，并搅拌15min，接着热过滤，滤饼用热水淋洗，洗液和滤液则直接抽至酸化釜。

开启酸化釜搅拌，滴加工业盐酸酸化至不再有白色沉淀析出，再离心过滤、水洗、真空干燥，得白色结晶，即为2，4－二氯苯甲酸。收率80%以上，含量大于98%。

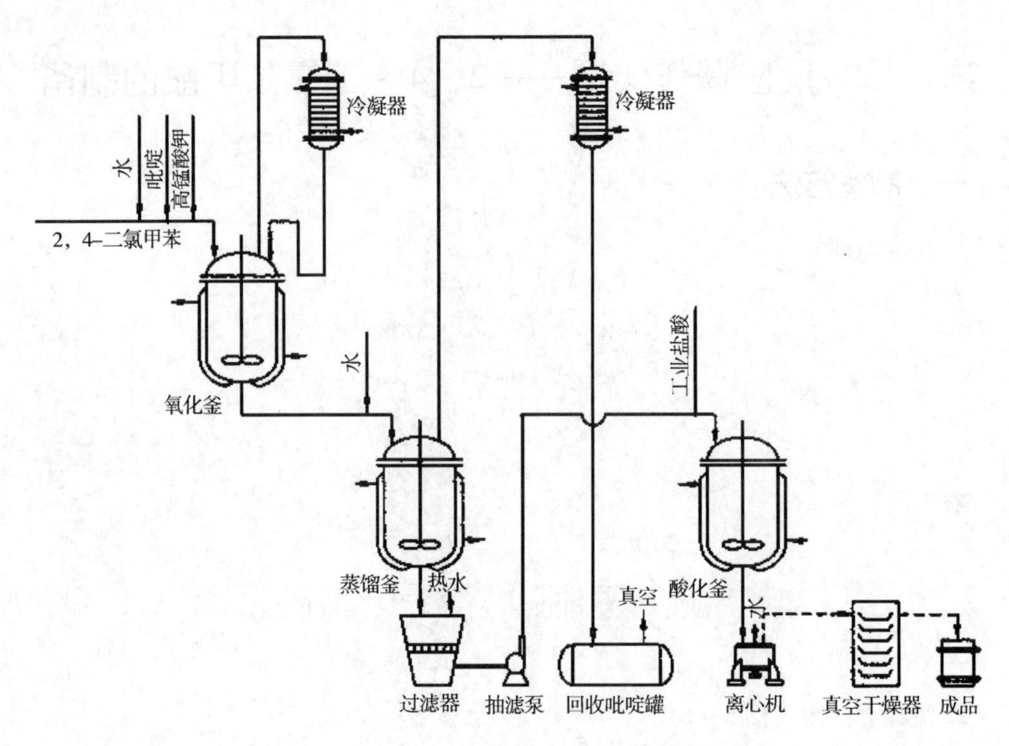

图5－2　2，4－二氯苯甲酸的制备工艺流程图

三、注意事项

（1）减压蒸馏回收的吡啶可在下批投料时套用，但必须经气相色谱分析，以确定补加的吡啶量。

（2）一般冷却至35℃以下酸化，pH值为2左右时沉淀可充分析出。

（3）由于水和吡啶形成共沸物，共沸组成吡啶：水＝57：43，共沸点为92.6℃，因而投料时最好按共沸组成来配吡啶水溶液，蒸馏时也可先进行共沸蒸馏，然后减压蒸馏。

（4）副产二氧化锰必须精制方可出售。

（5）为防止产品升华，建议采用真空干燥。

（6）2，4－二氯苯甲酸为白色的针状结晶，工业品为微黄色针状结晶，熔点160～164℃（含量98%），易升华。溶于乙醇、甲醇、乙醚、三氯甲烷和丙酮，不溶于水及庚烷。

①产品规格

外观	白色针状结晶	含量,%	≧98.5
熔点,℃	160～164	水分,%	≦0.5

②用途　2，4－二氯苯甲酸为重要的医药、农药、染料中间体。在制药工业上主要用于合成希帕胺（Xipamide）、米帕林（Mepacrine）、阿的平氨（Aminoacrichin）、磷酸咯啶（Pyracinephosphate）、氯喹吖氮（Azacrin）和磷酸咯苯啶（Pyronariline）等。

第三节　氧化反应操作常用知识

一、常用无机氧化剂

（一）锰化合物

1. 高锰酸钾

高锰酸盐是一类强氧化剂，但选择性较差。其钠盐有潮解性，而钾盐有稳定的结晶形状，故常用钾盐作氧化剂。它的活性和选择性在很大程度上取决于介质的酸碱性，主要用于将苯环上含 α－氢的侧链、伯醇基氧化为羧酸。在酸性水介质中锰由正七价被还原成正二价，在中性和碱性水介质中，通常被还原成 MnO_2。高锰酸盐一般要在水溶液中使用，优点是所生成的羧酸可以钾盐或钠盐的方式溶解于水，然后酸析就可得到产品。由于大部分有机物难溶于水，而且大部分有机溶剂也难避免高锰酸盐的氧化，这也就限制了高锰酸盐的广泛应用。

用高锰酸钾在中性和碱性介质中进行氧化反应时，操作非常简便，只要在 40～100℃，将稍过量的固体高锰酸钾慢慢加入到含被氧化物的水溶液或水悬浮液中，氧化反应就可以顺利完成。过量的高锰酸钾可以用亚硫酸钠将它破坏掉。过滤除去不溶性的二氧化锰后，用无机酸进行酸化，就可得到相当纯净的羧酸。例如，用此法可氧化烯烃得到顺式二醇。

高锰酸钾在酸性介质中的氧化能力比在中性或碱性介质中强，因而选择性较差。故高锰酸钾的氧化反应通常是在中性或碱性介质中进行。最常用的是 1%～5% 浓度的水溶液。其反应过程如下：

$$2KMnO_4 + H_2O \longrightarrow 2MnO_2\downarrow + 2KOH + 3\,[O]$$

由于氢氧化钾的生成将使溶液的碱性增大。若因碱性增大会产生副反应时，则需加入硫酸镁、硫酸铝等以降低生成的碱的浓度。

$$KOH + MgSO_4 \longrightarrow K_2SO_4 + Mg(OH)_2\downarrow$$

例如，邻甲基乙酰苯胺在高锰酸钾水溶液中氧化，可制得邻乙酰氨基苯甲酸，但收率低（30%），主要由于反应过程中生成的碱，使乙酰氨基水解，生成易氧化的苯胺衍生物所致。若加入硫酸镁或通入 CO_2 中和所生成的碱，使反应液保持中性，则收率可提高到 75%～80%。

NHCOCH$_3$ / CH$_3$ $\xrightarrow{KMnO_4/H_2O}$ NHCOCH$_3$ / COOH　30%

$\xrightarrow{KMnO_4/H_2O/MgSO_4}$ NHCOCH$_3$ / COOH　75%～80%

高锰酸钾不溶于非极性溶剂，若被氧化的有机物在水中难溶时，则可选择适当的有机溶剂如丙酮、吡啶、冰醋酸等与高锰酸钾水溶液形成两相，并加入少许相转移催化剂如三乙基苄基铵盐（TEBA）进行氧化反应；或加入冠醚作催化剂。高锰酸钾能与冠醚作用形成配位化合物，增加其在非极性有机溶剂中的溶解度，使氧化能力增强。

$$\xrightarrow[25℃]{KMnO_4/PhH} \cdot MnO_4^-$$

冠醚的 MnO_4^- 配位化合物均可氧化烯烃、醇类、醛类及烷基苯类，收率极高。例如，反－1，2－二苯基乙烯用高锰酸钾水溶液进行氧化，苯甲酸收率只有40%～60%，而经高锰酸钾冠醚配位化合物氧化，其收率则提高到97%。

$$\xrightarrow[25℃]{KMnO_4/二环己基18-冠醚-6/PhH} 2\ C_6H_5COOH$$

萘环、苯并杂环用高锰酸钾进行氧化，常常发生开环氧化，生成相应的羧酸。如：

$$\xrightarrow{KMnO_4/H_2O}$$

$$\xrightarrow[回流]{KMnO_4/H_2O}$$

2. 二氧化锰

二氧化锰是一种温和氧化剂，用作氧化剂的二氧化锰有两种：二氧化锰－硫酸混合物和活性二氧化锰。

二氧化锰－硫酸混合物，也是一种温和氧化剂，可使氧化反应停留在中间阶段。如芳环上的甲基及活性较大的羟甲基可被氧化成相应的醛等。例如，甲苯被氧化成苯甲醛；

$$C_6H_5CH_3 \xrightarrow[40℃]{MnO_2/65\%\ H_2SO_4} C_6H_5CHO$$

一般而言，二氧化锰的用量与所使用硫酸的浓度有关，在稀硫酸中要用过量较多的二氧化锰，在浓硫酸中二氧化锰稍过量即可。

活性二氧化锰特别适合于烯丙基和苄基羟基的氧化，反应在中性溶剂中进行（水、苯、石油醚、丙酮、三氯甲烷、四氯化碳、醋酸乙酯等），反应条件温和。但所需要的二氧化锰要经特殊方法制备才能具备较高的氧化活性；最好的方法是用硫酸锰和高锰酸钾在碱性介质中制备而得。

二氧化锰的活性是关键，不同制法可得活性不同的二氧化锰，为获得高活性，必需新鲜制备，并在使用前检查活性。用一定量的活性二氧化锰氧化一定量的肉桂醇，生成的肉桂醛再与2，4－二硝基苯肼缩合，生成肉桂醛的2，4－二硝基苯腙，由苯腙的生成量来判断二氧化锰的活性。

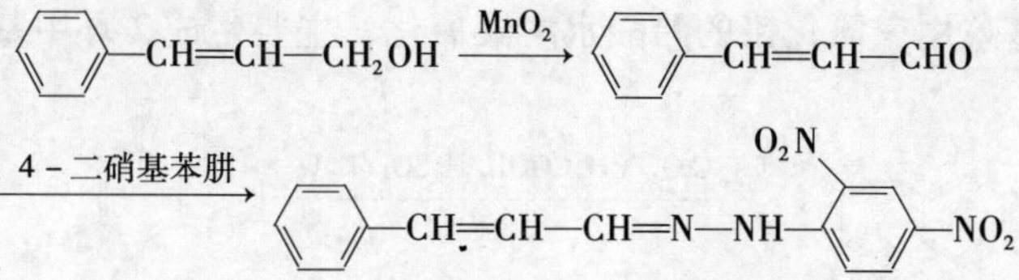

$$C_6H_5-CH=CH-CH_2OH \xrightarrow{MnO_2} C_6H_5-CH=CH-CHO$$

$$\xrightarrow{2,4-二硝基苯肼} C_6H_5-CH=CH-CH=N-NH-C_6H_3(NO_2)_2$$

活性二氧化锰是一个选择性高的氧化剂，反应条件温和，常在室温反应。特别适用于氧化β，γ－不饱和醇成α，β－不饱和醛或酮，而不影响双键，收率较高。

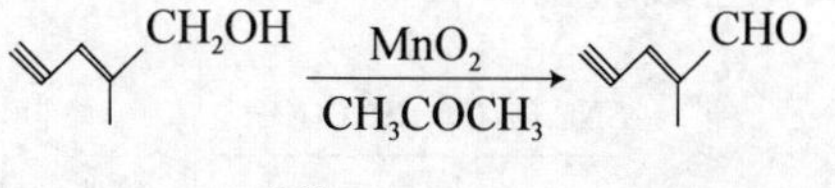

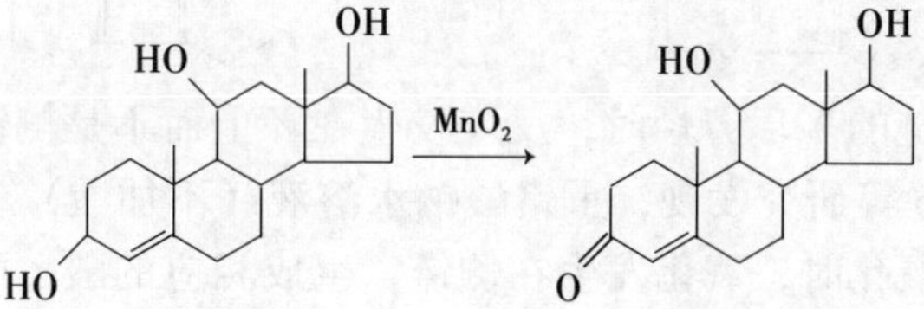

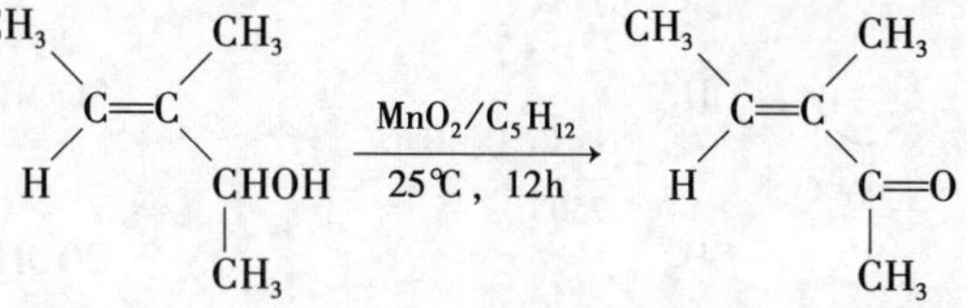

$$CH_2OH \xrightarrow[CH_3COCH_3]{MnO_2} CHO$$

$$\xrightarrow{MnO_2}$$

$$CH_3(H)C=C(CH_3)-CHOH-CH_3 \xrightarrow[25℃，12h]{MnO_2/C_5H_{12}} CH_3(H)C=C(CH_3)-C(=O)-CH_3$$

在一般条件下，活性二氧化锰不氧化饱和醇，必须在激烈条件下（如加热回流）才发生反应。在烯丙位（或苄位）羟基与其他羟基共存时，可选择性氧化烯丙位（或苄位）羟基。

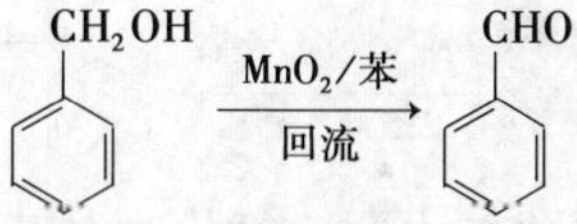

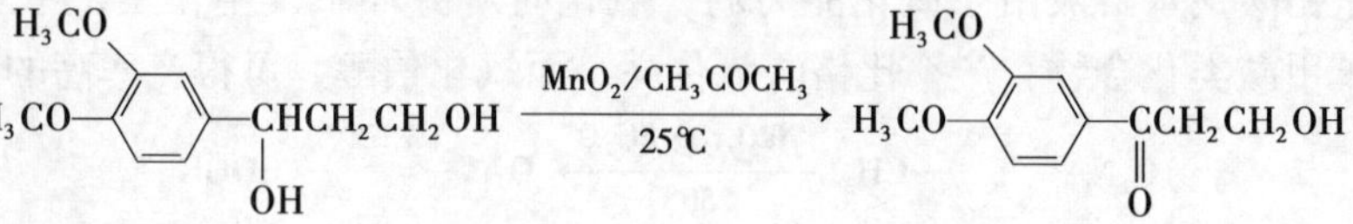

$$C_6H_5CH_2OH \xrightarrow[回流]{MnO_2/苯} C_6H_5CHO$$

$$(H_3CO)_2C_6H_3-CH(OH)CH_2CH_2OH \xrightarrow[25℃]{MnO_2/CH_3COCH_3} (H_3CO)_2C_6H_3-C(=O)CH_2CH_2OH$$

（二）铬化合物

1. 铬酸

铬酸没有市售。通常用的铬酸氧化剂有 $Na_2Cr_2O_7-H_2SO_4-H_2O$ 和 $CrO_3-H_2O-H_2SO_4$，有时也加醋酸来帮助三氧化铬（铬酐）的解聚。铬酸氧化剂呈桔红色，氧化后变为 Cr^{3+} 呈绿色，故可观察到反应的进行并控制反应终点。铬酸属于强氧化剂，可用于氧化醇、醛、芳烃侧链以及多环芳烃等有机化合物。

芳环侧链易受铬酸氧化生成相应的羧酸。若芳烃含有易氧化的羟基或氨基，则必须加以保护，然后再氧化，否则会氧化成醌类。当芳环上的侧链多于两个碳原子，且具有α－氢，则氧化的是苄位的碳氢键。

$$C_6H_5-C_8H_{17} \xrightarrow{CrO_3/CH_3COOH/H_2SO_4/H_2O} C_6H_5-COOH$$

具有侧链的多环芳烃，用铬酸氧化，主要氧化芳环形成相应的醌类，而侧链不受影响。如2－甲基蒽用三氧化铬的醋酸水溶液氧化，主要生成2环甲基蒽醌。

CH_3 $\xrightarrow[回流]{CrO_3/CH_3COOH/H_2SO_4/H_2O}$ O O CH_3

对多环化合物中的活泼次甲基，铬酸能将其氧化成相应的羰基而不破坏芳环。如芴用重铬酸钠的醋酸溶液氧化生成芴酮。

H H C $\xrightarrow[回流]{Na_2Cr_2O_7/CH_3COOH}$ O

铬酸氧化带有侧链的多环芳烃时，反应发生在环上而不是侧链。故制备多环芳酸较困难。经 L. Fridman 等研究发现，重铬酸钠水溶液（不加酸）在高温高压下对具有侧链的多环芳烃进行氧化时，氧化发生在侧链，生成相应的酸，而对环没有影响，收率也较高。

CH_3 CH_3 $\xrightarrow[250℃，高压]{Na_2Cr_2O_7/H_2O}$ COOH COOH

中性重铬酸钠水溶液氧化的特点之一是将芳烃侧链末端碳原子氧化成羧基。

$CH_2CH_2CH_2CH_3$ $\xrightarrow[275℃，高压]{Na_2Cr_2O_7/H_2O}$ $CH_2CH_2CH_2COOH$

CH_2CH_3 $\xrightarrow[275℃，高压]{Na_2Cr_2O_7/H_2O}$ CH_2COOH

中性重铬酸钠水溶液由于氧化能力弱，氧化时对芳环不发生作用，甲苯类化合物氧化生成苯甲酸类化合物，产率比铬酸氧化高。而氧化伯醇，可得产率高的醛。如：

O_2N—CH_3 $\xrightarrow[250℃]{Na_2Cr_2O_7/H_2O}$ O_2N—COOH

—CH_2OH O $\xrightarrow[100℃]{Na_2Cr_2O_7/H_2O}$ —CHO Cl

铬酸氧化剂最重要的应用之一是氧化伯醇、仲醇成醛酮。饱和醇常用 $Na_2Cr_2O_7-H_2SO_4-H_2O$，不饱和醇以 CrO_3-HOAc 为好。铬酸氧化伯醇生成醛的收率一般较低，在药物合成上应用较少；氧化仲醇成酮的反应，比由伯醇制备醛的收率好，特别是对于一些水溶度较小的酮的制备，一般收率均较好。如：

CH_3 OH CH H_3C CH_3 $\xrightarrow[55℃]{Na_2Cr_2O_7/H_2SO_4/H_2O}$ CH_3 O CH H_3C CH_3

酸性条件下用铬酸氧化仲醇的主要缺点与高锰酸钾氧化相同。氧化生成的酮，由于烯醇化后可进一步氧化，引起碳－碳键断裂，生成羧酸的混合物。为了减少副反应以提高酮的收率，控制反应条件非常重要。特别是在反应物分子结构中存在易氧化基团（如烯醇、双键、苄位或烯丙位的活泼氢等）时，更应注意氧化条件。这时，反应常在低温下进行，改用或加入其他有机溶剂（如乙醚、二氯甲烷、苯等），使氧化在非均相系统中进行。这样，氧化生成的酮转入有机相，可减少副反应，双键不受影响。如：

$$\xrightarrow[25℃]{H_2CrO_4/H_2O/Et_2O}$$

$$\xrightarrow[-5\sim0℃]{H_2CrO_4/H_2O/CH_2Cl_2}$$

2. 三氧化铬

对于存在易氧化基团的醇而言，氧化更多采用 Jones 改良方法，即将化学计算量的三氧化铬的硫酸水溶液在 0～20℃滴加到被氧化的醇的丙酮溶液中进行氧化。它能氧化具有双键、三键的醇类，而一般不会引起不饱和键的氧化、异构化等副反应。由于反应迅速，收率高，因而应用广泛。

$$\xrightarrow{CrO_3/H_2SO_4/H_2O/CH_3OCH_3}$$

$$\xrightarrow[0\sim20℃]{CrO_3/H_2SO_4/H_2O/CH_3OCH_3}$$

3. 三氧化铬吡啶配合物

三氧化铬吡啶配位化合物（$CrO_3 \cdot C_5H_5N$）的吡啶溶液称为 Sarett 试剂，系将一份三氧化铬缓慢分次加入十份吡啶中（注意加料次序不能颠倒，否则会引起燃烧），逐渐提高温度至 30℃，最后得黄色配位化合物沉淀。由于 Sarett 试剂的制备危险性大，Comforth 加以改进，把三氧化铬、水（1∶1）逐渐加入十倍量的吡啶中（冰冻冷却），所得试剂称为 Comforth 试剂。以上两种试剂能用于对酸敏感的化合物的氧化，能将伯、仲醇及烯丙位亚甲基氧化为醛或酮，而对分子中同时存在的双键、缩醛、缩酮、环氧、硫醚等均无影响。反应时间短，收率高。其应用如下。

（1）烯丙型和苄型醇氧化成相应的醛或酮。

$$C_6H_5CH_2OH \xrightarrow[室温]{CrO_3/Py} C_6H_5CHO$$

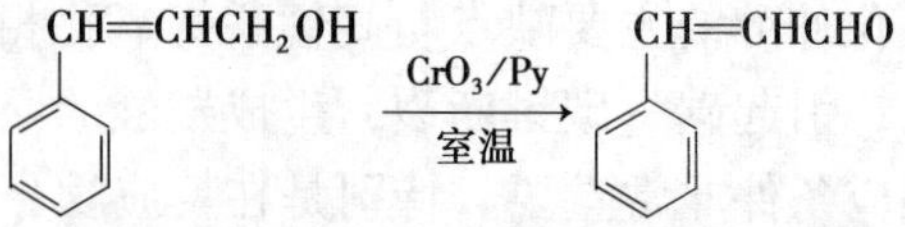

$$\text{C}_6\text{H}_5\text{CH}{=}\text{CHCH}_2\text{OH} \xrightarrow[\text{室温}]{CrO_3/Py} \text{C}_6\text{H}_5\text{CH}{=}\text{CHCHO}$$

（2）羟基氧化成酮基，对分子内同时存在的对酸敏感的基团（如环氧基）无影响。

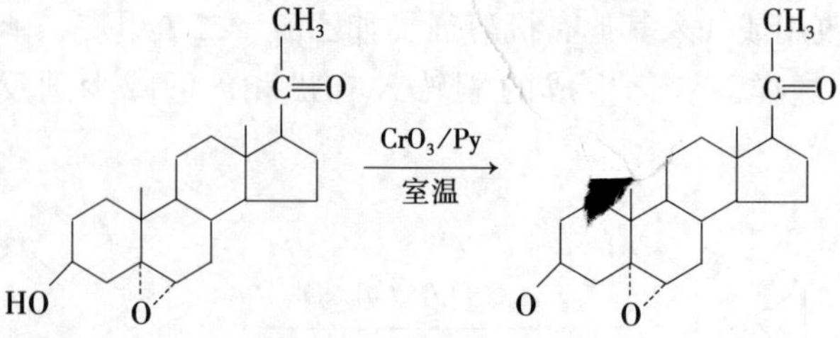

$$\text{(3-HO, 5,6-epoxy steroid; } CH_3\text{-C=O)} \xrightarrow[\text{室温}]{CrO_3/Py} \text{(3-O, 5,6-epoxy steroid; } CH_3\text{-C=O)}$$

（3）羟基经缩醛保护后，在氧化过程中不受影响。

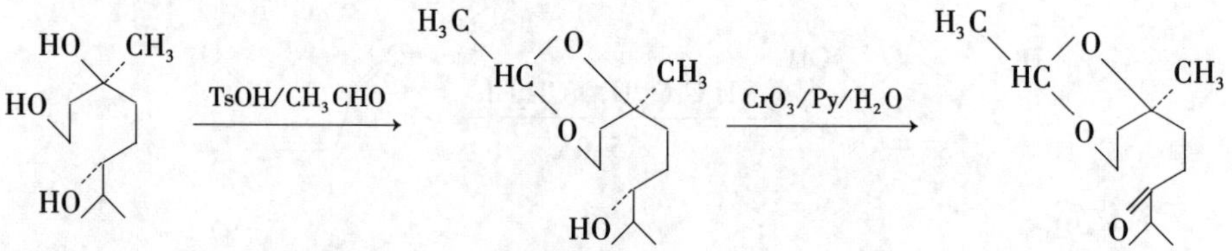

$$\text{(HO, CH}_3\text{, HO, HO)} \xrightarrow{TsOH/CH_3CHO} \text{(H}_3\text{C, HC, O, O, CH}_3\text{, HO)} \xrightarrow{CrO_3/Py/H_2O} \text{(H}_3\text{C, HC, O, O, CH}_3\text{, O)}$$

Sarett 试剂还可用于叔胺上甲基的氧化。对于甾胺类的叔胺基上的两个甲基，可选择性地氧化其中一个甲基为甲酰基，收率较高。

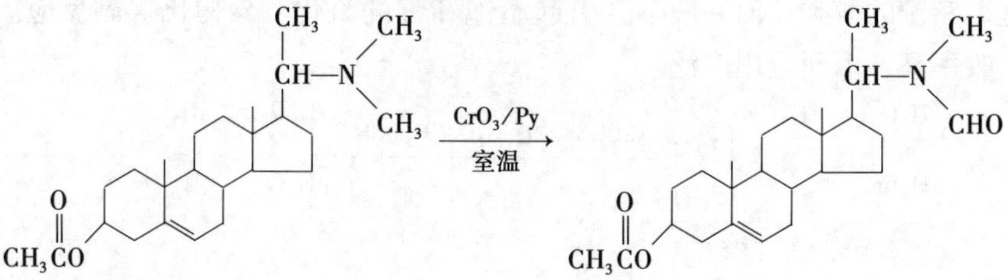

$$\text{(}CH_3COO\text{-steroid-}CH(CH_3)\text{-}N(CH_3)_2\text{)} \xrightarrow[\text{室温}]{CrO_3/Py} \text{(}CH_3COO\text{-steroid-}CH(CH_3)\text{-}N(CH_3)CHO\text{)}$$

（三）含卤氧化剂

1. 卤素

氯气很早就被用作氧化剂，使用时多将氯气通入水或碱性水溶液中，实际上是生成次氯酸或次氯酸盐而起作用的。氯气价廉易得，且氧化时仅生成盐酸，容易处理。但在氧化过程中往往伴有氯化反应。通常可利用这一特点合成所需要的化合物。如氯气可氧化二硫化物、硫醇和硫化物等，生成磺酰氯。

例如，抗菌药磺胺（Sulfanilamide）的中间体的制备；

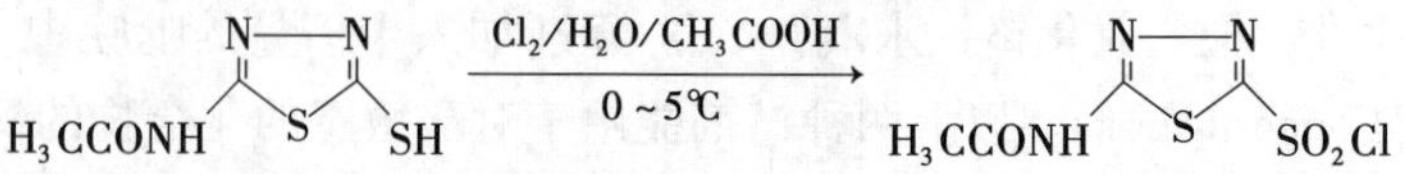

$$H_3CCONH\text{-(1,3,4-thiadiazole)-}SH \xrightarrow[0\sim5℃]{Cl_2/H_2O/CH_3COOH} H_3CCONH\text{-(1,3,4-thiadiazole)-}SO_2Cl$$

氯气在二甲基亚砜（DMSO）、冰醋酸中，能氧化伯、仲醇成羰基化合物。

$$C_6H_5CH_2OH \xrightarrow{Cl_2/CMSO} C_6H_5CHO$$

氯气能氧化裂解某些杂环类化合物。例如，磺胺嘧啶（sulfa－diazine）的中间体糠氯酸的制备；

$$\text{(furan-2-CHO)} \xrightarrow[75\sim85^{\circ}C]{Cl_2/H_2O} \begin{array}{l} Cl—C—COOH \\ \quad\ \ \| \\ Cl—C—CHO \end{array}$$

溴的氧化作用与氯气相似，但氧化能力略弱。溴为液体，可溶于四氯化碳、三氯甲烷、二硫化碳、冰醋酸中，配成一定浓度的溶液，使用方便，且选择性较好，但价格昂贵。因此，应用远不如氯气广泛。

2. 次卤酸盐

次卤酸盐是氧化活性较强的廉价氧化剂。在碱性条件下和甲基酮或亚甲基酮类反应，先发生α-卤代反应，继而碳-碳键断裂生成三氯甲烷和羧酸。该反应即为卤仿反应，常用于制备卤仿和羧酸。

$$H_3C—C(CH_3)_2—COCH_3 \xrightarrow{NaOCl} H_3C—C(CH_3)_2—COONa + CHCl_3$$

$$\text{(环己烷-1,3-二酮)} \xrightarrow{NaOCl} NaOOC—CH_2CH_2CH_2—COONa + CHCl_3$$

例如，抗菌药诺氟沙星（Norfloxacin）中间体的合成。

$$\text{(2,4-二氯-5-氟苯基)}—COCH_3 \xrightarrow{NaOCl} \text{(2,4-二氯-5-氟苯基)}—COOH$$

芳环上引入羧基较困难，但引入乙酰基却较容易。因此，可先在芳环上引入乙酰基，再利用卤仿反应制备芳酸。如：

$$\text{(} H_3C—CO—, OCH_3, OCH_3, —CO—CH_3, H_3CO, OCH_3 \text{ 取代联苯)} \xrightarrow{NaOCl} \text{(} HOOC, H_3CO, OCH_3, COOH, H_3CO, OCH_3 \text{ 取代联苯)} \quad 85\%\sim96\%$$

二、催化氧化和生物氧化

（一）催化氧化

在催化剂存在下，用空气或氧气对有机化合物进行氧化的反应称作催化氧化。催化氧化分为液相催化氧化和气相催化氧化两大类。

液相催化氧化时，将空气或氧气通入作用物与催化剂的溶液或悬浮液中反应。常用的催化剂为过渡金属离子如钴盐（醋酸钴等）、锰盐（醋酸锰等）、铜盐、铂-炭、氧化铬等。

液相催化氧化中只使用空气或氧气及少量催化剂，而不消耗化学氧化剂，故比化学氧化法经济；反应温度较气相催化氧化低，一般在100~200℃之间，反应压力亦不太高，这也比气相催化氧化优越，可用于高温下不稳定化合物的氧化。此外，液相催化氧化的选择性较好，可使反应停留在中间阶段，因此常用于制备有机过氧化物和有机酸。

如果条件控制适当，还可用于制备醇、醛和酮。如对硝基苯乙酮是合成氯霉素的重要原料，它是由对硝基乙苯经液相空气氧化制得。

$$O_2N-C_6H_4-CH_2CH_3 + O_2 \xrightarrow{\text{硬脂酸钴/醋酸锰}} O_2N-C_6H_4-\overset{O}{\overset{\|}{C}}-CH_3$$

液相催化反应机理属游离基型反应，对于有些诱导期特别长的反应，除使用催化剂外，往往需要再加入少量的促进剂。用作促进剂的化合物有两类，一类是有机含氧化合物（如三聚乙醛等）；另一类是溴化物，包括无机和有机溴化物（如溴化铵、溴乙烷等）。例如对二甲苯液相氧化时，为了使两个甲基均能氧化成羧基，生成对苯二甲酸，必须同时使用催化剂（乙酸钴）和促进剂（三聚乙醛）。

气相催化氧化时，将作用物在400～600℃气化，与空气或氧气混合后，通过灼热的催化剂使它们反应。气相催化氧化多用于氧化一些易被气化的化合物，要求原料和产品有足够的热稳定性，不易被分解和深度氧化。常用的催化剂有：钒和钼等过渡金属氧化物，银、钯等贵金属。

气相催化氧化反应一般是在列管式固定床或硫化床中进行的。反应器的结构比较复杂。为了维持反应的适宜温度，反应器内必须有足够的传热装置，以便及时移走反应过程中释放的巨大热量。

例如，抗结核病药异烟肼（Isoniazid）中间体的制备；

$$\text{4-}CH_3\text{-吡啶} \xrightarrow[270℃,\ 40\sim53.3kPa]{V_2O_5/H_2O/O_2} \text{4-}COOH\text{-吡啶}$$

需要强调指出的是：以气态氧为氧化剂的催化氧化反应，物料与氧气或空气的混合物的爆炸极限较宽，而且是强放热反应。因此，生产上必须及时移走反应生成的热量，严格遵循操作规程，正确控制反应条件。生产设备必须装有预防设备（如防爆膜）和遥控装置，防止爆炸事故的发生。

催化氧化，是近年来在制药工业中发展较快的新技术。它不仅氧化剂价廉易得，在生产工艺上可以实现连续化，从而降低了劳动强度，提高了劳动生产率。随着科学技术的不断发展，催化氧化将会越来越广泛地被应用。

（二）生物氧化

利用微生物对有机化合物进行氧化的反应称为生物氧化（Biological Oxidation）。生物氧化反应为酶催化反应，因此具有酶催化反应的独特特点。

1. 生物氧化的优点

（1）催化效率高　酶的催化效率是一般非生物催化剂的十万倍到一亿倍。例如1g结晶的α－淀粉酶，在65℃下，15min内，可使2吨淀粉转化为糊精。

（2）专一性强　酶对底物（作用物）有严格的选择性，一种酶只能催化特定的一类或一种物质。如蛋白酶只催化蛋白质的水解反应；节杆菌只能在甾体的1，2－位引起脱氢等。因此，反应副产物少。

（3）反应条件温和　酶催化反应不像一般催化剂需要高温、高压、强酸、强碱等剧烈条件，通常在常温常压下进行催化反应，故对设备没有特殊要求。

（4）公害少酶本身无毒，反应过程中也不产生有毒物质。因此，操作安全，无环境污染。

（5）酶的活性是受调节和控制的　在生物体内，酶的调节和控制方式是多种多样的。有在激素水平上调节修饰某些酶的共价结构，从而影响酶活性；有通过酶原的激活，调节酶的活性等。

上述酶催化反应的特征来自酶本身的特性，这使得许多用化学方法不能完成的反应，可以通过生物氧化来实现，这在工业生产上具有重大经济价值。

2. 生物氧化的缺点

（1）酶是一种蛋白质，一般对酸、碱、热和有机溶剂等都不稳定，易失活。

（2）酶只能和底物作用一次，生产周期长，生产成本高。

（3）应用于制药工艺上的酶主要都是从微生物发酵得到的，通常发酵液的体积大，使产品的提取、分离、精制较麻烦，从而使生物氧化的应用受到一定的限制。

（4）由于酶是蛋白质，所以其催化作用条件有一定限制，特别是底物中含有抑制剂（或失活剂）时，将大大减弱酶的催化活力（或失活）。

近年来酶的固定化技术迅速发展，已成为化学制药工业中酶催化技术的重要发展方向。固定化酶是将水溶性的酶或含酶细胞固定在某种载体上，成为不溶于水但仍具有酶活性的酶衍生物。由于固定化酶性能稳定，可以反复利用，固定化酶蛋白不会进入产品中，有利于分离，提纯；可以装柱进行连续反应，使设备小型化和生产自动化，有利于节约能量和劳动力以及副产物少等特点。使酶催化反应又进入一个新的阶段。因此，生物氧化在药品生产上将会有更广阔的前景。

3. 生物氧化的关键

生物氧化的关键是选择专属性高的微生物和控制适宜的发酵条件。在生物氧化时，控制好发酵条件至关重要。

（1）培养基　是微生物生长的营养物质，包括碳源、氮源、无机盐及微量元素等。每种微生物都有自身适宜的培养基。

（2）灭菌　发酵污染杂菌是药物生产的大敌，因此在发酵进行前，发酵罐、培养基、空气过滤器及有关设备都必须用蒸气灭菌。

（3）选择最适发酵温度。

（4）选择最适发酵 pH 值。

（5）选择最佳接种时机。

（6）通气和搅拌　药物生产菌大多是需氧菌，通气和搅拌的目的是要保证发酵液有最好的氧溶解性。

此外，有时还需补料（加糖、通氨等）以调节发酵过程中最佳范围。

目前，生物氧化已越来越多地用于抗生素、氨基酸、有机酸、核酸、维生素和甾体激素等的合成中。如：

D－山梨醇 $\xrightarrow[\text{pH 5.4, }33\pm1^\circ C]{\text{黑醋菌}}$ L－山梨糖 $\xrightarrow[\text{pH 6.7～7.0, }30\pm1^\circ C]{\text{假单孢杆菌}}$ 2－酮基－L－古龙酸 $\xrightarrow[(50\pm1)^\circ C\text{, 22h}]{HCl}$ 维生素C

19－羟基－Δ^5－烯胆甾－3β－醋酸酯 $\xrightarrow{\text{CSP－10 诺卡氏菌}}$ 雌酮

可的松 $\xrightarrow{\text{简单棒杆菌}}$ 强的松

目标检测题

一、简答题

1. 什么是氧化反应？按反应特点氧化特点分哪几类？

2. 简述活性二氧化锰的制备方法和活性检测方法，活性二氧化锰氧化的最大特点是什么？

3. 什么是催化氧化反应？

二、写出下列反应的主要产物

1. $C_6H_5CH(OH)CH_2CH_2CH(OH)CH_3 \xrightarrow[25^\circ C]{MnO_2\ \ CH_3COCH_3}$

2. $C_6H_5(CH_2)_7CH_3 \xrightarrow[NaOH]{KMnO_4}$

3. $C_6H_5-CH=CH-CH_2OH \xrightarrow[r.t.]{CrO_3,\ Py}$

4. $C_6H_5-CH_3 \xrightarrow[H_2SO_4]{MnO_2}$

三、根据合成工艺画出设备工艺流程图

将2，4－二氯甲苯、吡啶和水依次投到氧化釜内，开启搅拌，缓缓加入高锰酸钾。加毕，将反应釜夹套通蒸气加热，使料液慢慢升温至70℃，并在（70±2）℃下搅拌反应4～5h。

反应结束后，将料液转移至减压蒸馏釜，减压蒸馏回收吡啶，待蒸干后，加水溶解，并搅拌15min，接着热过滤，滤饼用热水淋洗，洗液和滤液则直接抽至酸化釜。

开启酸化釜搅拌，滴加工业盐酸酸化至不再有白色沉淀析出，再离心过滤、水洗、真空干燥，得白色结晶，即为2，4－二氯苯甲酸。收率80%以上，含量大于98%。

第六章

还原反应技术

第一节　还原反应的基本化学原理

一、还原反应的概念和分类

广义地说，还原反应（Reduction）指的是化合物获得电子的反应，或使参加反应的原子上电子云密度增加的反应。狭义地说，有机物的还原反应指的是有机物分子中增加氢的反应或减少氧（以及硫或卤素）的反应，或两者兼而有之的反应。

1. 还原反应的方法

（1）化学还原　使用氢以外的化学物质作还原剂的方法。

（2）催化氢化　使用氢在催化剂的作用下使有机物还原的方法。

（3）电化学还原　在电解槽的阴极室进行还原的方法。本章主要讨论化学还原反应和催化氢化还原反应。

2. 还原反应的主要类型

（1）碳－碳不饱和键的还原　例如炔烃、烯烃、多烯烃、脂环单烯烃和多烯烃，芳烃和杂环化合物中碳－碳不饱和键的部分加氢或完全加氢。

（2）碳－氧键的还原　例如醛羰基还原为醇羟基或甲基；酮羰基还原为醇羟基或次甲基；羧基还原为醇羟基；羧酸酯还原为两个醇；羧酰氯基还原为醛基或羟基等。

（3）含氮基的还原　例如氰基和羧酰氨基还原为亚甲氨基。硝基和亚硝基还原为肟基（—NOH）、羟氨基（—NHOH）和氨基；硝基的双分子还原为氧化偶氮基、偶氮基或氢化偶氮基。偶氮基和氢化偶氮基还原为两个氨基。重氮盐还原为肼基 $-NHNH_2$ 或被氢置换等。

（4）含硫基的还原　例如碳－硫不饱和键还原为巯基或亚甲基；芳磺酰氯还原为芳亚磺酸或硫酚；硫－硫键还原为两个巯基等。

（5）含卤基的还原　例如卤基被氢置换等。

二、不同官能团还原难易的比较

表 6－1 列出了某些官能团在催化氢化时由易到难的次序。

表 6-1 各种官能团在催化氢化时由易到难的次序表

序号	被还原基团	还原产物	序号	被还原基团	还原产物
1	$R-\overset{O}{\overset{\|}{C}}-Cl$	$R-\overset{O}{\overset{\|}{C}}-H$	9	N N	N H N H
2	$R-NO_2$	$R-NH_2$	10	N 稠环芳烃	N H 部分加氢
3	$RC\equiv CR'$	$RCH=CHR'$	11	$R-\overset{O}{\overset{\|}{C}}-OR'$	$R-CH_2OH+R'OH$
4	$R-\overset{O}{\overset{\|}{C}}-H$	$R-CH_2OH$	12	$R-\overset{O}{\overset{\|}{C}}-NH_2$	$R-CH_2NH_2$
5	$RCH=CHR'$	RCH_2CH_2R'	13	—R	—R
6	$R-\overset{O}{\overset{\|}{C}}-R'$	$R-\overset{OH}{\overset{\|}{CH}}-R'$	14	$R-\overset{O}{\overset{\|}{C}}-OH$	$R-CH_2OH$
7	$C_6H_5CH_2-O-R$	$C_6H_5CH_3$ +4OH	15	$R-\overset{O}{\overset{\|}{C}}-ONa$	不能氢化
8	$R-C\equiv N$	$R-CH_2NH_2$			

表 6-1 的排列次序是相对的，由于被还原物的整个分子结构的不同，被还原基团所处化学物理环境（电子效应和空间效应）的不同、所用氢化催化剂种类的不同或还原条件的不同，都可能改变其难易次序。

在通常条件下，这个次序仍可作为选择还原条件的参考。当分子中有多个可还原基团时，一般是以表中序号小的基团比序号大的基团容易被还原，如果选择适当的还原条件，就可以进行选择性还原，只还原特定的基团，而不影响其他可还原基团。

另外，表 6-1 对于化学还原也有重要参考价值。例如，间硝基苯甲醛在用硫酸亚铁或二硫化钠还原时，可以只将硝基还原成氨基，而不影响醛基和苯环。

第二节　反应操作实例——2，3，4－三氟苯胺的制备

一、制备方法

1. 反应原理

$$4\ \text{(2,3,4-三氟硝基苯, } C_6H_2F_3NO_2\text{)} + 9Fe + 4H_2O \longrightarrow 4\ \text{(2,3,4-三氟苯胺, } C_6H_2F_3NH_2\text{)} + 3Fe_3O_4$$

2. 流程方框图（见图6－1）

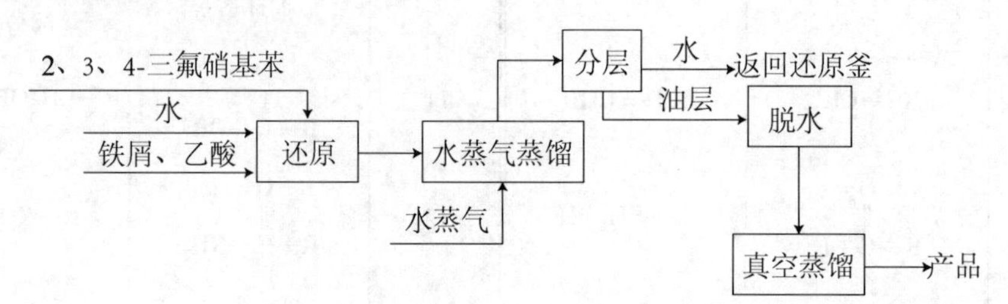

图6－1　2，3，4－三氟苯胺的生产流程

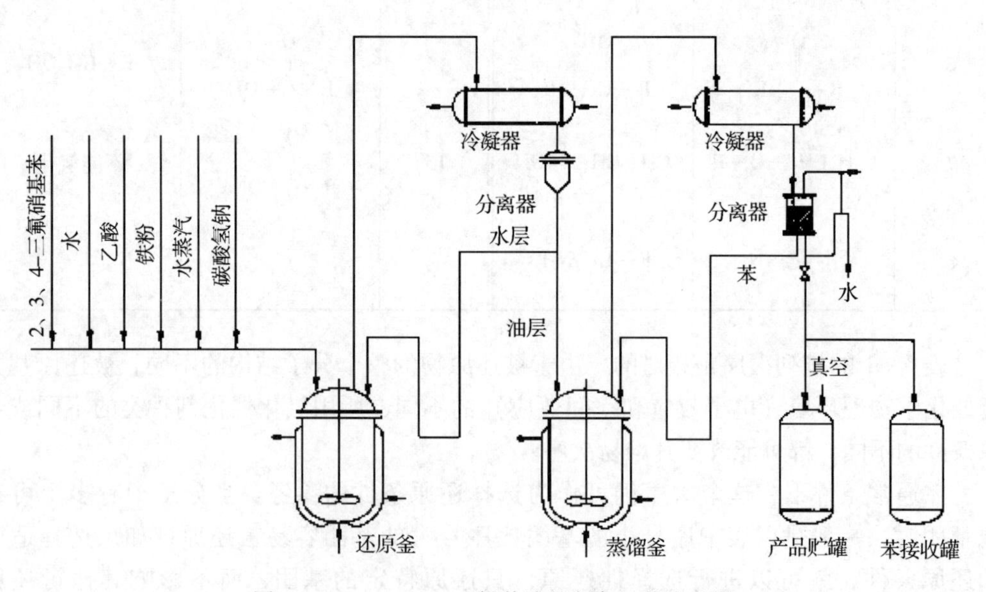

图6－2　2，3，4－三氟苯胺的制备工艺流程图

3. 投料比（质量）

2，3，4－三氟硝基苯：铁屑：水：工业乙酸＝1：0.78：1.9：0.08

二、操作过程

在不锈钢还原釜内一次性投入2，3，4－三氟硝基苯、铁屑、水和乙酸，开启搅拌

和蒸汽加热系统，慢慢升温至回流，并保持平稳回流3~5h。

反应结束后，稍冷却，加碳酸氢钠中和至pH≈8.5。接着进行水蒸气蒸馏，直至馏出物不含油珠，一般需5~8h。

馏出物冷却分层，并分去水层，有机层则去蒸馏釜，先加入苯进行共沸脱水，最后进行真空蒸馏，收集6.4kPa下90~93℃的馏分，即得产品2，3，4-三氟苯胺。收率大于80%，含量大于99%。

三、注意事项

（1）铁屑规格及用量

铁屑用富有碳素的灰色铸铁较好，铁屑粒度的选择应慎重。粒度小，比表面积大，有利于加快反应进行，但是铁粉活化后反应太快会发生冲料现象，因此往往需分批投料，给工业生产操作带来很大的不便；如果选用机械厂的废铁屑，虽然粒度较大且不均匀，但可一次性投料，价格便宜，操作也方便。

废铁屑使用前需经碱处理去油污，再用稀酸处理。

关于铁屑用量，实际使用略需过量。用量不足，反应不完全，而且生成的铁泥难过滤；用量过多，一方面增加铁泥量，另一方面由于铁泥的吸附作用，将影响产品收率。

（2）浙江工业大学医药化工研究所经几年的研究和生产实践，对铁酸还原法进行了改进：①采用一次性投料法，既简化了工业生产操作过程，又减轻了工人的劳动强度；②用铁屑代替还原铁粉，一方面降低了原料成本，另一方面在反应结束后，铁泥易过滤除去；③采用乙酸代替盐酸，以减少设备的腐蚀，从而可用不锈钢反应釜，避免由于在盐酸介质中必须用搪玻璃反应釜而导致的铁粉对搪玻璃的快速磨损现象。

（3）该反应属于放热反应。反应初期，需加热活化，待加热至接近回流温度时(约90℃)，反应已激活，此时应暂停加热，以防反应速度过快而发生冲料现象。一般半小时后，反应会渐渐变慢，反应后期则又需要加热。

（4）加碳酸氢钠中和前宜稍降温，以免中和反应过于剧烈，大量二氧化碳冒出而发生冲料现象。

（5）水蒸气蒸馏结束后的含铁泥废水，需经压滤。所得的滤液可作下批投料循环使用，铁泥经适当处理后可出售给钢铁厂或铁泥回收公司，也可与废硫酸反应制备硫酸亚铁。

（6）产品最好避光充氮包装。

（7）2，3，4-三氟苯胺为无色透明液体，沸点92℃/6.4kPa，闪点68℃，相对密度1.393。它不溶于水，但溶于硝基苯、苯等。

产品规格

外观	无色透明液体	含量,%	≥99.0
折光率 n_D^{20}	1.4860~1.4880	铁,%	≤0.02

用途

2，3，4-三氟苯胺为重要的化工中间体。在医药工业上可用于合成氧氟沙星

(Ofloxacin)。

第三节 还原反应操作常用知识

一、化学还原反应

(一) 铁粉还原

1. 反应历程

铁粉还原反应是通过电子的转移而实现的。在这里铁是电子给体，被还原物的某个原子首先在铁粉的表面得到电子生成负离子自由基，后者再从质子给体（例如水）得到质子而生成产物。以芳香族硝基化合物被铁粉还原成芳伯胺的反应为例，其反应历程可简单表示如下。

$$Fe^0 \longrightarrow Fe^{2+} + 2e$$
$$Fe^0 \longrightarrow Fe^{3+} + 3e$$
$$Ar—NO_2 + 2e + 2H^+ \longrightarrow Ar—NO + H_2O$$
$$Ar—NO + 2e + 2H^+ \longrightarrow Ar—NHOH$$
$$Ar—NHOH + 2e + 2H^+ \longrightarrow Ar—NH_2 + H_2O$$

2. 应用范围

铁的给电子能力比较弱，只适用于容易被还原的基团的还原，这个特点又使它成为选择性还原剂，在还原过程中，不易被还原的基团可不受影响。铁粉还原剂的主要应用范围如下。

(1) 芳环上的硝基还原成氨基

以铁粉为还原剂，在芳环上将硝基还原成氨基的方法曾在工业上获得广泛的应用，其优点是铁粉价廉，工艺简单。但此法副产的氧化铁铁泥中含有芳伯胺，有环境污染问题，发达国家已不再使用。中国也逐渐改用氢气还原法和硫化碱还原法。但是在制备水溶性的芳伯胺和某些小批量生产的非水溶性芳伯胺时仍采用在电解质存在下的铁粉还原法，由于此法在中国仍有广泛应用。

例 1 局部麻醉药利多卡因（Lidocaine）的中间体 2，6 - 二甲基苯胺的制备。

CH_3, NO_2, CH_3 —— Fe/HCl，回流，12h ——> CH_3, NH_2, CH_3 95%

铁粉还原法还特别适用于以下硝基还原过程。

$COOC_2H_5$, O_2N, $-CN$, H_3C, N, Cl —— Fe/HCl，乙醇介质 ——> $COOC_2H_5$, H_2N, $-CN$, H_3C, N, Cl

式中用铁粉还原可避免发生氯基脱落、氰基还原、氰基或乙酯基的水解等副反应，收率可达 90%，如果用氢气还原或 $SnCl_2$/HCI 还原，则收率只有 50%。

（2）环羰基的还原成环羟基

环羰基还原成环羟基通常采用铁粉还原法，例如，对苯醌还原制对苯二酚。

$$\text{对苯醌} \xrightarrow[\substack{70\sim100℃\\（不加电解质）}]{Fe/H_2O，中性} \text{对苯二酚}$$

对苯二酚的需要量很大，中国目前主要采用将苯胺在硫酸介质中用二氧化锰氧化成对苯醌，将对苯醌用铁粉还原成对苯二酚的方法。

（3）醛基的还原成醇羟基

醛基还原成醇羟基的还原反应一般采用氢气还原法，但也有个别实例采用铁粉还原法。例如正庚

醛还原成正庚醇。

$$C_6H_{13} \xrightarrow[\sim100℃]{Fe/过量稀盐酸} C_6H_{13}—CH_2OH$$

（4）芳磺酸氯的还原成硫酚

芳磺酸相当稳定，不易被还原成硫酚，所以硫酚主要是由芳磺酰氯还原制得的。用铁粉—硫酸还

原法的实例列举如下：

$$ClC_6H_4SO_2Cl \xrightarrow[105\sim110℃]{Fe/过量稀硫酸} ClC_6H_4SH$$

硫酚收率约50%，硫酚容易被空气氧化成二硫化物，在存放或作为商品出售时应加有抗氧剂。

3. 工艺影响因素

（1）铁粉的质量　一般采用干净、质软的灰色铸铁粉，因为它含有较多的碳，并含有硅、锰、硫、磷等元素，在含电解质的水溶液中能形成许多微电池（碳正极，铁负极），促进铁的电化学腐蚀，有利于还原反应的进行。另外，灰色铸铁粉质脆，搅拌时容易被粉碎，增加了与被还原物的接触面积。铁粉的粒度以60～100目为宜。铁粉的活性还与铁粉的表面是否生成氧化膜等因素有关，因此使用前应先做小试以确定其活性是否符合使用要求。

（2）铁粉的用量　从反应历程可以看出，1mol单硝基化合物被还原成芳伯胺时需要6个电子，如果原子铁被氧化成二价铁，就需要3mol原子铁；如果原子铁被氧化成三价铁，就只需要2mol原子铁。在含有电解质的弱酸性水介质中，Fe^{2+}和Fe^{3+}分别生成$Fe(OH)_2$和$Fe(OH)_3$，两者又转变成黑色的磁性氧化铁$FeO \cdot Fe_2O_3$。因此，还原后铁泥的主要成分是Fe_3O_4，所以硝基被还原成氨基时的总反应式通常表示如下：

$$4Ar—NO2 + 9Fe + 4H_2O \longrightarrow 4Ar—NH_2 + 3Fe_3O_4$$

1mol单硝基化合物被还原为芳伯胺时需要用2.25mol原子铁，但实际上要用3～

4mol 原子铁。这一方面与铁的质量有关，另一方面是因为有少量铁与水反应而放出氢气。因此要用过量较多的铁。

$$Fe^0 \longrightarrow Fe^{2+} + 2e$$

$$H_2O \longrightarrow H^+ + OH^-$$

$$2H^+ + 2e \longrightarrow 2\,[H] \longrightarrow H_2 \uparrow$$

（3）电解质　在硝基还原为氨基时，需要有电解质存在，并保持介质的 pH 值 3.5～5，使溶液中有铁离子存在。电解质的作用是增加水溶液的导电性，加速铁的电化学腐蚀。通常是先在水中放人适量的铁粉和稀盐酸（或稀硫酸、乙酸），加热一定时间进行铁的预蚀，除去铁粉表面的氧化膜，并生成 Fe^{2+} 作为电解质。另外，也可以加入适量的氯化铵或氯化钙等电解质。电解质不同，水介质的 pH 值也不同，对于具体的还原反应，用何种电解质为宜，应通过实验确定。

（4）反应温度　硝基还原时，反应温度一般为 95～102℃，即接近反应液的沸腾温度。应该指出，铁粉还原是强烈的放热反应，如果加料太快，反应过于激烈，会导致爆沸溢料。反应后期用直接水蒸气保温时也应注意防止爆沸溢料。

对硝基乙酰苯胺用铁粉还原制对氨基乙酰苯胺时，为了避免乙酰氨基的水解，要在 75～80℃还原。

（5）反应器　铁屑的相对密度比较大，容易沉在反应器的底部，因此最初所用的反应器是衬有耐酸砖的平底钢槽和铸铁制的慢速耙式搅拌器，但是现在已改用衬耐酸砖的球底钢槽和不锈钢制的快速螺旋桨式搅拌器，并用直接水蒸气加热。对于小批量生产也可以采用不锈钢制的反应器。

（二）Clemmensen 反应

1. Clemmensen 反应的定义及反应条件

Clemmensen 反应的化学还原剂为金属还原剂锌粉或锌－汞齐。在酸性条件下，用锌粉或锌－汞齐还原醛基、酮基为甲基和亚甲基的反应称为克莱门森（Clemmensen）反应。

$$\mathrm{Ar{-}\overset{\overset{\displaystyle O}{\|}}{C}{-}R(H)} \xrightarrow{\text{Zn－Hg 或 Zn}} \mathrm{Ar{-}CH_2{-}R\ (H)}$$

本还原反应所用的还原剂锌粉需事先进行活化；锌－汞齐也需临用前制备。方法为：

（1）活化锌粉的制备　将 16g 商品锌（325 目）与 100ml 2% 的盐酸混合搅拌 3～4 分钟，抽滤，分出锌粉，用水洗至中性，再分别用 50ml 乙醇洗，100ml 丙酮洗，最后用乙醚洗。90℃真空干燥 10 分钟，即得活化锌粉，应在 10 小时内用完。

（2）锌－汞齐的制备　将 100g 锌粉（或锌粒）、5g 氯化汞、5ml 浓盐酸和 100ml 水混合搅拌 5 分钟，倾去水液，再用 50ml 水和 250ml 浓盐酸的混合液浸泡，即得锌－汞齐，应立刻使用。

Clemmensen 反应所用的酸主要为盐酸，酸性强，氯负离子又不被锌－汞齐还原。盐酸的浓度为 20%～40%，在回流温度下反应 6～8 小时。某些在强酸下不稳定的化合物，可在室温下放置 1～2 天，再回流 0.5～2h。

2. 反应特点

Clemmensen 反应主要用于酮的还原，几乎可用于所有芳香脂肪酮的还原，反应易于进行且产率较高。

芳环上有羧基时，反应速度加快，收率较好；芳环上有羟基和甲氧基时，对反应有利；反应物分子中有羧基、酯、酰胺等羰基存在时，可不受影响。由于本反应条件要求不高，操作简单，且在酸性条件下，酮类化合物一般不会引起严重副反应，所以应用广泛。特别是与 Friedel - Crafts 酰化反应相配合，构成比较理想的制备烷基芳烃化合物的途径。

$$H_3CO,\ HO\text{-}C_6H_3\text{-}CHO \xrightarrow[HCl]{Zn-Hg} H_3CO,\ HO\text{-}C_6H_3\text{-}CH_3 \quad 60 \sim 67\%$$

$$OH\text{-}C_6H_4\text{-}CO(CH_2)_5CH_3 \xrightarrow[HCl]{Zn-Hg} OH\text{-}C_6H_4\text{-}CH_2(CH_2)_5CH_3 \quad 81 \sim 86\%$$

被还原的羰基化合物在锌 - 汞齐和浓盐酸的还原体系中溶解度较小，对反应不利。所以，常在反应体系中加入一些乙醇或醋酸，以增加反应物的溶解度。另外，常加入一种与水不相混溶的非极性溶剂，如甲苯，使羰基化合物和产物部分转溶入非极性溶剂中。反应产物的极性比反应物低，而在非极性溶剂中有更大的溶解度。

α - 酮酸及其酯类进行 Clemmensen 还原反应时，只能生成 α - 羟基酸或酯。

$$CH_3-\overset{O}{\overset{\|}{C}}-COOC_2H_5 \xrightarrow[\triangle]{Zn-Hg/HCl} CH_3-\overset{OH}{\overset{|}{C}H}-COOC_2H_5$$

还原 α，β - 不饱和酮时，双键和羰基同时被还原，生成相应的饱和烃。分子中含有的孤立双键不受影响。如：

$$C_6H_5-CH=CH-\overset{O}{\overset{\|}{C}}-CH_3 \xrightarrow[HCl]{Zn-Hg} C_6H_5-(CH_2)_3CH_3$$

还原 α，β - 不饱和酸及其酯类时，仅双键被还原，羧基和酯键均不受影响。

例 2 抗肿瘤药甲酰溶肉瘤素（Formylmerphalan）中间体的制备。

$$(ClCH_2CH_2)_2N\text{-}C_6H_4\text{-}CH=\underset{NHCOC_6H_5}{\underset{|}{C}}-COOH \xrightarrow[HCl]{Zn/CH_3COOH} (ClCH_2CH_2)_2N\text{-}C_6H_4\text{-}CH_2-\underset{NHCOC_6H_5}{\underset{|}{C}H}-COOH$$

例 3 抗肿瘤药甲氧芳芥（Methoxymerphalan）的制备。

H_3CO，$CH{=}C{-}COOCH_3$，$NHCOC_6H_5$，$N(CH_2CH_2Cl)_2$ $\xrightarrow[pH3,\ 15\sim16℃]{Zn/HCl/CH_3COOH}$ H_3CO，$CH_2{-}CH{-}COOCH_3$，$NHCOC_6H_5$，$N(CH_2CH_2Cl)_2$

$\xrightarrow[回流,\ 8h]{HCl/H_2O}$ H_3CO，$CH_2{-}CH{-}COOH$，$NH_2 \cdot H_2O$，$N(CH_2CH_2Cl)_2$

当羰基不与芳环形成共轭体系时，反应活性较差；芳酮的还原易形成树脂，一般收率不佳；脂肪酮、醛或脂环酮的还原易发生树脂化或双分子还原，得不到正常的还原产物；高摩尔质量的化合物一般不用此种方法还原；对酸和热敏感的化合物，需在无水有机溶剂（醚、四氢呋喃、乙酐、苯）中，用干燥的氯化氢和锌，于0℃左右反应，就可还原羰基化合物，扩大了Clemmensen反应的应用范围。如：

$\xrightarrow[0\sim5℃]{Zn/HCl/\ (C_2H_5)_2O}$

（三）M. P. V还原反应

1. M－P－V还原反应的定义及反应条件

将醛、酮等羰基化合物和异丙醇铝在异丙醇中共热时，可还原得到相应的醇，同时将异丙醇氧化为丙酮。这种反应称为麦尔外因－彭杜尔夫－威尔来（Meerwein－Ponndoff－Verley）还原，简称M－P－V还原反应。这是仲醇用酮氧化反应的逆反应。

$$RR'C{=}O + (CH_3)_2CH{-}OH \xrightarrow{Al\ [OCH\ (CH_3)_2]_3} RR'C{-}OH + (CH_3)_2C{=}O$$

异丙醇铝是脂肪族和芳香族醛、酮类的选择性很高的还原剂，对分子结构中含有的烯键、炔键、硝基、缩醛、腈基及卤素等可还原基团无影响。

$$C_6H_5CH{=}CH{-}CHO \xrightarrow{异丙醇/异丙醇铝} C_6H_5CH{=}CH{-}CH_2OH$$

$$C_6H_5C{\equiv}C{-}CHO \xrightarrow{异丙醇/异丙醇铝} C_6H_5C{\equiv}C{-}CH_2OH$$

$$CBr_3{-}CHO \xrightarrow{异丙醇/异丙醇铝} CBr_3{-}CH_2OH$$

还原剂异丙醇铝为白色固体，极易吸湿变质，遇水分解，必须干燥，密封保存，最好是临用前新制。因此，还原反应需无水操作。

$$2Al + 6\ (CH_3)_2CHOH \longrightarrow 3Al\ [OCH\ (CH_3)_2]_3 + 3H_2\uparrow$$

上述制备异丙醇铝的反应中加入一定量的三氯化铝，使生成一部分氯化异丙醇铝，可加速反应并提高收率。工业上，实际使用异丙醇铝与氯化异丙醇铝的混合物，反应快、收率高。

$$2Al[OCH(CH_3)_2]_3 + AlCl_3 \longrightarrow 3ClAl[OCH(CH_3)_2]_3$$

例 4 抗菌药氯霉素（Chloramphenicol）中间体的制备：

$$O_2N-C_6H_4-\overset{O}{\overset{\|}{C}}-\overset{NHCOCH_3}{\overset{|}{CH}}-CH_2OH \xrightarrow{\text{异丙醇/异丙醇铝/三氯化铝}} O_2N-C_6H_4-\underset{OH}{\underset{|}{\overset{H}{\overset{|}{C}}}}-\overset{NHCOCH_3}{\overset{|}{CH}}-CH_2OH$$

2. 反应特点

（1）M－P－V 还原反应为可逆反应，因而增大还原剂的量及移出生成物丙酮，均可缩短反应时间使反应进行完全。

（2）异丙醇铝能溶于有机溶剂，在蒸馏时不被破坏，是脂肪族和芳香族醛、酮类的选择性很高的还原剂，还原能力强，副反应少。

（3）异丙醇在反应中既作溶剂，又能在最后一步分解生成的新醇铝衍生物，得到还原产物。所以，异丙醇过量对反应有利。在异丙醇中，还原反应能正常进行，并可避免许多副反应的发生。若需较高温度时，可在无水苯和二甲苯中进行，但收率往往较低。

（4）易于烯醇化的羰基化合物（1，3－二酮；β－酮酯等）或含有酚羟基、羧基等酸性基团的羰基化合物，其羟基或羧基易与异丙醇形成铝盐，使还原反应受到限制。因此，一般不采用本法还原。含有氨基的羰基化合物，也易于异丙醇铝形成复盐，影响还原反应的进行，但可改用异丙醇钠为还原剂。

另外，羰基化合物在发生 M－P－V 还原的同时，会发生自身缩合的副反应。如：

$$2CH_3COCH_3 \xrightarrow{Al[OCH(CH_3)_2]_3} CH_3-\underset{CH_3}{\underset{|}{\overset{OH}{\overset{|}{C}}}}-CH_2COCH_3 \xrightarrow{Al[OCH(CH_3)_2]_3} CH_3-\underset{CH_3}{\underset{|}{C}}=\overset{COCH_3}{\overset{|}{CH}}$$

（四）乌尔夫－凯惜钠－黄鸣龙还原反应

1. 乌尔夫－凯惜钠－黄鸣龙还原反应的定义及反应条件

醛、酮在强碱性条件下，与水合肼缩合成腙，进而放氮分解，转变成甲基或亚甲基的反应称为乌尔夫－凯惜钠－黄鸣龙还原反应。简称 W－K－黄鸣龙还原反应。可用下列通式表示：

$$\begin{matrix}R\\ \end{matrix}\!\!\diagdown C=O \ (R') \xrightarrow{NH_2NH_2} \ \begin{matrix}R\\ \end{matrix}\!\!\diagdown C=N-NH_2 \ (R') \xrightarrow[\text{或 } KOH]{C_2H_5ONa} \ \begin{matrix}R\\ \end{matrix}\!\!\diagdown CH_2 \ (R') + N_2\uparrow$$

最初，此反应是将羰基化合物与无水肼转变成腙后，再将腙、醇钠及无水乙醇在封管或高压釜中，200℃左右长时间的热压分解，操作繁杂，收率较低，缺少实用价值。1946 年经我国科学家黄鸣龙改进，即用 85% 水合肼、氢氧化钾（钠）代替醇钠、无水肼，用乙二醇、丙三醇、二聚乙二醇或三聚乙二醇等高沸点溶剂代替乙醇，即可在常压下进行该反应。改进后不但省去加压反应步骤，且纯度高，收率好，一般在 60% ~95% 之间，具有工业生产价值。

一般的操作程序是：以乙二醇或丙三醇为溶剂，将羰基化合物、85% 或 90% 的水合肼和三倍量的氢氧化钾混合，加热回流 1h，形成腙。然后在常压下蒸馏，除去水和过量的腙。随着蒸馏的进行，温度逐渐升高，当达到180℃～200℃时，改成回流装置。此温度下常压回流反应2～5h，分解腙成为碳氢化合物。此化合物纯度高，收率好。如：

$$O{=}C[(CH_2)_4COOH]_2 \xrightarrow[KOH]{NH_2NH_2/\text{乙二醇}} CH_2[(CH_2)_4COOH]_2 \quad 87\% \sim 93\%$$

W－K－黄鸣龙还原反应的用途是将醛、酮还原成相应的烃衍生物。特别是与Friedel－Crafts酰化反应配合，制得芳环上带有多于两个碳原子的直链烷基化合物。

例5 抗肿瘤药苯丁酸氮芥（Chlorambucil）中间体的制备，就是以乙酰苯胺为原料，经Friedel－Crafts酰化和W－K－黄鸣龙还原反应而制得。

$$C_6H_5NHCOCH_3 \xrightarrow{\text{丁二酸酐}/AlCl_3} p\text{-}CH_3COHNC_6H_4COCH_2CH_2COOH \xrightarrow[140\sim160℃]{H_2NNH_2\cdot H_2O/KOH} p\text{-}CH_3COHNC_6H_4(CH_2)_3COOH$$

当存在对高温和强碱敏感的基团时，不能采用上述反应条件。可先将醛酮制成相应的腙，然后在25℃左右加入到叔丁醇的二甲亚砜（DMSO）溶液中，在低温下放氮反应，收率一般在64%～90%之间。但是有连氮（＝N－N＝）副产物生成。

$$C_6H_5{-}CO{-}C_6H_5 \xrightarrow{NH_2NH_2} C_6H_5{-}C({=}N{-}NH_2){-}C_6H_5 \xrightarrow[DMSO,\ -N_2]{\text{叔丁醇钾}} C_6H_5CH_2C_6H_5 \quad 95\%$$

2. 反应特点

W－K－黄鸣龙还原反应弥补了Clemmensen还原反应的不足，其特点：不会生成副产物醇或不饱和化合物；能适用于对酸敏感的羰基化合物（如含吡咯、四氢呋喃等结构）的还原；对于甾体羰基化合物及难溶的大分子羰基化合物尤为合适；反应受空间效应影响较小，一般位阻较大的酮基也可被还原，但共轭羰基的还原有时伴有双键的移位；具有良好的基团选择性，分子中有双键、硝基存在时，还原反应不受影响；肼的毒性较大，使用时应注意防护；若结构中存在对高温和强碱敏感的基团时不能采用上述反应条件。

（五）金属复氢化合物还原

金属复氢化合物中最重要的是氢化铝锂、氢化硼钠和氢化硼钾。这类还原剂中的氢是负离子H^-，它对 >C=O 、>C=H— 、—N=O 、>S=O 等极化双键可发生亲核进攻而加氢，但是对于极化程度比较弱的双键则一般不发生加氢反应。其中四氢铝锂的还原能力较强，可被还原的官能团范围广，四氢硼钠和四氢硼钾的还原能力较弱，可被还原的官能团范围较狭，但还原选择性较好。这类还原剂价格很贵，目前只用于制药工业和香料工业。

1. 四氢铝锂

四氢铝锂遇到水、酸、含羟基或巯基的有机化合物会放出氢气而生成相应的铝盐。用四氢铝锂时，要用无水乙醚或四氢呋喃等醚类溶剂，这类溶剂对四氢铝锂有较好的溶解度。四氢铝锂虽然还原能力较强，但价格比四氢硼钠和四氢硼钾贵，限制了它的使用范围。其应用实例列举如下。

（1）酰胺羰基还原成亚甲基或甲基

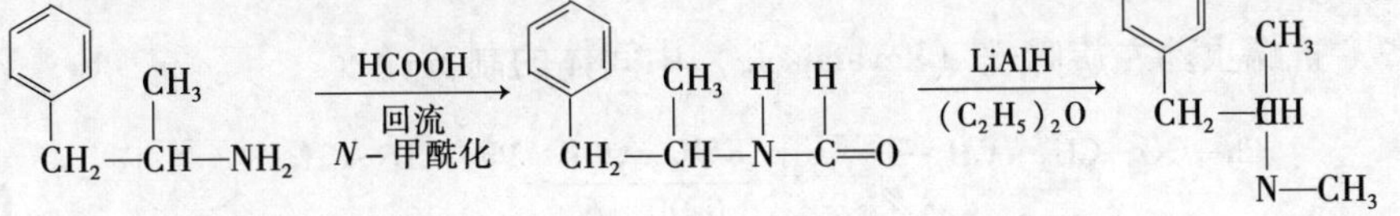

HCOOH，回流，N－甲酰化；LiAlH，$(C_2H_5)_2O$

（2）羧基还原成醇羟基

$LiAlH_4/(C_2H_5)_2O$，室温→回流

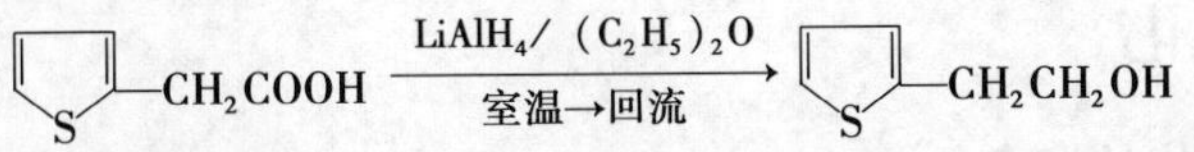

（3）酮羰基还原成醇羟基

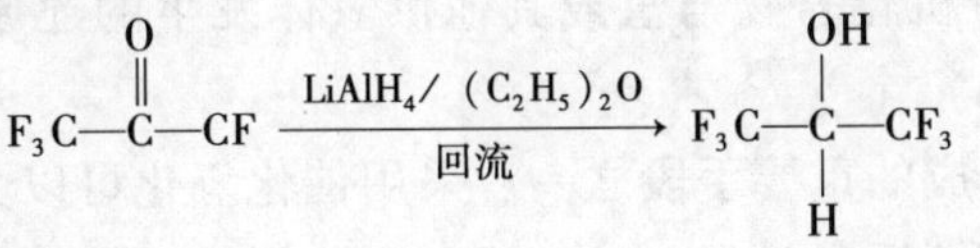

$LiAlH_4/(C_2H_5)_2O$，回流

2. 硼氢化钠和硼氢化钾

硼氢化钠（钾）不溶于乙醚，在常温可溶于水、甲醇和乙醇而不分解，可以用无水甲醇、异丙醇或乙二醇二甲醚、二甲基甲酰胺等作溶剂。硼氢化钠比硼氢化钾价廉，但较易潮解。硼氢化钠（钾）是将醛、酮还原成醇的首选试剂。其应用实例列举如下。

（1）环羰基还原成环羟基

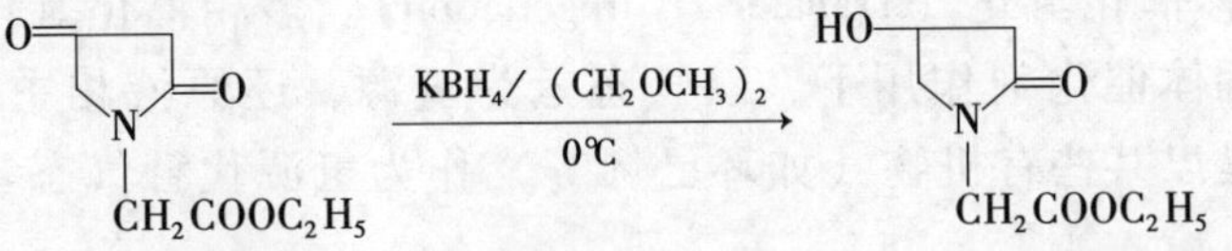

$KBH_4/(CH_2OCH_3)_2$，0℃

此例中，只选择性地还原了一个环羰基，而不影响另一个环羰基和羧酯基。

（2）醛羰基还原成醇羟基

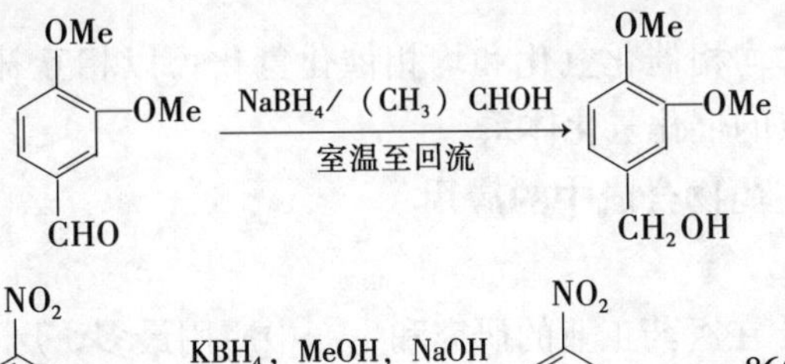

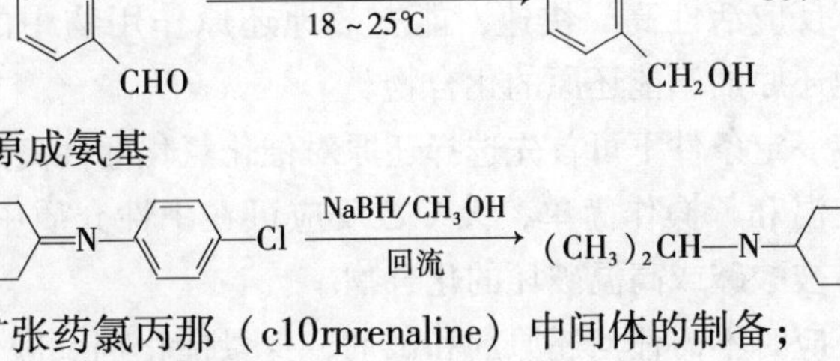

$NaBH_4/(CH_3)CHOH$，室温至回流

KBH_4，MeOH，NaOH，18～25℃　86%

（3）亚氨基还原成氨基

$NaBH/CH_3OH$，回流

例 6　支气管扩张药氯丙那（c10rprenaline）中间体的制备；

$$\text{2-ClC}_6\text{H}_4\text{COCH}_2\text{Br} \xrightarrow[25℃,\ 5h]{KBH_4,\ EtOH} \text{2-ClC}_6\text{H}_4\text{CH(OH)CH}_2\text{Br}\quad 86\%$$

例 7 抗蠕虫药左旋咪唑（Levamisole）中间体的制备：

$$\text{Ph—CO—CH}_2\text{—CH}_2\text{—N(噻唑烷-2-酮)} \xrightarrow[NaOH,\ \triangle]{KBH_4,\ EtOH} \text{Ph—CH(OH)—CH}_2\text{—N(噻唑烷-2-酮)}$$

二、催化氢化

（一）催化氢化的概念

在催化剂存在下有机化合物与氢或其他供氢体发生的还原反应，称为催化氢化（Catalytic Hydrogenation）。

催化氢化是药物合成的重要手段之一。采用催化氢化可以大大降低产品成本，提高产品质量和收率，缩短反应时间，减少“三废”污染。特别是制备用化学还原等方法不能得到的化合物时更具有优越性。

（二）催化氢化的类型

催化氢化按作用物和催化剂的存在形态，大体上可以分为非均相催化氢化和均相催化氢化（Homogeneous Catalytic Hydrogenation）。

非均相催化氢化按氢源不同，又可分为多相催化氢化（Heterogeneous Hydrogenation）和转移催化氢化（Transfer Hydrogenation）。多相催化氢化是指在有不溶于反应介质的固体催化剂作用下，以气态氢为氢源，还原液相中作用物的反应；转移催化氢化是以某些有机物（如环己烯等）作为氢源代替气态氢使作用物还原的反应。

均相催化氢化是指在溶于反应介质中催化剂的作用下，以气态氢为氢源还原作用物的反应。

在实际应用中，非均相催化氢化和均相催化氢化可以相互补充，形成了一个比较理想的、有着各自特点的催化氢化体系。

（三）催化氢化在药物合成中的应用

1. 多相催化氢化

（1）多相催化氢化在医药工业的研究和生产中应用最多，历史也最长。其特点为：

①还原范围广、反应活性高、快速，能有效地还原作用物中的多种不饱和基团，也能还原一些用其他还原剂不能还原的化合物。

②选择性好，在一定条件下可首先选择还原对催化氢化活性高的基团。

③反应条件比较温和、操作简单，大多数反应可在中性介质中于常压、室温条件进行，尤其适合于易被酸碱或高温破坏的化合物。

④经济适用，反应时不需任何还原剂和试剂，少量催化剂及廉价的氢气即可完成，适合于大规模连续生产，易于自动控制。

⑤后处理方便，反应后滤除催化剂，蒸出溶剂，即可得到产物，催化氢化反应干净，不会造成污染。

⑥对催化剂的设计和改进还需进一步完善。同时，氢气易燃，易与空气形成爆炸性混合物，使用时应注意防火防爆。

催化氢化还原大多是经验性的，缺乏系统的理论指导。但在药物合成中，又有非常重要的地位。所以，应用催化氢化还原进行药物合成时，需吸取前人的经验，并在实践中不断探索完善。

（2）多相催化氢化还原在药物合成中应用较多的是：

①烯烃的氢化　烯烃经氢化还原为烷烃，催化剂常常为钯、铂和镍。烯烃为气体时，可先与氢气混合，再通过催化剂；当烯烃为液体或固体时，可以溶解在惰性溶剂中，加催化剂后通入氢气，搅拌反应。

单烯烃的还原，随烯键上取代基数目及大小都将影响其氢化活性，通常随取代基的增加而活性降低。如：无取代烯键（乙烯）＞单取代烯键＞二取代烯键＞三取代烯键＞四取代烯键；末端烯键＞顺式内部取代烯键＞反式内部取代烯键＞三取代烯键＞四取代烯键。

二烯和多烯在一定条件下可以部分氢化或完全氢化，部分氢化时，烯键的优先还原与作用物的结构、催化剂的种类、双键的位置以及是否共轭等有关。如雄激素美雄酮（Metandienone）的中间体是醋酸孕甾双烯醇酮中 C_{16} －双键优先被还原的产物。

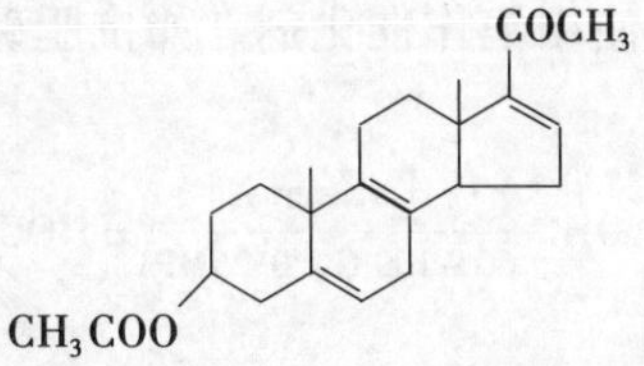

烯键氢化是催化氢化的主要应用，用其他方法很少能圆满完成这类反应。许多药物及其中间体的制备都涉及到烯键的氢化，如解痉药新握克丁（Octamylamine）中间体的合成。

$$(CH_3)_2CHCH_2CH{=}CHCOCH_3 \xrightarrow[1.5MPa,\ 50℃]{H_2/Pt—C} (CH_3)_2CH\ (CH_2)_3COCH_3$$

冠状动脉扩张药维拉帕米（Verapamil）中间体的合成。

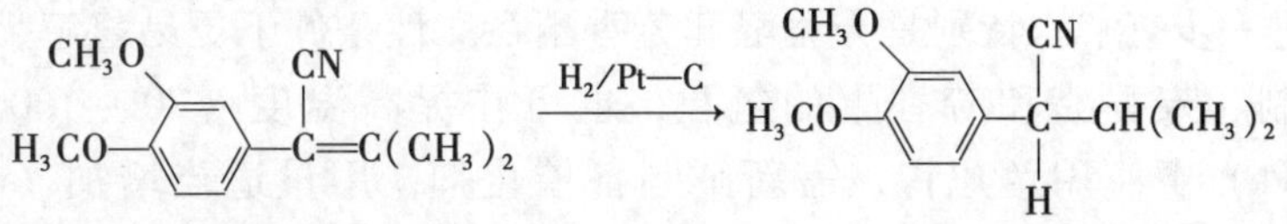

孕激素双炔失碳酯（Anorethindrane Dipropionate）中间体的合成。

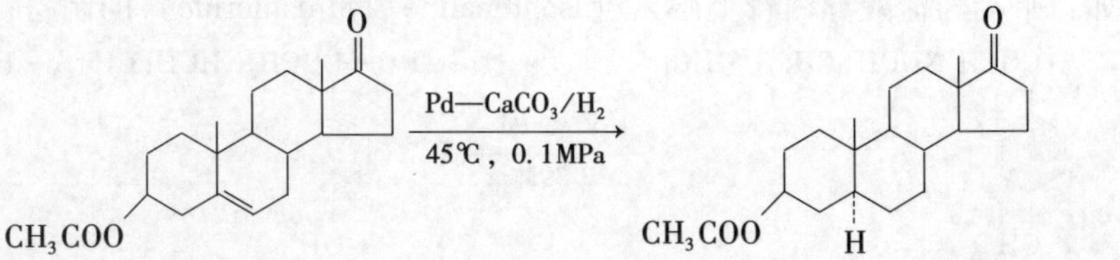

②炔烃的氢化　炔烃易被氢化，首先是氢与炔进行顺式加成，生成烯烃；然后进

一步氢化，生成烷烃。控制反应温度、压力和通氢量等，可以使反应停留在烯烃阶段（半氢化）。如：维生素 A（Vitamine A）中间体的合成。

$$\xrightarrow[\text{Pd (OAc)}_2\text{/Bi (NO}_3)_3]{H_2/Pd—CaCO_3}$$

OH　　OH

炔烃还原所用的催化剂通常为钯、铂、兰尼镍等，在常温常压下能迅速反应。控制适当条件，可优先还原炔键，分子中的其他基团（除芳硝基和酰卤）常常能保留下来，如利尿药螺内酯（安体舒通，Spironolactone）中间体的制备。当分子中有多个炔键时，末端的炔键优先被还原，位阻小的炔键优先还原。

$$\xrightarrow[0.1MPa，25℃，pH8\sim9]{H_2/Raney\ Ni/C_2H_5OH}$$

OH　C—$COOC_2H_5$　C　HO　　OH　CH_2　CH_2　$COOC_2H_5$　HO

③醛和酮的氢化　醛、酮的氢化还原最常用的催化剂是兰尼镍、铂和钯，还原后生成醇，高温氢化则生成饱和烃。

脂肪醛和脂肪酮大多用铂作催化剂：并加入一定量的助催化剂氯化铁和氯化亚锡，并且酸对反应有促进作用；用兰尼镍作催化剂时，须提高反应温度和压力；高活性兰尼镍，如 W－6 型，同时加入一定量的氢氧化钠、三乙胺等碱性物质助催化，在低温、低压下反应进行良好。一般不使用钯作催化剂。如抗胆碱药格隆溴铵（Glyeopyrronium Bromide）中间体的制备；

$$HOCH_2—\underset{\underset{O}{\|}}{C}—CH_2CH_2OH \xrightarrow[60\sim100℃，0.25MPa]{H_2/Raney\ Ni} HOCH_2—\underset{\underset{OH}{|}}{C}—CH_2CH_2OH$$

扩血管药环扁桃酯（Cyclandelate）中间体的制备；

$$\xrightarrow[130℃，0.68MPa]{H_2/Raney\ Ni}$$

OH

芳香醛和芳香酮通常用钯催化氢化，在常温低压下，控制吸氢量（消耗 1mol 氢后反应终止）和催化剂用量（作用物的 5%～7%），可使反应停留在氢化阶段，得到醇，否则，醇会进一步氢解。特别是芳香醛和芳香酮在酸性条件下更易氢解，可通过加少量碱进行抑制。芳香醛和芳香酮的氢化，也可在提高温度（70～100℃）和压力（4.9～9.8MPa）下使用兰尼镍，需新鲜制备催化剂，用量适当增加（占作用物的 20%～30%），并加些碱助催化。

例如，平喘药盐酸异丙肾上腺素（Isoprenaline Hydrochloride）的制备；

$COCH_2NHCH(CH_3)_2 \cdot HCl$　$\xrightarrow[0.39MPa]{H_2/5\%\ Pd-C}$　$HO—COCH_2NHCH(CH_3)_2 \cdot HCl$

OH　　OH

抗菌药黄连素（Berberine）中间体的制备；

$$\text{(3,4-亚甲二氧基苯甲醛)} \xrightarrow[0.1MPa,\ 60℃\sim65℃]{H_2/Raney\ Ni} \text{(产物)}$$

含碱性基团的醛酮的氢化，一般用兰尼镍催化。如降血脂药利贝特（Lifibrate）中间体的制备；

$$H_3C-N\langle\rangle=O \xrightarrow[0.49MPa,\ 25℃]{H_2/Raney\ Ni} H_3C-N\langle\rangle-OH$$

④硝基、亚硝基、亚氨基化合物的氢化　硝基、亚硝基、亚氨基化合物的氢化通常用钯、铂或兰尼镍催化，最终形成胺。硝基、亚硝基是易还原的基团，当与芳环连接时，更容易还原，且反应条件温和，许多反应可在室温、常压、用少量催化剂的条件下顺利进行，并放热。当不与芳环连接时，反应速度较慢，这时，需加大催化剂的用量，提高反应的压力，但容易出现较多副反应。

例如，抗心律失常药普鲁卡因胺（Procainamide）中间体的制备；

$$O_2N-C_6H_4-CONHCH_2CH_2N(C_2H_5)_2 \xrightarrow[110\sim120℃,\ 5.9\sim6.7MPa]{H_2/Raney\ Ni/C_2H_5OH} H_2N-C_6H_4-CONHCH_2CH_2N(C_2H_5)_2$$

中枢兴奋药咖啡因（Caffeine）中间体的制备；

$$\text{(NOH, NH, }H_3C-N,\ N-CH_3\text{ 嘧啶二酮)} \xrightarrow[40\sim60℃,\ 0.3MPa,\ 1.5\sim2.0h]{H_2/Raney\ Ni/H_2O} \text{(}NH_2,\ NH_2\text{ 产物)}$$

⑤腈的氢化　腈氢化还原成伯胺是药物合成中引入氨基的重要方法之一，在制备脂肪胺类化合物时经常应用。常在醋酸或其他酸性介质中，用钯或铂催化还原以防止仲胺副产物的生成。

2. 转移催化氢化

转移催化氢化是以有机化合物作为给氢体，代替气态氢源。如：

$$2\ C_6H_5CH=CH-COOH + \text{环己烯} \xrightarrow[0.1MPa,\ 回流]{Pd-C/二甲苯} 2\ C_6H_5CH_2CH_2COOH + C_6H_6$$

转移催化氢化不需在压力下氢化，反应条件比较温和；操作简便，不需特殊设备；具有较高的选择性，给氢体可以定量加入，容易控制；产物收率好，纯度高。但具有一定的局限性。给氢体比氢价格高，氢化活性低，反应液中多了给氢体脱氢后的产物，有时会给产物提纯带来麻烦。

转移催化氢化是在20世纪50年代逐渐发展起来的。主要用于还原烯键、炔键、硝基、氰基、偶氮基、氧化偶氮基，也可用于碳－卤键、苄基和烯丙基的氢解。酮、酸、酯、酰胺等羰基化合物则不易被还原。许多不同类型的烯键能用转移催化加氢，且产率高；炔类可在控制加氢时得到顺式烯烃。如：

$$CH_2{=}CH{-}(CH_2)_5CH_3 \xrightarrow[\text{回流}]{\text{环己烯/Pd}} CH_3(CH_2)_6CH_3$$

70%

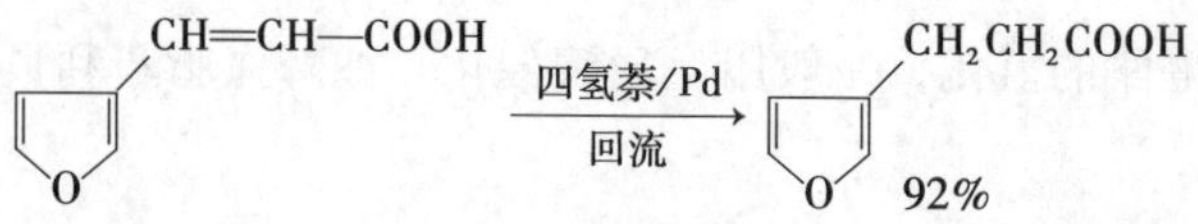

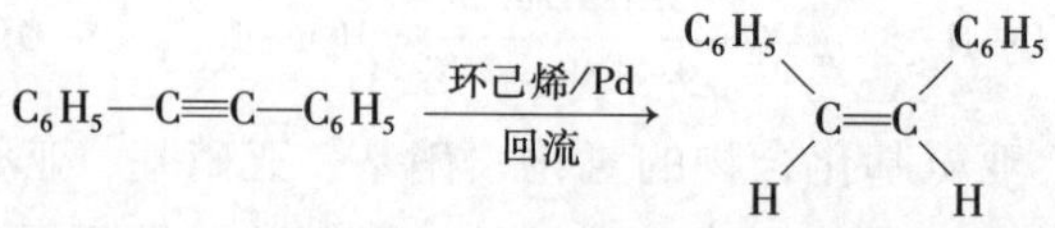

$$\text{3-呋喃基}{-}CH{=}CH{-}COOH \xrightarrow[\text{回流}]{\text{四氢萘/Pd}} \text{3-呋喃基}{-}CH_2CH_2COOH$$

92%

$$C_6H_5{-}C{\equiv}C{-}C_6H_5 \xrightarrow[\text{回流}]{\text{环己烯/Pd}} (C_6H_5)HC{=}CH(C_6H_5)$$

转移催化氢化可用于某些药物的合成，如6－次甲基－11－酮－17α－羟基黄体酮在钯－碳酸钙催化下，以环己烯为供氢体，可得到6α－甲基强的松龙。但应用较少，还需进一步开发利用。

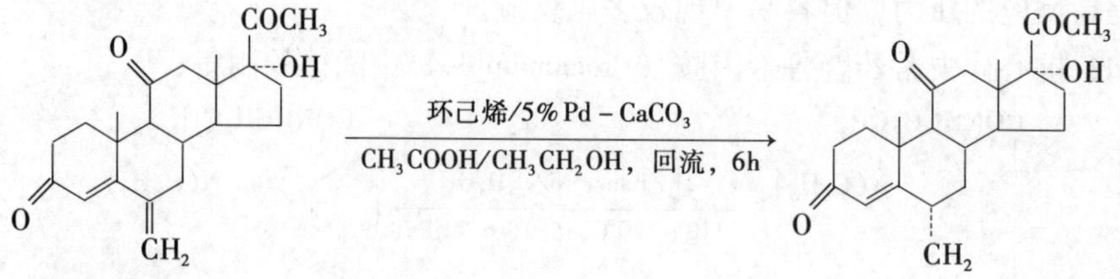

$$\xrightarrow[CH_3COOH/CH_3CH_2OH，\text{回流，6h}]{\text{环己烯}/5\%\,Pd-CaCO_3}$$

3. 均相催化氢化

均相催化氢化是近几年发展起来的一种新的催化氢化反应。其主要特点是催化剂呈配位分子状态溶于反应介质中，具有活性大、条件温和，选择性好，催化剂不易中毒等优点。氢化时，不会导致烯键异构化和氢解反应，并可用于不对称氢化还原。

均相催化氢化的催化剂常用的是金属铑、钌、铱的三苯基膦配位化合物，如氯化三苯膦络铑［$(Ph_3P)_3RhCl$］、氢氯三苯膦络钌［$(Ph_3P)_3RuClH$］、氢化三苯膦络铱［$(Ph_3P)_3IrH$］等。这些催化剂的分子中有9个苯基，在有机溶剂中有很大的溶解度，是液相反应中的均相催化剂。

均相催化氢化反应具有选择性还原烯键和炔键的特点。并且对位阻小的末端烯键和环外烯键还原活性较大；对空间位阻较大的烯键，如多取代烯键、环内烯键的还原活性较小。对硝基、羰基、腈基等基团不还原。

例如，里哪醇还原成二氢里哪醇：

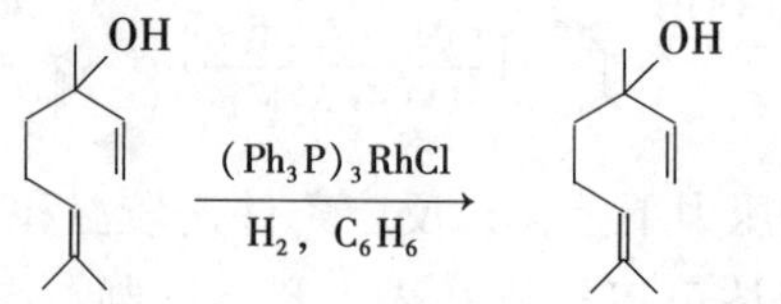

$$\text{里哪醇} \xrightarrow[H_2，C_6H_6]{(Ph_3P)_3RhCl} \text{二氢里哪醇}$$

目标检测题

一、简答题

1. 什么叫还原反应？化学还原剂分哪几大类？
2. 影响 M－P－V 还原的主要因素有哪些？
3. 什么叫多相催化氢化？影响多相催化氢化的主要因素有哪些？
4. 什么叫克莱门森还原？

二、完成下列反应

1. $p\text{-}O_2N\text{-}C_6H_4\text{-}COOH \xrightarrow[90\sim106℃,\ 1H]{Fe,\ HCl}$

2. $C_6H_5COCH_2CH_2COOH$ —
   - $\xrightarrow{Zn-Hg,\ HCl}$
   - $\xrightarrow{LiAlH_4}$
   - $\xrightarrow{NaBH_4}$
   - $\xrightarrow{B_2H_6,\ THF}$

3. 2-呋喃甲醛（CHO）$\xrightarrow[H_2\ \ Raney\ Ni]{CH_3NH_2}$

4. $C_6H_5\text{-}CH{=}CH\text{-}CO\text{-}CH_3 \xrightarrow{Zn-Hg,\ HCl}$

三、扑热息痛与盐酸普鲁卡因的制备过程中，分别有如下反应：

$$4HO\text{-}C_6H_4\text{-}NO_2 + 9Fe + 4H_2O \xrightarrow[100\sim105℃]{少量\ HCl} 4HO\text{-}C_6H_4\text{-}NH_2 + 3Fe_3O_4$$

$$4HOOC\text{-}C_6H_4\text{-}NO_2 + 9Fe + 4H_2O \xrightarrow[40\sim45℃]{少量\ HCl} 4HOOC\text{-}C_6H_4\text{-}NH_2 + Fe_3O_4$$

试扼要回答：

1. 反应体系中，Fe、H_2O、HCl 的作用各是什么？
2. 第一个反应为什么控制温度 100～105℃进行，而第二个反应在 40～45℃进行？

四、根据合成工艺画出设备工艺流程图

在不锈钢还原釜内一次性投入 2，3，4－三氟硝基苯、铁屑、水和乙酸，开启搅拌

和蒸汽加热系统，慢慢升温至回流，并保持平稳回流3～5h。

反应结束后，稍冷却，加碳酸氢钠中和至pH≈8.5。接着进行水蒸气蒸馏，直至馏出物不含油珠。馏出物冷却分层，并分去水层，有机层则去蒸馏釜，先加入苯进行共沸脱水，最后进行真空蒸馏，收集6.4kPa下90～93℃的馏分，即得产品2，3，4－三氟苯胺。

第七章

烃化反应技术

第一节　烃化反应的基本化学原理

在有机化合物分子中的碳、氮、氧等原子上引入烃基的反应称为烃化反应（Hydrocarbylation Reaction）。引入的烃基包括饱和的、不饱和的、脂肪的、芳香的，以及具有各种取代基的烃基。

烃基的引入方式主要是通过取代反应，也可通过双键加成实现烃化。

$$R—O—H + X—R' \longrightarrow R—O—R'$$

$$R—O—H + CH_2═CH—CN \longrightarrow R—O—CH_2—CH_2—CN$$

一般 ROH 称为被烃化物，RX，$H_2C═CH—CN$ 一般称为烃化剂。

烃化反应按被烃化物的结构可分为：氧原子上的烃化反应、氮原子上的烃化反应和碳原子上的烃化反应。常见的被烃化物有醇（ROH），酚（ArOH）等，在羟基氧原子上引入烃基、胺类（RNH_2）；在氨基氮原子上引入烃基，活性亚甲基（$—CH_2—$），芳烃（ArH）等；在碳原子上引入烃基。

烃化反应也可按使用的烃化剂分类，即卤代烃类烃化剂、硫酸酯和芳磺酸酯类烃化剂、环氧烷类烃化剂、其他烃化剂。最常用的烃化剂有卤代烃类，硫酸酯和芳磺酸酯及其他酯类，环氧烷类，醇类，醚类，烯烃类，以及甲醛，甲酸，重氮甲烷等。

根据反应机理烃化反应可分为：亲核取代反应和亲电取代反应。烃化反应的机理，多属亲核取代反应（S_N1 或 S_N2），被烃化物中带负电荷或未共用电子对的氧、氮、碳原子向烃化剂带正电荷的碳原子作亲核进攻。在催化剂存在下，芳环上引入烃基的则属亲电取代反应。

第二节　反应操作实例——2，4，4′-三氯-2′-硝基二苯醚的制备

一、生产工艺

向反应釜中加入 100kg 的水，220kg 氢氧化钾，600kg 预先融化的 2，4-二氯苯酚，在 80℃以下，加入 300kg 2，5-二氯硝基苯，于 120℃反应 2 小时，降温至 80℃，再加入 300kg 2，5-二氯硝基苯于 145℃～150℃反应 5 小时，将 1600L 乙醇慢慢放入反应釜，降温、结晶、压滤、热水洗涤即得成品。

$$\text{(OH, Cl, Cl)} + KOH + \text{(Cl, NO}_2\text{, Cl)} \longrightarrow \text{Cl–(Cl)–O–(O}_2\text{N)–Cl} + KCl + H_2O$$

制备工艺流程见图 7－1。

二、岗位安全操作法

(一) 总则

1. 上岗前换好工作服，带防护帽和手套。
2. 按时上岗，做好交接班。
3. 上岗后检查生产是否正常，检查设备、阀门、仪表、水、电、汽是否正常。
4. 严格按要求操作，认真填写操作记录表和物料流转单。
5. 发现问题及时汇报解决。
6. 度量衡器定期校验，物料称量采取二人复核制。

(1) 岗位任务

①按照生产任务规定的批产量计算各种原料的用量，并称量备料；

②按工艺要求将合格的 2，4－二氯苯酚、2，5－二氯硝基苯于烃化釜内进行烃化反应，并在乙醇溶液中结晶。

③将结晶物经压滤与乙醇母液分离，然后温水洗至合格。

④出料，负责通知分析员取样。

⑤进行设备、厂房清洁卫生，与下一班次人员交接班。

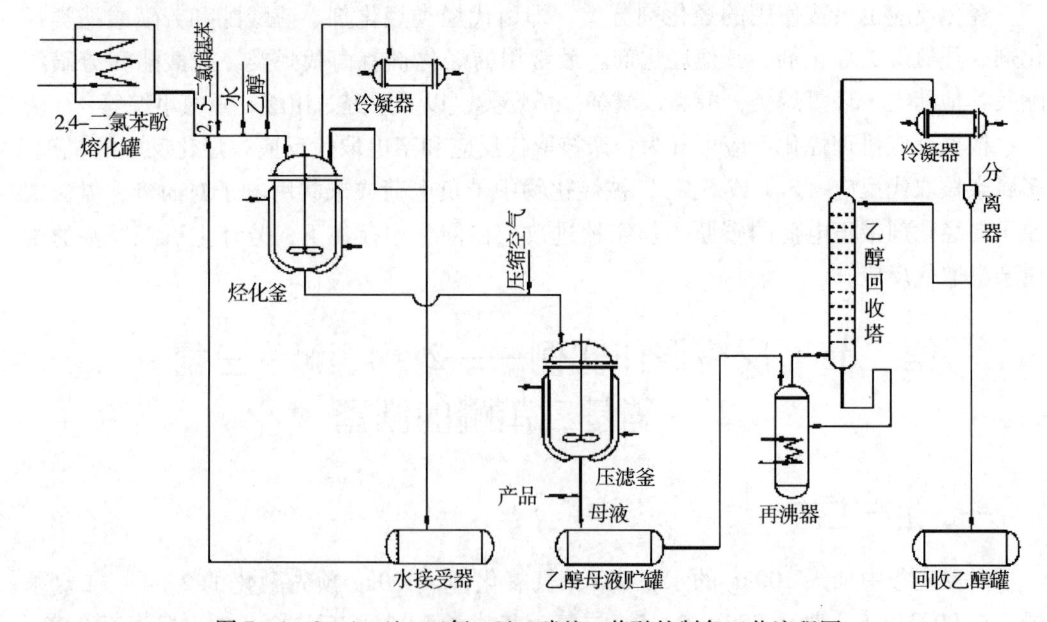

图 7－1　2，4，4′－三氯－2′－硝基二苯醚的制备工艺流程图

（二）操作方法

1. 在热水池中预先融化2，4－二氯苯酚。

2. 将水打入水计量槽，并将水定量放入烃化釜。

3. 启动烃化釜搅拌，夹套通冷却水，开冷凝器冷却水，开蒸出系统各阀门，打开烃化釜人孔，将计量好的氢氧化钾从此孔加入，密封加料孔。

4. 将2，4－二氯苯酚计量抽入反应釜，控制约30min加完。

5. 待温度降至80℃以下，打开人孔，将预先计量好的2，5－二氯硝基苯的一半量加入，密封人孔口，开始夹套通蒸汽，升温反应。

6. 当温度升至100℃时，夹套停止通蒸汽，冷凝器冷却水调至很低流量（以出水管温热为好），待反应釜内温度升至120℃，保持2h。

7. 降温至约80℃，开人孔，将另一半量2，5－二氯硝基苯加入，夹套通蒸汽升温。

8. 待釜内温度升至145℃～150℃，保持此状态搅拌反应5h，反应过程水分不断蒸出，并带出少量的2，5－二氯硝基苯，此2，5－二氯硝基苯收集在接收罐中，下次投料时再投入。

9. 开回流系统各阀门，将计量好的乙醇慢慢放入反应釜，放完后降温。

10. 当温度降至50℃时，开人孔，倒入少量晶种，密封人孔，继续降温至25℃。

11. 联系压滤岗位，开出料底阀出料。出料完毕，向反应釜内放1000L水，搅拌，夹套通蒸汽升温至50～60℃，待压滤岗位将乙醇母液压净后放入压滤釜洗涤用。

12. 通过空压机向压滤釜施以2kgf/cm^{2}的压力进行压滤，先将乙醇母液压至乙醇母液接受罐，然后放空，加入热水进行洗涤压滤，热水（50～60℃）每次用量1000～1500L，共洗约4次，直至洗出的水pH 7。

13. 压滤结束后，开启压滤釜三个出料孔，将物料扒出，通知分析员取样，并将产物装入铁桶称重，标明批号，放入车间内中间体待检区。

（三）注意事项

1. 投料前反应釜用水试检查底阀。

2. 2，5－二氯硝基苯投料必须分两次，每次需将前次反应过程中的随水蒸气带出的2，5－二氯硝基苯补入烃化釜。

3. 操作中若出现不正常情况，应立即报告有关人员并采取相应措施。

4. 结晶过程中必须加晶种。

（四）安全防火和劳动保护

本工段所用原料2，4－二氯苯酚、2，5－二氯硝基苯均为可燃有害物质，乙醇为一级易燃易爆物质，氢氧化钾有强腐蚀性，为了确保安全生产必须严格遵守安全技术规则。

1. 本工段区域系一级防火防爆区，在此区域严禁明火，并遵守《安全生产制度》。

2. 本工段所有设备管道均应接地，防静电火花。

3. 本工段区域内机动车辆及电瓶车未经批准和不携带阻火器不准入内，事故情况严禁入内。

4. 本工段区域内有关物料管道、设备动火前应进行扫洗，并检验合格，签发动火许可证后方可动火。

5. 新来工人均须经过培训，技术、安全考试合格后，方可独立操作。

6. 所有操作人员均应熟练掌握本工艺操作法，加强岗位责任制，严格执行与安全生产有关的其他规章制度，保证安全生产。

（五）原料及中间体安全知识

1. 2，4-二氯苯酚

本品是一种有机合成中间体，白色针状结晶。熔点45℃，沸点209～210℃，相对密度1.3883（60℃）。难溶于水，20℃时100g水中溶解0.45g，易溶于乙醇、醚、苯、三氯甲烷和四氯化碳。本品腐蚀性较强，能烧伤皮肤，刺激眼睛和上呼吸道，中毒严重者，产生贫血及各种神经系统症状。对皮肤过敏者，能引起皮炎而难治愈。质量指标：熔点≥34℃，相对密度1.40～1.408（40℃）。

2. 2，5-二氯硝基苯

本品是染料中间体，浅黄色片状或柱状结晶。熔点56℃，沸点267℃，相对密度1.669。不溶于水，溶于三氯甲烷、乙醚、热乙醇和二硫化碳。本品毒性：对皮肤及黏膜有刺激作用，但毒性比一氯硝基苯低。小鼠经口LD_{50}为5089mg/kg。

3. 氢氧化钾

白色片状固体，不可燃，与潮气或水接触可能产生足够的热量，引燃可燃物质，该物质是一种强碱，与酸能发生强烈反应，在潮湿空气中对金属如锌、铝、锡、铅有强腐蚀性生成可燃的H_2，该物质对眼睛、皮肤和呼吸道有很强的腐蚀，能严重烧伤接触部位，因此接触必须戴好防护手套。

第三节 烃化反应操作常用知识

一、常用烃化剂及其特点

烃化剂的种类很多，在药物及中间体合成上选用烃化剂时，要根据反应的难易、制取的繁简、成本的高低、毒性的大小以及产生副反应的多少等情况综合考虑，还要同时考虑选用适宜的溶剂和催化剂。烃化反应的难易，取决于被烃化物的亲水性，也决定于烃化剂的结构及离去基团的性质。

（一）卤代烃类烃化剂

卤代烃是药物合成中最重要、应用最广泛的一类烃化剂。卤代烃的结构对烃化反应的活性有较大的影响。当卤代烃中的烃基相同时，不同卤素对C-X键的影响不同，卤原子的原子半径越大，所成键的极化度越大，反应速度越快。

不同卤代烃的活性次序为：RF < RCl < RBr < RI。RF活性很小，且不易制得，在烃化反应中应用很少；RI活性最大，但价格较贵，稳定性差，不易得到，易发生副反应，所以应用也很少。在烃化反应中应用较多的卤代烃是RBr和RCl，二者的活性可以达到反应的要求，同时又容易制得（可通过卤化氢对双键的加成、卤素取代及醇的卤素置

换等反应制得)。

一般摩尔质量小的卤代烃的反应活性比分子量大的卤代烃更强一些。在引入摩尔质量更大的长链烃基时，选用活性较大的 RBr 多一些。此外，当所用卤代烃的活性不够大时，常需加入适量的碘化钾（卤代烃的 1/10 ~ 1/5mol)，使卤代烃中卤原子被置换成碘，有利于反应进行。

如果卤原子相同，则伯卤代烃的反应最好，仲卤代烃次之，叔卤代烃常会出现严重的消除反应，生成大量的烯烃。故不宜直接采用叔卤代烃进行烃化反应。

由于卤代烃类烃化剂的烃基可以取代多种功能基上的氢原子。因此，广泛用于氧、氮、碳原子等的烃化。

（二）硫酸酯和芳磺酸酯类烃化剂

常用的硫酸酯类烃化剂有硫酸二甲酯和硫酸二乙酯，它们可分别由甲醇、乙醇与硫酸作用制得。价格较贵，只能用于甲基化和乙基化反应，所以应用不如卤代烃广泛。硫酸二酯分子中有两个烷基，但通常只有一个参加反应。由于它们是中性化合物，水溶性低，较高温度时易水解成醇和硫酸氢酯（$ROSO_2OH$)。通常将硫酸二酯加到含被烃化物的碱性水溶液中进行反应，碱可增加被烃化物的反应活性并能中和反应生成的硫酸氢酯，也可在无水条件下直接加热进行烃化。

硫酸二酯类沸点较高，能在较高温度下反应而不需加压。因反应活性大，用量不需要过量很多。硫酸二酯中应用最多的是硫酸二甲酯，毒性非常大，易经呼吸道及皮肤接触而中毒，所以使用时应注意防护，反应液需用氨水或碱液分解。

芳磺酸酯也是一类强烃化剂。通常由芳磺酰氯与相应的醇在低温下反应制得。

$$ArSO_2Cl + ROH \xrightarrow{NaOH} ArSO_2OR + HCl$$

如：

$$CH_3C_6H_4SO_2Cl \xrightarrow[pH6.4\sim8,\ 0\sim20℃]{C_2H_5OH/NaOH} CH_3C_6H_4SO_2OC_2H_5 \quad 80\%$$

芳磺酸酯中应用最多的是对甲苯磺酸酯（TsOR)，TsO 是很好的离去基团，R 是简单的或复杂的、带有各种取代基的烃基。其应用范围比硫酸酯类广泛，可引入分子量较大的烃基。如：

$$CH_2(COOC_2H_5)_2 \xrightarrow[C_2H_5ONa]{TsO(CH_2)_2OC_6H_5} C_6H_5O(CH_2)_2CH(COOC_2H_5)_2$$

有些难烃化的羟基（如与邻位羰基形成氢键的羟基)，芳磺酸酯在剧烈条件下可顺利烃化。如：

$$\text{1-羟基蒽醌} \xrightarrow[180℃,\ 20min]{TsOCH_3/NaOH} \text{1-甲氧基蒽醌}$$

芳磺酸酯对脂肪胺的烃化，通常反应温度较低（25℃～110℃），而对芳胺的烃化，则反应温度较高。如：

$$\text{TsO-(甾体, }C_8H_{17}\text{)} \xrightarrow[\text{回流，10h}]{(C_2H_5)_2N(CH_2)_2NH_2/\text{甲苯}} (C_2H_5)_2N(CH_2)_2HN\text{-(甾体, }C_8H_{17}\text{)}$$

（三）环氧烷类烃化剂

环氧乙烷及其衍生物的分子内具有三元环结构，其张力较大，容易开环，能与分子中含有活泼氢的化合物（如水、醇、胺、活性亚甲基、芳环）加成形成羟烃化产物，是一类活性较强的烃化剂。

环氧乙烷及其衍生物的制备，常用相应的烯烃为原料，通过氯醇法或氧化法来完成。

$$CH_3-CH=CH_2 \xrightarrow{Cl_2/H_2} CH_3-\underset{OH}{CH}-\underset{Cl}{CH_2} \xrightarrow{OH^-} CH_3-CH\underset{O}{\diagdown\diagup}CH_2$$

$$C_6H_5-CH=CH_2 \xrightarrow{\text{过氧苯甲酸}} C_6H_5-CH\underset{O}{\diagdown\diagup}CH_2$$

由于环氧乙烷及其衍生物烃化活性强，又易于制备，与含活泼氢的化合物加成可得到羟烃化产物。因而广泛用于氧、氮、碳原子的烃化。

（四）其他烃化剂

除上述介绍的几种常用烃化剂外，还有甲醛－还原剂、有机金属烃化剂、醇类烃化剂、丙烯腈烃化剂、重氮甲烷等。

二、氧原子上的烃化反应

（一）卤代烃类为烃化剂

醇与卤代烃的反应：在醇的氧原子上烃化即可得到醚。醇与卤代烃的反应多用于混合醚的制备。醇在碱（钠、氢氧化钠、氢氧化钾等）的存在下，与卤代烃作用生成醚的反应称为威廉森（Williamson）反应。

$$R—O—H \xrightarrow{Na} R—O^- \xrightarrow{XR'} R—O—R' + X$$

由于卤代烃的结构不同，反应可分别按 S_N2 和 S_N1 机理进行。

S_N2 机理为：

$$RO^- + \underset{H\ \ H}{\overset{R'}{\overset{|}{C}^{\delta^+}}}—X^{\delta^-} \xrightarrow{\text{慢}} \left[RO\text{----}\underset{H\ \ H}{\overset{R'}{C}}\text{----}X \right] \longrightarrow R—O—CH_2—R' + X^-$$

S_N1 机理为：

$$R'X \xrightarrow[-X^-]{\text{慢}} R'^+ \xrightarrow{R\ddot{O}H} R'-\underset{H}{O^+}-R \xrightarrow{\text{快}} R'-O-R+H^+$$

酚与卤代烃的反应：酚的酸性比醇强，在碱性（氢氧化钠或碳酸钠等）条件下与卤代烃反应，很容易得到收率较高的酚醚。当反应液接近中性时，反应即基本完成。常用的反应溶剂为水、醇类、丙酮、DMF、苯或甲苯等。

$$R'C_6H_4OH + RX \xrightarrow{OH^-} R'C_6H_4OR' + X^- + H_2O$$

水与卤代烃的反应：卤代烃与水反应生成醇和卤化氢，为卤代烃的水解反应，是醇制备卤代烃的逆反应。

$$RX + HOH \longrightarrow R—O—H + HX$$

由于水是亲核性较弱的试剂，因此，只有反应活性很强的卤代烃才能与水发生缓和的水解反应。

$$(C_6H_5)_3C—Cl + HOH \xrightarrow[\text{回流，10min}]{} (C_6H_5)_3C—OH + HCl$$

强碱比水的亲核性及碱性要大得多，所以在强碱条件下可以加速卤代烃的水解，但此条件下仲、叔卤代烃极易消除卤化氢形成烯烃，故卤代烃的水解仅用于伯醇的制备。

卤代芳烃的水解一般不易进行，当芳环上带有强吸电子基时，卤代芳烃在碱性条件下可水解得到苯酚。

工艺影响因素

主要讨论醇与卤代烃反应的影响因素。

（1）烃化剂的结构：S_N2 反应是 RO—直接向卤代烃的 α－碳原子进行亲核进攻，立体效应影响较大，立体位阻是决定性因素；S_N1 反应则形成中间体碳正离子，碳正离子的稳定性起决定作用。

通常，CH_3X 和伯卤化烃主要按 S_N2 机理进行取代，仲卤代烃既有 S_N2 取代，也有 S_N1 取代，而叔卤代烃主要按 S_N1 进行，由于易发生副反应，一般不采用叔卤代烃进行烃化。

（2）碱和溶剂：反应中加入钠、氢氧化钠、氢氧化钾等强碱性物质，可使 ROH 转化为 RO—，亲核活性增强，反应加速。质子溶剂虽然有利于卤代烃解离，但能与 RO—发生溶剂化作用，明显降低 RO—的亲核活性，而极性非质子溶剂却能增强 RO—的亲核活性。所以常采用极性非质子溶剂如 DMF、苯、甲苯等；被烃化物醇若为液体，也可兼作溶剂使用；或将醇盐浮在醚类溶剂中进行反应。

（3）醇的结构：反应中醇可以有不同的结构。对于活性小的醇，必须先与金属钠作用制成醇钠，再进行烃化；对于活性大的醇，在反应中直接加入氢氧化钠等碱作为去酸剂，即可进行反应。

在酚与卤代烃的反应中，由于酚的酸性比醇强，在碱性条件下与卤代烃作用，很容易得到较高收率的酚醚。如果酚羟基的邻近位有羰基存在时，羰基与羟基之间容易形成分子内氢键，使该羟基难以烃化。如：一些中草药中含有的黄酮类化合物，其羰基邻近的羟基在较温和条件下不易烃化。

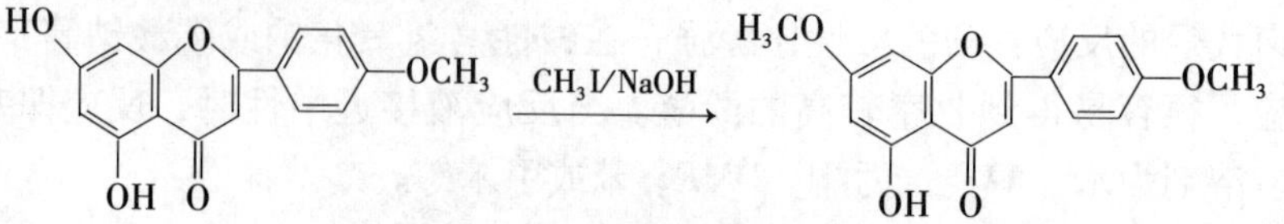

HO … OH O … $-OCH_3$ $\xrightarrow{CH_3I/NaOH}$ H_3CO … OH O … $-OCH_3$

应用实例

例 1 抗组胺药苯海拉明（Diphenhydramine）的制备：

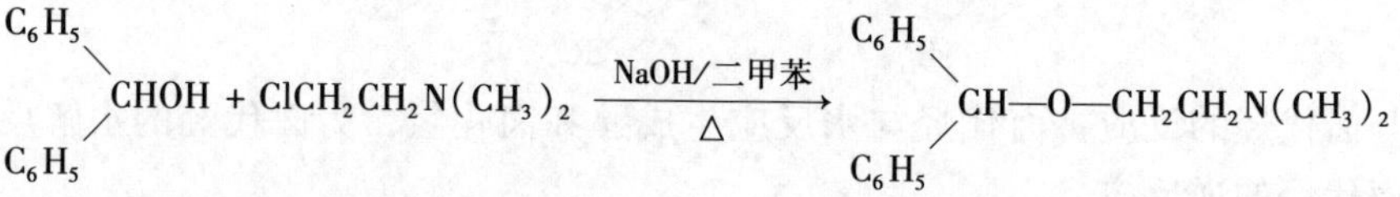

$$(C_6H_5)_2CHOH + ClCH_2CH_2N(CH_3)_2 \xrightarrow[\triangle]{NaOH/二甲苯} (C_6H_5)_2CH-O-CH_2CH_2N(CH_3)_2$$

例 2 中枢兴奋药甲氯酚酯（Meclofenoxate）的中间体对氯苯氧乙酸的制备：

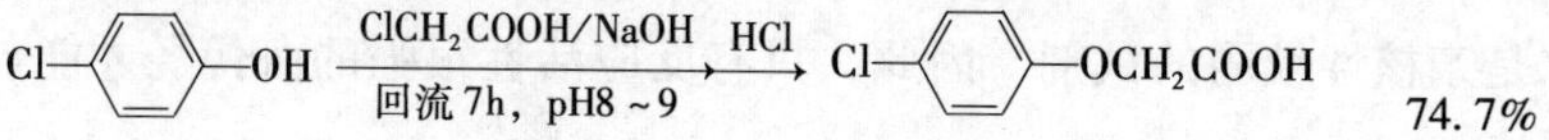

$$Cl-C_6H_4-OH \xrightarrow[回流 7h,\ pH8\sim9]{ClCH_2COOH/NaOH} \xrightarrow{HCl} Cl-C_6H_4-OCH_2COOH \quad 74.7\%$$

例 3 1-苄基-3-羟基吲唑钠与3-二甲氨基氯丙烷烃化，可生成消炎镇痛药苄达明（Benzydamine）：

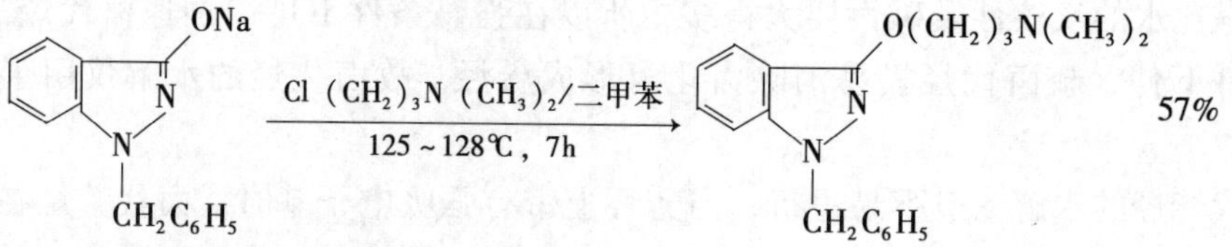

ONa，N，N，$CH_2C_6H_5$ $\xrightarrow[125\sim128℃,\ 7h]{Cl(CH_2)_3N(CH_3)_2/二甲苯}$ $O(CH_2)_3N(CH_3)_2$，N，N，$CH_2C_6H_5$ 57%

（二）硫酸酯和芳磺酸酯类为烃化剂

硫酸酯和芳磺酸酯也是常用的烃化剂。反应机理与使用卤代烃时的烃化反应相同。由于硫酸酯基和磺酸酯基比卤原子易脱离，其α-碳原子更易受负离子的亲核进攻。所以活性比卤代烃大，其活性次序为：$ROSO_2OR > ArSO_2OR > RX$。因此，使用硫酸酯和芳磺酸酯时，反应条件较卤代烃温和。

例 4 抗高血压药甲基多巴（Methyldopa）中间体的制备：

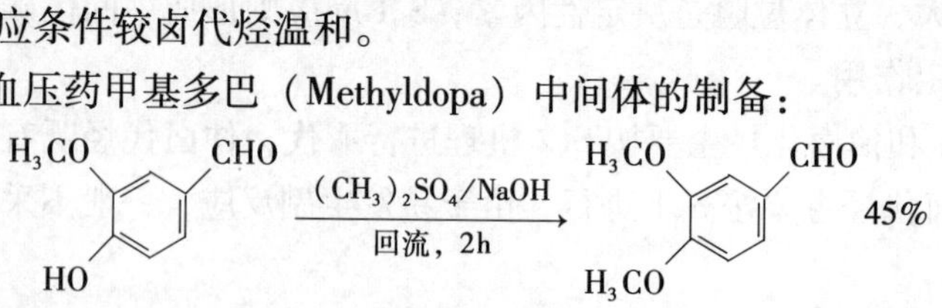

H_3CO，CHO，HO $\xrightarrow[回流,\ 2h]{(CH_3)_2SO_4/NaOH}$ H_3CO，CHO，H_3CO 45%

例 5 消炎镇痛药萘普生（Naproxen）中间体的制备：

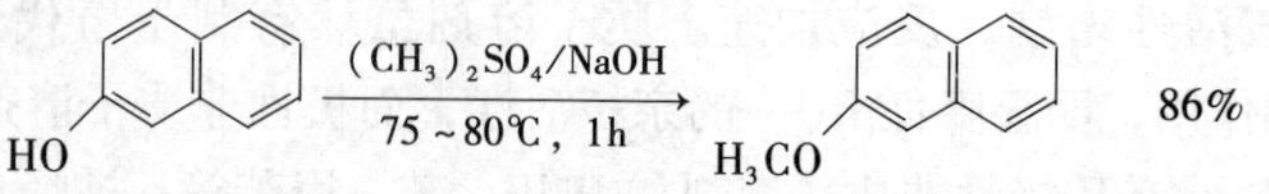

HO（萘） $\xrightarrow[75\sim80℃,\ 1h]{(CH_3)_2SO_4/NaOH}$ H_3CO（萘） 86%

例 6 多种药物合成的中间体3，4，5-三甲氧基苯甲酸甲酯的制备：

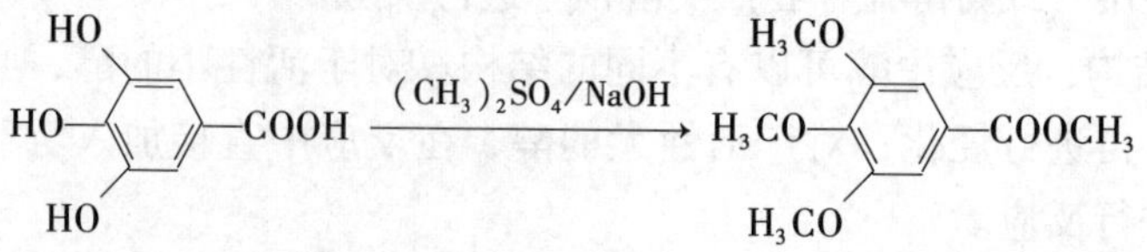

HO，HO，HO，$-COOH$ $\xrightarrow{(CH_3)_2SO_4/NaOH}$ H_3CO，H_3CO，H_3CO，$-COOCH_3$

与邻近羰基形成氢键的酚羟基，用卤代烃一般很难烃化，改用活性大的硫酸二酯可顺利进行烃化。

例 7 抗肿瘤药阿克罗宁（Acronine）的制备：

$$\text{1-羟基-3,3-二甲基吡喃并吖啶酮（O, OH, N–H, O, CH}_3\text{, CH}_3\text{）} \xrightarrow{(CH_3)_2SO_4/NaH} \text{阿克罗宁（O, OCH}_3\text{, N–CH}_3\text{, O, CH}_3\text{, CH}_3\text{）}$$

（三）环氧烷类为烃化剂

在酸或碱的催化下环氧乙烷很容易与水、醇和酚发生加成反应，在氧原子上引入羟乙基，即羟乙基化反应。酸催化属于单分子亲核取代反应，碱催化属于双分子亲核取代反应。氧原子上的羟乙基化反应可制备一些较重要的化合物。

$$\underset{\diagdown O \diagup}{CH_2—CH_2} + H_2O \xrightarrow{H^+} HOCH_2CH_2OH$$

$$\underset{\diagdown O \diagup}{CH_2—CH_2} + C_2H_5OH \xrightarrow{OH^-} C_2H_5OCH_2CH_2OH$$

$$\underset{\diagdown O \diagup}{CH_2—CH_2} + C_6H_5—OH \xrightarrow{OH^-} C_6H_5—OCH_2CH_2OH$$

用环氧乙烷进行氧原子上的羟乙基化反应时，由于生成的产物仍然含有醇羟基，有利于与环氧乙烷继续反应生成聚醚衍生物。为了避免此种反应的发生，常常在反应中使用过量的水、醇或酚。有时也可使用过量的环氧乙烷，利用这种聚合反应制备相应的化合物。

环氧乙烷环上有取代基时，开环方向与反应条件有关，一般规律是：在酸催化下反应主要发生在含烃基较多的碳氧键间；在碱催化下反应主要发生在含烃基较少的碳氧键间。例如：

$$\underset{\diagdown O \diagup}{CH_3CH_2CH—CH_2} \xrightarrow{HBr} CH_3CH_2\underset{\displaystyle Br}{\underset{|}{C}H}CH_2OH$$

$$\underset{\diagdown O \diagup}{CH_3CH_2CH—CH_2} \xrightarrow[CH_3ONa]{CH_3CH} CH_3CH_2\underset{\displaystyle OH}{\underset{|}{C}H}CH_2OCH_3$$

（酸催化开环处；碱催化开环处）

在碱催化下，醇或酚首先与碱作用生成烷（苯）氧负离子，然后从位阻小的一侧向环氧乙烷衍生物亲核进攻，进行 S_N2 反应，也生成仲醇产物。如：苯乙烯环氧化物在酸催化下与甲醇反应，主要得伯醇，而以甲醇钠催化时，则主要得仲醇产物。

$$C_6H_5CH\overset{}{-}CH_2(\text{环氧}, O) + CH_3OH \xrightarrow[\text{回流，5h}]{H_2SO_4} C_6H_5CH(OCH_3)-CH_2OH\ (90\%) + C_6H_5CH(OH)-CH_2OCH_3\ (10\%)$$

$$C_6H_5CH\overset{}{-}CH_2(\text{环氧}, O) + CH_3OH \xrightarrow{CH_3ONa} C_6H_5CH(OH)-CH_2OCH_3\ (75\%) + C_6H_5CH(OCH_3)-CH_2OH\ (25\%)$$

三、氮原子上的烃化反应

（一）卤代烃类烃化剂

氨基氮的亲核能力强于羟基氧，一般氮－烃化比氧－烃化更易进行。

1. 氨与卤代烃的反应：氨与卤代烃的烃化反应又称为氨基化反应。氨的三个氢原子都可被烃基取代，生成物为伯、仲、叔胺及季铵盐的混合物。

$$RX + NH_3 \longrightarrow RN^+H_3X^- \overset{NH_3}{\rightleftharpoons} RNH_2 + N^+H_4X^-$$

$$RNH_2 + RX \longrightarrow Nm2N^+H_2X^- \overset{NH_3}{\rightleftharpoons} R_2NH + N^+H_4X^-$$

$$R_2NH + RX \longrightarrow R_3N^+HX^- \overset{NH_3}{\rightleftharpoons} R_3N + N^+H_4X^-$$

$$R_3N + RX \longrightarrow R_4N^+X^-$$

反应溶剂和卤代烃的结构不同，可以影响反应速度和产物比例。当氨过量时，产物中伯氨的比例增高；当氨的配比不足时，则仲胺和叔胺的比例增高。以水为溶剂时反应速度一般较乙醇为溶剂的快，但用高级卤代烃进行烃化时，以乙醇作溶剂为好，因为可为均相反应。

若在反应中加入氯化铵、硝酸铵或醋酸铵等盐类，因为增加了铵离子，使氨的浓度增大，有利于反应的进行。

$$NH_4^+ \rightleftharpoons NH_3 + H^+$$

当卤代烃的结构不同时，对产物的比例影响较大。直链的伯卤代烃与氨反应，产物中可能有叔胺存在；仲卤代烃以及 α 或 β 位带有侧链的伯卤代烃与氨反应，因立体位阻的存在，使进一步烃化受阻，产物中的叔胺很少。卤代烃与氨反应主要得混合物，但通过大量实践，改变反应条件，仍可得到伯氨。使用大大过量的氨与卤代烃反应，可抑制产物的进一步烃化，而主要得伯胺。如：

$$CH_3-\underset{Br}{CH}-COOH \xrightarrow{NH_3\ (70mol)} CH_3-\underset{NH_2}{CH}-COOH \quad 70\%$$

先将氨制成邻苯二甲酰亚胺，再进行氮－烃化反应。这时氨中两个氢原子已被酰基取代，只能进行单烃化反应。这个反应在处理时，利用邻苯二甲酰亚胺氮上氢的酸性，先与氢氧化钾作用生成钾盐，然后与卤代烃共热，得 N－烃基邻苯二甲酰亚胺，后者在酸性或碱性条件下水解得伯胺。此反应称为加布里尔（Gabriel）反应。

$$\text{邻苯二甲酰亚胺} \xrightarrow{KOH/C_2H_5OH} \text{邻苯二甲酰亚胺钾}(N^-K^+) \xrightarrow[100\sim180℃]{RX}$$

$$\text{N-烃基邻苯二甲酰亚胺}(N—R) \xrightarrow[200℃]{H^+} R—NH_2$$

用卤代烃与抗菌药乌洛托品，即环六亚甲基四胺［$(CH_2)_6N_4$，methenamine］反应得季铵盐，然后在醇中用酸水解可得伯胺，此反应称为德莱潘（Dele′pine）反应。

$$(CH_2)_6N_4 \xrightarrow{RX} (CH_2)_6N_3N^+—R\cdot X^- \xrightarrow{HCl/C_2H_5OH} RNH_2$$

例 8 抗菌药氯霉素（Chloramphenicol）中间体的合成采用了 Dele′pine 反应：

$$O_2N—C_6H_4—COOC_2H_5 \xrightarrow[33\sim38℃,\ 1h]{(CH_2)_6N_4/CHCl_3} O_2N—C_6H_4—COCH_2N_4^+(CH_2)_6\cdot Br^-$$

$$\xrightarrow[33\sim35℃,\ 5h]{C_2H_5OH/HCl} O_2N—C_6H_4—COCH_2NH_2\cdot HCl$$

2. 伯胺、仲胺与卤代烃的反应：伯、仲胺和卤代烃的烃化与氨的烃化过程基本相同。仲胺烃化生成叔胺情况较简单；伯胺烃化生成的仲胺，还会继续烃化生成叔胺使产物复杂。产物的组成与反应条件和反应物的结构有关，当卤代烃的活性较大，伯胺的碱性较强，两者均无立体位阻时，大都得混合胺，各自的比例取决于反应条件。

在烃化反应时，当卤代烃的活性较大，伯胺的碱性较强，两者之一具有立体位阻；或卤代烃的活性较大，伯胺的碱性较弱，两者均无立体位阻时，大都得到较单一的产物。如：

$$\text{菲胺}(NH_2) \xrightarrow[45℃,\ 3\sim6h]{CH_3I} \text{N-甲基菲胺}(NHCH_4) \quad （定量收率）$$

当胺的碱性较弱时，烃化反应可在氨基钠的甲苯溶液中进行，先制成钠盐再进行反应。

例 9 支气管扩张药异丙肾上腺素（Isoprenaline）中间体的合成：

$$(HO)_2C_6H_3—\overset{O}{\overset{\|}{C}}—CH_2Cl \xrightarrow[45\sim52℃,\ 10h]{H_2NCH(CH_3)_2} \xrightarrow[回流,\ 1h]{HCl} (HO)_2C_6H_3—\overset{O}{\overset{\|}{C}}—CH_2NHCH(CH_3)_2\cdot HCl \quad 70\%$$

例 10 抗组胺药曲吡那敏（Tripelennamine）中间体的合成：

$$C_6H_5CH_2—NH—C_5H_4N + Cl(CH_2)_2N(CH_3)_2\cdot HCl$$

$$\xrightarrow[回流,\ 6h]{NaNH_2/甲苯} C_6H_5CH_2—N(C_5H_4N)—CH_2CH_2N(CH_3)_2 \quad 80\%$$

（二）硫酸酯和芳磺酸酯类为烃化剂

氨基氮的亲核活性大于羟基氧，用硫酸二酯类更易烃化。如：在碳酸钠、硫酸钠和少量水存在下，于50℃～60℃时，对甲苯胺与硫酸二甲酯发生甲基化反应生成N，N－二甲基对甲苯胺，收率可达95%。硫酸二酯对氮原子的烃化在药物合成上应用较多。

例11 抗精神病药安定（Diazepam）中间体的合成：

（反应物：H, O, N, Cl, N, C_6H_5, O）$\xrightarrow[\text{pH 10~11, 25~30℃，1h}]{(CH_3)_2SO_4}$（产物：$CH_3$, O, N, Cl, N, C_6H_5, O） 80%

例12 局麻药甲哌卡因（卡波卡因，Mepivacaine）的合成：

（反应物：CH_3, NH—C(=O), N—H, CH_3）$\xrightarrow[NaOH]{(CH_3)_2SO_4}$（产物：$CH_3$, NH—C(=O), N—$CH_3$, CH_3）

（三）环氧烷类为烃化剂

环氧乙烷及其衍生物与胺类的反应属 S_N2 反应，反应的难易主要取决于氮原子的碱性强弱，碱性越强，亲核力越大，反应越容易进行。

氮原子的羟乙基化反应在药物合成中的应用较多。

应用实例

例13 抗寄生虫药甲硝唑（Metronidazole）的合成：

（反应物：N, H_3C, N—H, NO_2）$\xrightarrow[\text{30～40℃}]{\text{环氧乙烷/HCOOH}}$（产物：N, H_3C, N, NO_2, CH_2CH_2OH） 68.3%

例14 氮芥类抗肿瘤药嘧啶苯芥（Uraphetine）的中间体的合成：

（反应物：OH, O, NH_2, N, HO, N）$\xrightarrow[\text{5～8℃，0.5h}]{\text{环氧乙烷}}$（产物：OH, O, N($CH_2CH_2OH$)$_2$, N, HO, N）

例15 镇痛药美沙酮中间体的合成：

$CH_3—CH—CH_2$（O环氧）$+ HN(CH_3)_2 \xrightarrow{\text{70～75℃，2h}} CH(CH_3)—OH—CH_2N(CH_3)_2$ 56%

例16 和β－受体阻断药普萘洛尔（Propranolol）的合成：

（反应物：OH 萘酚）$\xrightarrow[\text{80℃}]{\text{环氧氯丙烷/NaOH}} \xrightarrow[\text{95～100℃，1.5h}]{NaOH}$（产物：$OCH_2CH—CH_2$，O环氧）

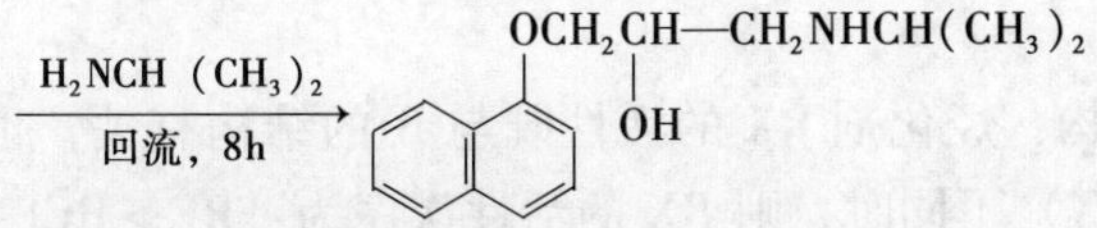

$$\xrightarrow[\text{回流，8h}]{H_2NCH(CH_3)_2}$$ 1-萘基-$OCH_2CH(OH)-CH_2NHCH(CH_3)_2$

例 17 抗精神病药奋乃静（Perphenazine）的合成，是以六水哌嗪、环氧乙烷和 2－氯吩噻嗪为原料，经三步烃化反应而得。

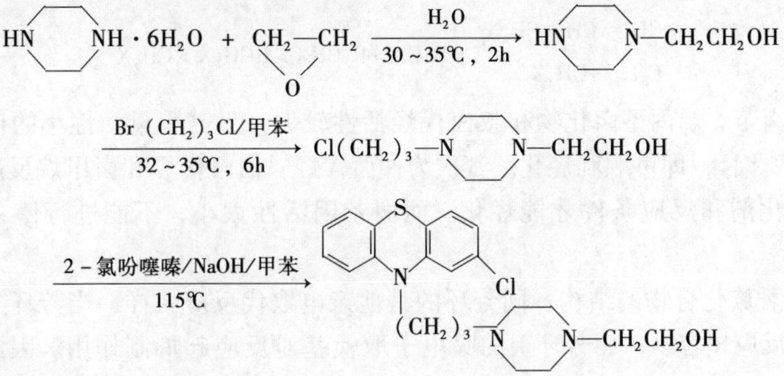

$$HN\langle\rangle NH\cdot 6H_2O + CH_2-CH_2(O) \xrightarrow[30\sim35℃，2h]{H_2O} HN\langle\rangle N-CH_2CH_2OH$$

$$\xrightarrow[32\sim35℃，6h]{Br(CH_2)_3Cl/甲苯} Cl(CH_2)_3-N\langle\rangle N-CH_2CH_2OH$$

$$\xrightarrow[115℃]{2-氯吩噻嗪/NaOH/甲苯}$$ 2-氯吩噻嗪-10-$(CH_2)_3-N\langle\rangle N-CH_2CH_2OH$

四、碳原子上的烃化反应

（一）卤代烃类为烃化剂

1. 芳环碳原子的烃化：在三氯化铝或其他路易斯酸催化下，芳香族化合物芳环上的氢原子可被烃基取代。此反应称为傅瑞德里－克拉夫茨（Friedel－Crafts）烷基化反应，简称傅－克烷基化反应。

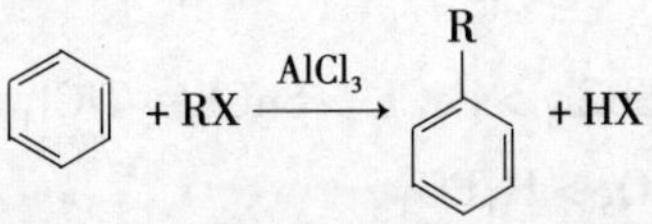

$$C_6H_6 + RX \xrightarrow{AlCl_3} C_6H_5R + HX$$

傅－克烷基化反应在药物合成上应用较广，芳香族化合物可以是各种取代的芳烃及芳杂环化合物。烃化剂多用的是卤代烃，也可用烯烃、醇类等。催化剂多用的是三氯化铝，也可使用其他催化剂如三氯化铁、四氯化锡、三氟化硼、二氯化锌、氢氟酸、硫酸等。根据反应需要来选择。通过傅－克反应，可以在芳环上引入烷基、环烷基、芳烷基等。

傅－克烷基化反应属于亲电取代反应，亲电试剂是卤代烃与催化剂形成的各种活性形式。其反应过程可表示如下。

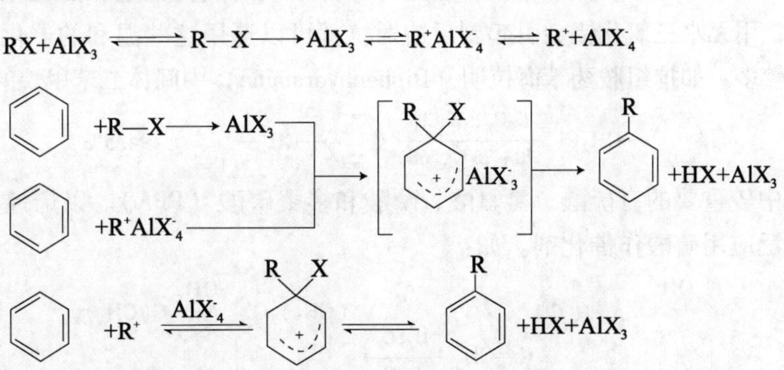

$$RX+AlX_3 \rightleftharpoons R-X\rightarrow AlX_3 \rightleftharpoons R^+AlX_4^- \rightleftharpoons R^++AlX_4^-$$

$$C_6H_6 + R-X\rightarrow AlX_3 \text{ 或 } C_6H_6 + R^+AlX_4^- \longrightarrow [\sigma\text{-络合物}(R,X)\;AlX_3^-] \longrightarrow C_6H_5R + HX + AlX_3$$

$$C_6H_6 + R^+ \underset{AlX_4^-}{\rightleftharpoons} [\sigma\text{-络合物}(R,X)] \rightleftharpoons C_6H_5R + HX + AlX_3$$

亲电试剂的形式随所用烃化剂及催化剂结构不同而异。

工艺影响因素

（1）烃化剂的结构：烃化剂 RX 的活性既与 R 的结构有关，也与 X 的性质有关。当 R 相同，卤原子（X）不同时，则 RX 的活性次序为：RF > RCl > RBr > RI，与通常的活性次序相反。当卤原子相同，R 不同时，则 RX 的活性取决于中间碳正离子的稳定性，其活性次序为：

$$\left.\begin{array}{l} CH_2{=}CH{-}CH_2X \\ C_6H_5{-}CH_2X \end{array}\right\} > R_3CX > R_2CHX > RCH_2X > CH_3X$$

可见，卤苄、烯丙型卤化物和叔卤代烃活性较大，只需少量活性小的催化剂（如氯化锌、锌、铝），即可顺利烃化。其次为仲卤代烃，伯卤代烃和卤甲烷反应最慢，需用更强的催化剂和反应条件才能烃化。而卤苯因活性太小，不能进行傅 - 克烷基化反应。

（2）芳香族化合物的结构：同芳环的其他亲电取代反应一样，当芳环上有给电子取代基时，反应较容易；而芳环上的吸电子取代基对反应起抑制作用。因此，发生傅 - 克反应的芳烃至少像卤代苯一样活泼。通常硝基苯、苯甲醛、苯腈等不能发生傅 - 克反应。但某些强给电子基等共存的苯环和某些杂环醛仍可发生傅 - 克反应。

（3）催化剂：催化剂的作用是与 RX 作用形成亲电试剂。常用的催化剂有路易斯酸和质子酸。一般易斯酸的催化活性大于质子酸，其强弱程度因具体反应条件不同而改变。通常根据反应物的结构及烃化的难易选择适当的催化剂，同时还须考虑可能引起的副反应。

一般活性次序为：

路易斯酸 $AlBr_3 > AlCl_3 > SbCl_5 > FeCl_3 > SnCl_4 > TiCl_4 > ZnCl_2$

质子酸　$HF > H_2SO_4 > P_2O_5 > H_3PO_4$

在所有催化剂中，无水三氯化铝的催化活性强，价格较便宜，在药物合成上应用最多。

三氯化铝不宜用于某些多 π 电子的芳杂环如呋喃、噻吩等，即使在温和条件下，也能引起分解反应。芳环上的苄醚、烯丙基等基团，在三氯化铝作用下，常引起去烃基的副反应。另外，三氯化铝由于催化活性强，易引起多烷基化。这时，需改用其他催化剂。

三氟化硼、三氯化铁、四氯化钛和氯化锌等都是较三氯化铝温和的催化剂。当反应物比较活泼，用无水三氯化铝会引起副反应时，就可以选用这些温和的催化剂，尤其是氯化锌应用较多。如抗组胺药苯海拉明（Diphenhydramine）中间体二苯甲烷的制备。

$$C_6H_5{-}CH_2Cl \xrightarrow[70\sim75℃,\ 6h]{C_6H_8,\ ZnCl_2} C_6H_5{-}CH_2{-}C_6H_5 \quad 94.5\%$$

质子酸中较重要的有硫酸、氢氟酸、磷酸和多聚磷酸（PPA）。以烯烃、醇类为烃化剂时，广泛应用硫酸作催化剂。如：

$$\text{4-}CH_3C_6H_4OH + 2\ (H_3C)_2C{=}CH_2 \xrightarrow[65℃]{H_2SO_4} \text{2,6-}[C(CH_3)_3]_2\text{-4-}CH_3C_6H_2OH$$

（4）溶剂：当芳烃本身为液体（如苯）时，可过量反应物兼作溶剂；当芳烃为固体（如萘）时，可在二硫化碳、四氯化碳、石油醚中进行。硝基苯不易发生傅－克反应，但它对芳香族化合物和卤代烃都有较好的溶解性，可使反应在均相中进行，所以常作为傅－克反应的溶剂使用。

2. 活性亚甲基碳原子的烃化：亚甲基上连有吸电子基团时，使亚甲基上氢原子的活性增大，称为活性亚甲基。活性亚甲基化合物很容易溶于醇溶液中，在醇盐等碱性物质存在下与卤代烃作用，得到碳原子的烃化产物。

活性亚甲基碳原子的烃化反应属双分子亲核取代反应。即在碱性试剂的作用下，活性亚甲基形成碳负离子，可与邻位的吸电子基发生共轭效应，使负电荷分散在其他原子上，从而增加了碳负离子的稳定性，易于形成。然后碳负离子与卤代烃按 S_N2 机理发生烃化反应。

$$(ROOC)_2CH + B^- \rightleftharpoons (ROOC)_2C^-H + BH$$

$$(RCOO)_2\bar{C}H + R'—\overset{\delta^+}{C}H_2—\overset{\delta^-}{X} \longrightarrow \left[(RCOO)_2CH\cdots\underset{H\ \ H}{\overset{R'}{C}}\cdots X\right]$$

$$\longrightarrow (RCOO)_2CH—CH_2R' + X^-$$

此反应多在强碱性条件下进行，叔卤代烃在这种条件下通常发生消除反应；仲卤代烃则是消除和烃化相互竞争，烃化收率很低；而伯卤代烃和卤甲烷是较好的烃化剂。

烃化反应的速度与反应物的浓度有关。反应常用的催化剂是醇钠（RONa），随 R 的不同，将表现出不同的碱性，其活性次序为：$(CH_3)_3CONa >$ $(CH_3)_2CHONa > CH_3CH_2ONa > CH_3ONa$；溶剂能影响碱性试剂的碱性，一般采用醇钠作催化剂时多选用醇类作溶剂，对一些在醇中难烃化的活性亚甲基化合物，可在苯、甲苯、二甲苯或煤油中用氢化钠或金属钠，使活性亚甲基形成碳负离子后再进行烃化反应，同时选择溶剂还应考虑防止副反应的发生。

3. 卤代烃与氰化物的反应：由于氰基的强吸电子作用，使得含氰基的活性亚甲基化合物较丙二酸酯类的活性大，易与卤代烃进行烃化反应。在药物合成中应用较多。常用的氰化物为苯乙腈类化合物。

例 18 冠脉扩张药哌克昔林（Perhexiline）的中间体二苯酮的合成：

$$C_6H_6 \xrightarrow[10\sim30℃,\ 3h]{CCl_4/AlCl_3} (C_6H_5)_2CCl_2 \xrightarrow{H_2O} (C_6H_5)_2C{=}O \quad 80\%\text{，以苯计}$$

例 19 镇痛药延胡索乙素（Tetrahydropalmatine）的中间体 3，4－二甲氧基苯丙腈的合成：

$$3,4\text{-}(H_3CO)_2C_6H_4 \xrightarrow{CH_3{=}CH—CN/AlCl_3} 3,4\text{-}(H_3CO)_2C_6H_3CH_2CH_2CN$$

例 20 镇咳药喷托维林（Pentoxyverine）中间体的合成：

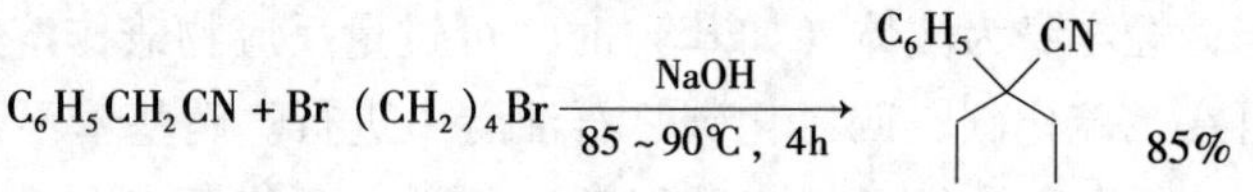

$$C_6H_5CH_2CN + Br(CH_2)_4Br \xrightarrow[85\sim90^\circ C,\ 4h]{NaOH} \text{1-苯基环戊烷甲腈}\ (C_6H_5, CN)\quad 85\%$$

例 21 抗心率失常药维拉帕米（Verapamil）中间体的合成：

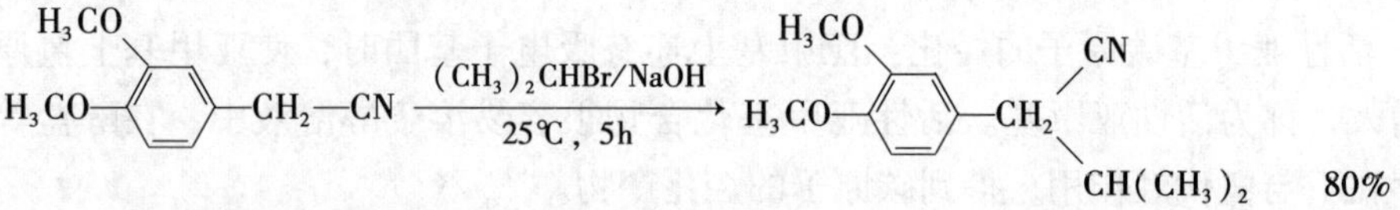

$$(H_3CO)_2C_6H_3-CH_2-CN \xrightarrow[25^\circ C,\ 5h]{(CH_3)_2CHBr/NaOH} (H_3CO)_2C_6H_3-CH(CN)-CH(CH_3)_2\quad 80\%$$

（二）环氧烷类为烃化剂

芳香族化合物与环氧乙烷在无水三氯化铝存在下，在芳环碳原子上能进行羟乙基化反应，生成芳醇类化合物。

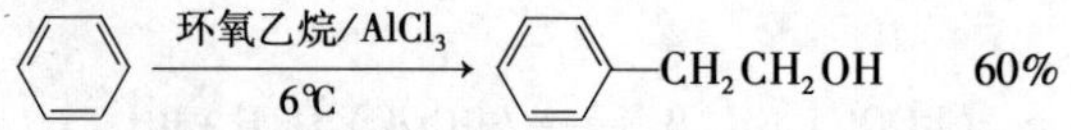

$$C_6H_6 \xrightarrow[6^\circ C]{\text{环氧乙烷}/AlCl_3} C_6H_5-CH_2CH_2OH\quad 60\%$$

活性亚甲基化合物与环氧乙烷在碱催化下，其碳原子也能进行羟乙基化反应。

例如，丙二酸二乙酯在醇钠催化下与环氧乙烷反应，得到α-（β-羟乙基）丙二酸二乙酯，后者经分子内醇解得α-乙氧羰基-γ-丁内酯。

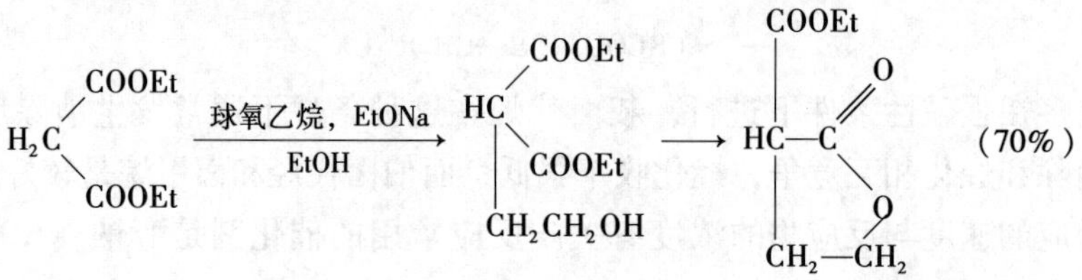

$$H_2C(COOEt)_2 \xrightarrow[EtOH]{\text{球氧乙烷, }EtONa} HC(COOEt)_2-CH_2CH_2OH \longrightarrow \text{α-乙氧羰基-γ-丁内酯 (HC(COOEt)-C(=O)-O-CH}_2\text{-CH}_2\text{)}\quad (70\%)$$

目标检测题

一、名词解释

1. 烃化反应
2. 加布里尔反应
3. 德莱潘反应
4. 傅-克烷基化反应

二、简答

1. 理想保护基的基本要求有哪些？在合成反应中使用保护基的目的是什么？
2. 傅-克烷基化反应常用的催化剂有哪些？有什么优缺点？

三、完成下列反应

1. CH_2OH / OH $\xrightarrow{(CH_3)_2SO_4,\ NaOH}$

2. $CH(COOC_2H_5)_2 \xrightarrow{C_2H_5Br,\ C_2H_5ONa}$

3. $CH-CH_2$ (O) $+ CH_3OH$ $\xrightarrow{H_2SO_4}$; $\xrightarrow{CH_3ONa}$

4. OH / OH $+ CH_3(CH_2)_4COOH \xrightarrow[120]{ZnCl_2}$

5. CH_3 / NH_2 / CH_3 $+ ClCH_2COCl \xrightarrow{AcONa}$

6. ON_2—COOH + $HOCH_2CH_2N(C_2H_5)_2$ $\longrightarrow$

7. $CH_2CH_2\overset{O}{\overset{\|}{C}}Cl \xrightarrow{AlCl_3}$

8. CH_2CN $+ BrCH_2CHm2CH_2CH_2Br \xrightarrow{NaOH}$

四、合成题

1. 由丙二酸二乙酯合成α-甲基丁酸
2. 由乙酰乙酸乙酯为原料合成3-甲基-2-戊酮

第八章

酰化反应技术

第一节　酰化反应的基本化学原理

酰基是指从含氧的有机酸或无机酸的分子中除去一个或几个羟基后所剩余的基团。例如：

酸类	分子式	相应的酰基	结构式
碳酸	$HO-\overset{\overset{O}{\|}}{C}-OH$	羧基	$HO-\overset{\overset{O}{\|}}{C}-$
		羰基	$-\overset{\overset{O}{\|}}{C}-$
甲酸	$H-\overset{\overset{O}{\|}}{C}-OH$	甲酰基	$H-\overset{\overset{O}{\|}}{C}-$
乙酸	$CH_3-\overset{\overset{O}{\|}}{C}-OH$	乙酰基	$CH_3-\overset{\overset{O}{\|}}{C}-$
苯甲酸	$C_6H_5-\overset{\overset{O}{\|}}{C}-OH$	苯甲酰基	$C_6H_5-\overset{\overset{O}{\|}}{C}-$
苯磺酸	$C_6H_5-\underset{\underset{OH}{\|}}{\overset{\overset{O}{\|}}{S}}-O$	苯磺酰基	$C_6H_5-\underset{\underset{O}{\|}}{\overset{\overset{O}{\|}}{S}}-$
硫酸	$HO-\underset{\underset{O}{\|}}{\overset{\overset{O}{\|}}{S}}-OH$	硫酰基	$HO-\underset{\underset{O}{\|}}{\overset{\overset{O}{\|}}{S}}-$
		砜基	$-\underset{\underset{O}{\|}}{\overset{\overset{O}{\|}}{S}}-$
磷酸	$HO-\underset{\underset{OH}{\|}}{\overset{\overset{O}{\|}}{P}}-OH$		$HO-\underset{\|}{\overset{\overset{O}{\|}}{P}}-OH$
			$HO-\overset{\overset{O}{\|}}{P}-$
			$-\underset{\|}{\overset{\overset{O}{\|}}{P}}-$

酰化反应（Acylation Reaction）是指有机化合物分子中与碳、氧、氮、硫等原子相连的氢被酰基取代的反应。

碳原子上的氢被酰基取代的反应叫碳酰化，生成的产物是醛、酮或羧酸。氨基氮原子上的氢被酰基取代的反应叫氮酰化，生成的产物是酰胺。羟基氧原子上氢被酰基取代的反应叫氧酰化，生成的产物是酯，通常叫酯化。

酰化反应可用下列通式表示：

$$R-\overset{\overset{\large O}{\|}}{C}-Z+G-H \longrightarrow R-\overset{\overset{\large O}{\|}}{C}-G+HZ$$

式中的 RCOZ 为酰化剂，Z 代表 X，—OCOR，—OH，—OR′，—NHR′等。G—H 为被酰化物，G 代表 ArNH，RNH，R′O，Ar 等。

通过碳酰化在芳环上引入酰基制得芳醛、芳酮如苯乙酮、蒽醌衍生物等，这类反应的特点是产物分子中形成新的 C—C 键，所以也称为非成环缩合。含氨基或羟基化合物与酰化剂作用转变为酰胺或酯，引入酰基后可改变原化合物的性质和功能。如染料分子中的氨基或羟基酰化前后的色光、染色性能和牢度指标都将有所变化；有些酚类用不同羧酸酯化后会产生不同的香气；医药分子中引入酰基可以改变药性。另外酰化可以作为氨基的“暂时性保护”，反应完成后再将酰基水解掉。

第二节　反应操作实例——乙酰水杨酸的制备

一、生产工艺

本品（$C_9H_8O_4$）又名邻乙酰氧基苯甲酸。

性质　白色针状或板状结晶或结晶性颗粒，无臭，微带醋酸的酸味。水溶液呈酸性反应。熔点 135～138℃（速热），相对密度 1.35，固化点 118℃。微溶于水，易溶于乙醇，在苛性碱或碳酸钠溶液中溶解，同时分解，在潮湿的空气中缓慢分解。在干燥空气中稳定。

本品毒性　小鼠口服 LD_{50} 为 1750mg/kg。

生产工艺　由水杨酸乙酰化而得，其反应式如下：

$$\text{(邻羟基苯甲酸: COOH, OH)} \xrightarrow[CH_3COOH]{(CH_3CO)_2O} \text{(邻位: COOH, }-OCOCH_3\text{)} + CH_3COOH$$

二、操作过程

向搪玻璃反应锅内加入 95% 以上的醋酐、醋酸（上批母液）和水杨酸，于搅拌下逐步使内温升至 74℃，保温 3h，自然降温 3h，加入余下的母液。再依次用温水、常水和冰水降温至 34℃时，取样测游离水杨酸≤0.02% 为止，冷却至 13℃出料，过滤、甩干、用少量冰醋酸洗涤，以 75℃的热气流干燥而得成品。

用途 本品为解热止痛类药（阿司匹林）；也是其他药物的原料。

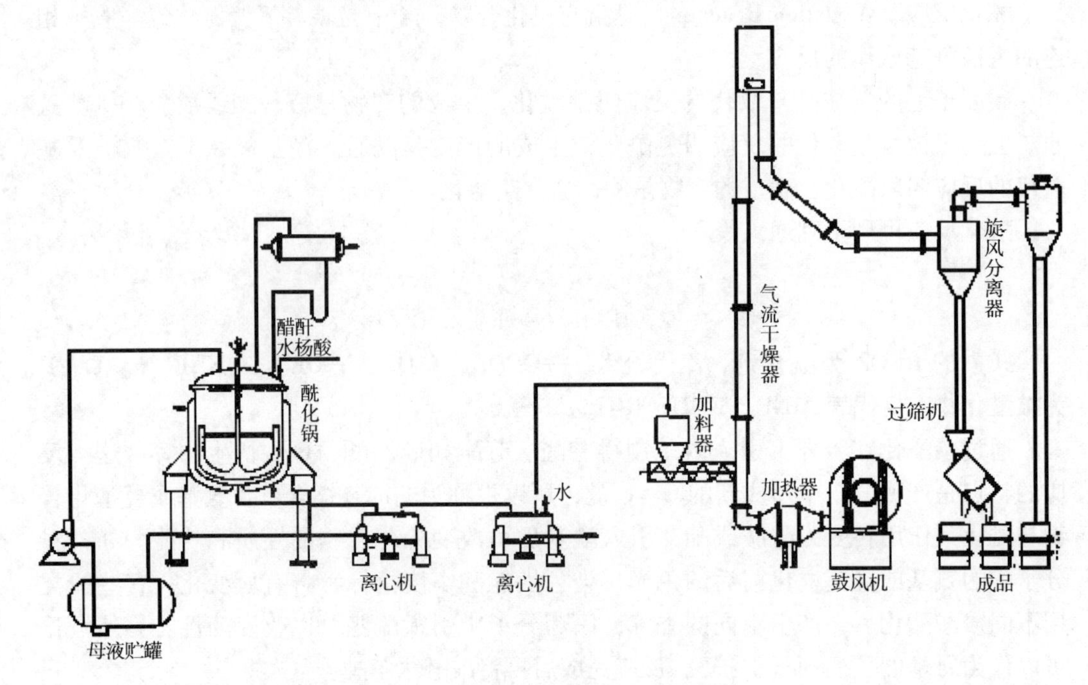

图 8－1 乙酰水杨酸制备工艺流程图

第三节 酰化反应操作常用知识

一、常用酰化剂

在药物合成中常用的酰化剂有羧酸、酸酐、酰卤和羧酸酯四种类型。

（一）羧酸类酰化剂

羧酸是一类活性较弱的酰化剂，一般适合于醇类和碱性较强的胺类的酰化，其反应是可逆的。在药物合成中常用的有甲酸、乙酸、草酸等。

例 1 解热镇痛药安乃近（Analgin）的中间体 4－甲酰氨基安替比林是由 4－氨基安替比林用甲酸进行酰化而得。

$$\underset{\text{(N-phenyl, C=O)}}{H_3C-C=C-NH_2,\ H_3C-N} \xrightarrow[75\sim85℃]{HCOOH} H_3C-C=C-NHCH{=}O,\ H_3C-N$$

（二）羧酸酯类酰化剂

羧酸酯易于制备，且在反应中与氨基物不能成盐。所以，在药物合成中常用于胺类和醇类的酰化。常用的羧酸酯类酰化剂有甲酸乙酯、乙酸乙酯、氯乙酸乙酯、丙二酸二乙酯等。羧酸酯作为酰化剂的反应机理是酯的氨解反应。

例 2 镇静催眠药苯巴比妥（Phenobarbital）是由中间体 2－乙基－2－苯基丙二酸二乙酯与脲酰化环合，酸化后制得。

$$(C_2H_5)(C_6H_5)C(COOC_2H_5)_2 \xrightarrow{H_2N-\overset{O}{\overset{\|}{C}}-NH_2,\ EtONa} \text{（C(}C_2H_5\text{)(}C_6H_5\text{) 环合的 C—ONa 钠盐）} \xrightarrow[pH3\sim4]{HCl} \text{苯巴比妥}\ (60\%)$$

（三）酸酐类酰化剂

酸酐是较强的酰化剂，用于胺类、醇类或酚类的酰化反应，在药物合成中应用最广。常用的酸酐类酰化剂有乙酸酐、丙酸酐、邻苯二甲酸酐等。

例 3 解热镇痛药阿司匹林（Aspirin）的合成；

$$\text{邻羟基苯甲酸（COOH, OH）} + (CH_3CO)_2O \xrightarrow[80℃,\ 3h]{} \text{邻乙酰氧基苯甲酸（COOH, }OCOCH_3\text{）} + CH_3COOH$$

（四）酰卤类酰化剂

酰卤为强酰化剂，一般用于活性较小的胺类、醇类或酚类的酰化。其中以酰氯应用最多，常用的酰氯有乙酰氯、氯乙酰氯、苯甲酰氯、碳酰氯、对甲基苯磺酰氯、对乙酰胺基苯磺酰氯、三氯氧磷等。

例 4 镇静催眠药地西泮（安定，Diazepam）中间体的合成是由二苯酮衍生物采用氯乙酰氯作酰化剂而制得。

$$\text{（}NHCH_3\text{, Cl, C=O—}C_6H_5\text{ 取代苯）} \xrightarrow[50\sim55℃,\ 1h]{ClCH_2COCl,\ CH_3COOH} \text{（}N(CH_3)—COCH_2Cl\text{, Cl, C=O—}C_6H_5\text{ 取代苯）}$$

一般情况下，上述几种酰化剂酰化活性大小顺序为：羧酸酯 < 羧酸 < 酸酐 < 酰卤

二、氧酰化反应

（一）羧酸酰化剂

羧酸酰化羟基是典型的酯化反应，其通式为：

$$RCOOH + R'OH \rightleftharpoons RCOOR' + H_2O$$

反应中生成的水可使酯水解，所以该反应是一个可逆反应。一般情况下，醇羟基氧的酰化反应是在酸催化下进行的：

$$\mathrm{R{-}\overset{O}{\overset{\|}{C}}{-}OH} + \mathrm{H^+} \rightleftharpoons \mathrm{R{-}\overset{\overset{+}{O}H}{\overset{\|}{C}}{-}OH} \rightleftharpoons \mathrm{R{-}\overset{+}{C}(OH)_2} \xrightleftharpoons{\mathrm{HOR'}} \mathrm{R{-}C(OH)_2{-}\overset{+}{O}R'} \atop \qquad\qquad\qquad\qquad\qquad\qquad\qquad\qquad\qquad\qquad\quad \mathrm{H}$$

$$\mathrm{R{-}C(OH)_2{-}\overset{+}{O}(H)R'} \rightleftharpoons \left[\mathrm{R{-}C(\overset{+}{O}H_2)(OH){-}\overset{+}{O}(H)R'}\right] \rightleftharpoons \mathrm{R{-}\underset{\underset{O}{\|}}{C}{-}OR'} + \mathrm{H_2O} \rightleftharpoons \mathrm{R{-}\overset{O}{\overset{\|}{C}}{-}OR'} + \mathrm{H_3^+O}$$

1. 工艺影响因素

（1）反应温度与催化剂　酯化反应是个可逆过程，反应进行到一定程度后，反应物与产物间达到动态平衡，这时反应产物浓度不再增加，反应到达终点。酸对到达平衡有催化作用。其反应速度与反应物浓度及 H^+ 浓度的乘积成正比。在合成中，为了加快反应速度，缩短反应时间，多采用加热回流的方法以提高反应温度，并常加入催化剂使反应尽快达到平衡。常用催化剂有硫酸、氯化氢、磷酸、氟化硼以及阳离子交换树脂等，其中以硫酸使用最多。

例5　降血脂药物氯贝丁酯（安妥明，Clofibrate）合成时，是以4-氯代苯氧异丁酸为原料，在硫酸催化下，与过量乙醇进行酯化反应而得。

$$\mathrm{Cl{-}C_6H_4{-}O{-}C(CH_3)_2{-}COOH} \xrightarrow[80\sim84^\circ C]{C_2H_5OH/H_2SO_4} \mathrm{Cl{-}C_6H_4{-}O{-}C(CH_3)_2{-}COOC_2H_5}$$

如不希望反应液中有酸存在时，可应用Lewis酸催化，如三氟化硼用于对酸不稳定的醇类酯化。三氟化硼还适用于不饱和酸的酯化，以避免双键的分解或重排。

某些对无机酸敏感的醇，可采用苯磺酸、对甲苯磺酸（TsOH）等有机酸作催化剂。在工业生产上，此类催化剂可减少对设备的腐蚀，且本身在有机介质中溶解度大，作用温和、不易发生磺化。

（2）配料比与反应产物　为了提高反应的收率和反应进行的程度，必须设法打破反应平衡，使反应向生成酯的方向进行。打破反应平衡的方法有增大反应物（酸或醇）的配比，或不断地将反应生成物从反应系统中除去。若生成的酯具有挥发性，沸点也较相应的醇、酸及水低时，可将生成的酯从反应系统中蒸馏出来。也可设法把水除去，其中最简单的方法就是加入脱水剂，如浓硫酸、无水氯化钙、无水硫酸铜等。

当所用原料（醇、酸）及生成的酯的沸点均较水的沸点高时，可采用直接加热或导入热的惰性气体或减压蒸馏等方法将水除去。共沸脱水法是常用的一种方法，即利用苯、甲苯、二甲苯等添加剂与水形成具有较低共沸点的二元或三元共沸混合物。

例6　镇痛药盐酸哌替啶（Pethidine Hydrochchloride）的合成；

$$\mathrm{CH_3{-}N\langle C_5H_8\rangle(C_6H_5)COOH} \xrightarrow[HCl^{(gas)}]{CH_2OH/C_6H_6/\triangle} \mathrm{CH_3{-}N\langle C_5H_8\rangle(C_6H_5)COOC_2H_5\cdot HCl}$$

(3) 反应物的结构　羧酸的结构除了电子效应影响着羰基碳的亲电能力外，主要是立体效应对反应速度起着主导作用。甲酸及其他直链脂肪族羧酸与醇的反应速度均较大，而具有侧链的羧酸反应就很困难。这是由于立体位置阻碍了醇对羧酸碳原子的进攻。侧链愈多，反应就愈难进行。芳香族羧酸一般比脂肪族羧酸困难得多，立体位阻的影响同样比电子效应大得多，而且更为明显。例如苯甲酸，当邻位有甲基取代时，反应速度减慢；若两个邻位都有甲基时，则难以反应。

醇的结构对反应速度亦有影响，伯醇（尤其是甲醇）最易反应，仲醇次之，叔醇则由于立体位阻而难以反应，另一方面，叔醇在反应中极易与质子作用发生脱水消除，而生成烯烃副产物。所以，叔醇羟基氧的酰化反应通常要选用酰化能力强的酸酐或酰氯作为酰化剂。烯丙醇、苄醇虽为伯醇，但由于氧原子上的未共用电子对与不饱和键间存在着 p－π 共轭，减弱了氧原子的亲核能力，所以酯化速度较相应的饱和醇为慢。

酚类化合物中，由于羟基氧上的未共用电子对与苯环形成 p－π 共轭，使酚羟基氧原子电子云密度降低，因此也不易与羧酸进行酯化。

2. 反应装置

图 8－2 列举了几种不同类型的酯化反应装置。

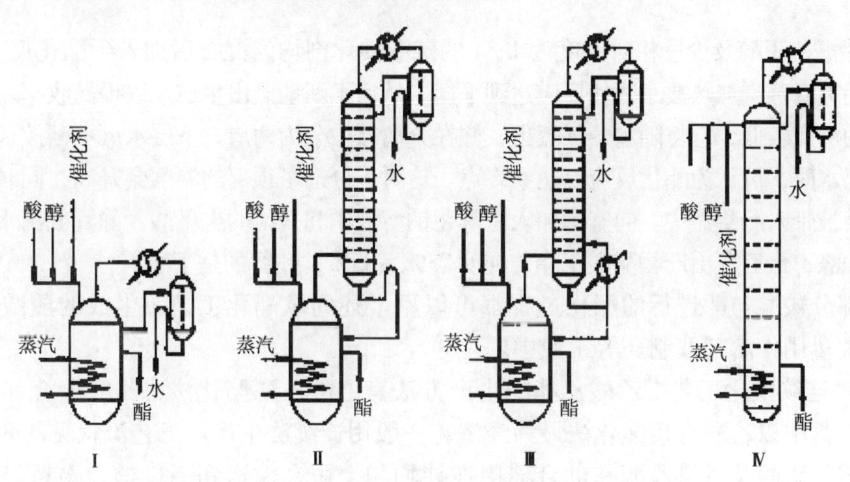

图 8－2　配有蒸出共沸混合物的液相酯化装置

Ⅰ. 带回流冷凝器的酯化装置；Ⅱ. 带蒸馏柱的酯化装置；

Ⅲ. 带分馏塔的酯化装置；Ⅳ. 塔盘式酯化装置

前三种采用酯化釜，其容积较大，采用夹套或内蛇管加热。反应物料连续进入反应器，在其中沸腾，共沸物从反应体系中蒸出。第一种只带有回流冷凝器，水可直接由冷凝器底部分出，而与水不互溶的物料回流入反应器中。第二种带有蒸馏柱，可较好地由共沸混合物中分离出生成水。第三种将酯化器与分馏塔的底部连接，分馏塔本身带有再沸器，大大提高了回流比和分离效率。这三种类型的装置适用于共沸点低、中、高的不同情况。

最后一种反应器为塔式。每一层塔盘可看作一个反应单元，催化剂及高沸点原料（一般是羧酸），由塔顶送人，另一种原料则严格地按原料的挥发率在尽可能高的塔层送人。液体及蒸汽逆向流动。这一装置特别适用于反应速度较低，以及蒸出物与塔底物料间的挥发度差别不大的体系。

（1）间歇酯化工艺　对小批量生产来说，间歇酯化较为灵活。如醋酸丁酯的生产，其工艺流程见图8－3：

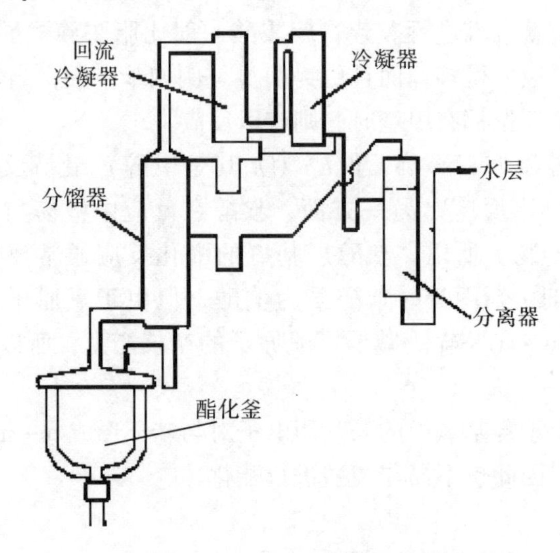

图8－3　间歇生产醋酸丁酯流程

冰醋酸、丁醇及少量相对密度为1.84的硫酸催化剂均匀混合后加入到酯化反应釜中。混合物用夹套蒸汽加热数小时使反应达到平衡，然后不断地蒸出生成水以提高收率。由于醋酸丁酯的沸点较低，它将随水蒸气蒸出，并在分离器中分为两层，下层水可不断放掉。当不能再蒸出水时，可认为酯化反应已达到终点。这时，分馏塔顶部的温度会升高，同时有少量的醋酸会被带入冷凝器中。向釜中加入氢氧化钠溶液中和残留的少量酸，静置放出水层，然后用水洗涤，最后蒸出产物醋酸丁酯，纯度75%～85%，残留的是丁醇。

大部分羧酸与醇进行的酯化过程都可以用上述间歇酯化工艺。生成的羧酸酯用途广泛，大量用作溶剂及制药等工业中。

（2）连续酯化工艺　乙酸乙酯的生产方法有乙酸乙醇酯化法，乙醛缩合和乙烯酮乙醇法，其中以乙酸直接酯化法最为经济，一般用连续法生产。工艺流程见图8－4：

乙酸与硫酸及过量乙醇在混合器内搅拌均匀，用泵输送到高位槽，物料经预热器进入酯化反应塔的上部。塔的下部用直接蒸汽加热，生成的酯与醇、水形成三元共沸物向塔顶移动，而含水的液体物料由顶部流向塔底。从塔底排出含硫酸废水，中和后排放。

塔顶逸出的蒸汽通过分凝器，部分凝液回流入酯化反应塔，其余的凝液与全凝器凝液合并后进入酯蒸出塔，此塔底部间接加热，塔顶蒸出的是含酯83%、醇9%及水8%的三元共沸物，顶温为70℃。共沸物中添加水，经混合盘管后进入分离器，液体便分成两层，上层含有乙酸乙酯93%、水5%及醇2%。下层液体再回入酯蒸出塔，以回收少量的酯及醇。含水及醇的粗酯进入干燥塔，此塔顶部蒸出的是三元共沸物，可以与出塔顶物料合并处理。塔底得到的便是含量为95%～100%的乙酸乙酯成品。这种低沸点的连续酯化工艺也可用来制备乙酸甲酯或丁酸甲酯等其他酯类产品。

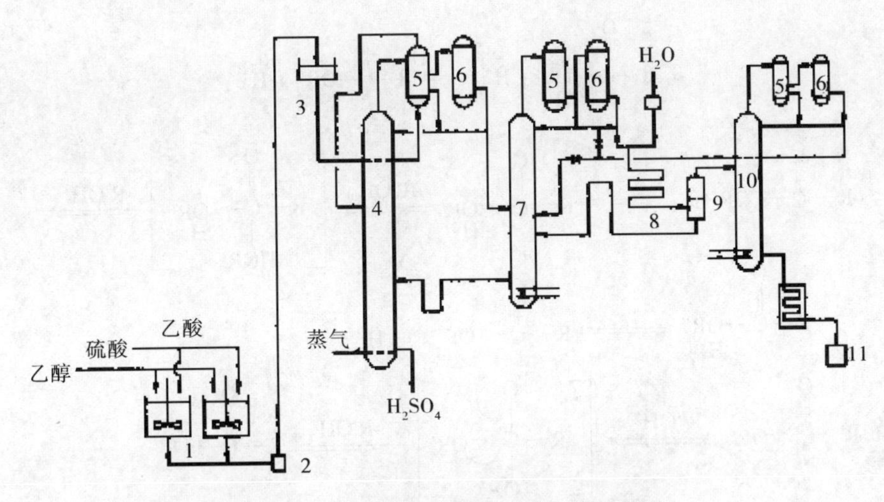

图 8－4　连续法生产乙酸乙酯工艺流程图

1. 混合器；2. 泵；3. 高位槽；4. 酯化反应塔；5. 回流分凝器；
6. 全凝器；7. 酯蒸出塔；8. 混合盘管；9. 分离器；10. 酯干燥塔；11. 产品中间槽

例 7　局部麻醉药盐酸普鲁卡因（Procaine Hydrochloride）的合成：

$$O_2N-C_6H_4-COOH \xrightarrow[145^\circ C,\ 6h]{HOCH_2CH_2N(C_2H_5)_2/\text{二甲苯}} O_2N-C_6H_4-COOCH_2CH_2N(C_2H_5)_2$$

$$\xrightarrow[45^\circ C,\ 2h]{Fe/HCl} H_2N-C_6H_4-COOCH_2CH_2N(C_2H_5)_2\cdot HCl \xrightarrow{20\%\ NaOH}$$

$$H_2N-C_6H_4-COOCH_2CH_2N(C_2H_5)_2 \xrightarrow[pH5.5]{\text{浓}\ HCl} H_2N-C_6H_4-COOCH_2CH_2N(C_2H_5)_2\cdot HCl$$

例 8　雌激素雌二醇戊酸酯（Estradiol Valerate）的合成：

$$\text{(OH, HO)} \xrightarrow[170\sim180^\circ C]{CH_3(CH_2)_3COOH} \text{(}OCO(CH_2)_3CH_3\text{, HO)}$$

（二）羧酸酯酰化剂

酯可与醇、羧酸或酯分子中的烷氧基或酰基进行交换，由一种酯转化为另一种酯，其反应类型有三种：

$$RCOOR' + R''OH \rightleftharpoons RCOOR'' + R'OH \qquad \text{（醇解）}$$

$$RCOOR' + R''COOH \rightleftharpoons R''COOR' + RCOOH \qquad \text{（酸解）}$$

$$RCOOR' + R''COOR''' \rightleftharpoons RCOOR''' + R''COOR' \qquad \text{（互换）}$$

上述三种酯交换反应可逆，其中以第一种酯交换方式应用最广，其反应过程常用质子酸或醇钠进行催化。其反应机理如下：

$$R-\overset{O}{\overset{\|}{C}}-OR' + H^+ \rightleftharpoons R-\overset{O}{\overset{\|}{C}}-\overset{+}{O}R'(H) + H^+ \xrightarrow{R''OH} \left[R-\overset{O}{\overset{\|}{C}}(-HOR'')-\overset{+}{O}R'(H) + H^+ \right] \overset{-R'OH}{\rightleftharpoons}$$

$$\mathrm{R{-}\overset{O}{\overset{\|}{C}}{-}\overset{+}{O}R'(H) + H^+ \rightleftharpoons R{-}\overset{O}{\overset{\|}{C}}{-}OR'' + H^+}$$

$$\mathrm{R{-}\overset{O}{\overset{\|}{C}}{-}OR' + H^+ \rightleftharpoons R{-}\overset{O}{\overset{\|}{C}}{-}\overset{+}{O}R'(H) \underset{}{\overset{R''OH}{\rightleftharpoons}} \left[R{-}\overset{O}{\overset{\|}{C}}(HOR''){-}\overset{+}{O}R'(H)\right] \overset{-R'OH}{\rightleftharpoons}}$$

$$\mathrm{R{-}\overset{O}{\overset{\|}{C}}{-}\overset{+}{O}R''(H) \rightleftharpoons R{-}\overset{O}{\overset{\|}{C}}{-}OR'' + H^+}$$

$$\mathrm{R{-}\overset{O}{\overset{\|}{C}}{-}OR' \overset{R''OH}{\rightleftharpoons} \left[R{-}\overset{O^-}{\overset{|}{C}}(OR''){-}OR'\right] \overset{-R'OH}{\rightleftharpoons} R{-}\overset{O}{\overset{\|}{C}}{-}OR'}$$

此法与用羧酸进行直接酯化相比较，其反应条件温和，适于某些直接进行酰化困难的化合物，如热敏性或反应活性较小的羧酸，以及溶解度较小的或结构复杂的醇等均可采用此法。

工艺影响因素

（1）反应物的结构和性质　酯交换反应是利用反应的可逆性来实现的，为使反应向生成新酯的方向进行，一般常用过量的反应物醇或将反应生成的醇不断地蒸出。在反应过程中存在着两个烷氧基（R′O—，R″O—）之间亲核力的竞争，生成醇 R′OH 应易于蒸馏除去以打破反应平衡，反应醇 R″OH 沸点高留在反应系统中有利于酰化反应的完成。即以沸点较高的醇交换出酯分子中沸点较低的醇。酯交换反应的难易与醇的结构有关，通常情况下，伯醇最易反应，仲醇也有良好结果。

（2）催化剂　酯的醇解反应只要有微量的酸或碱存在，就能进行交换。常用的酸催化剂有硫酸、干燥的氯化氢和对甲苯磺酸等；常用的碱为醇钠等强碱。采用何种催化剂，生要取决于醇的性质。若用含有碱性基团的醇或叔醇进行交换，一般宜采用醇钠催化。

例 9　正丁氨基苯甲酸乙酯与过量的二乙氨基乙醇在醇钠催化下进行酯交换，制得局部麻醉药丁卡因（Tetrcaine）。

$$\mathrm{CH_3(CH_2)_2NH{-}C_6H_4{-}\overset{O}{\overset{\|}{C}}{-}O{-}CH_2CH_3 \quad CH_3(CH_2)_3NH + HOCH_2CH_2N(CH_2CH_3) \xrightarrow[\triangle]{C_2H_5ONa}}$$

$$\mathrm{CH_3(CH_2)_2NH{-}C_6H_4{-}\overset{O}{\overset{\|}{C}}OCH_2CH_2N(CH_2CH_3)_2 + C_2H_5OH}$$

酯交换反应还可以选用强碱性离子交换树脂作为催化剂。其反应条件温和，后处理简单，适合于许多对酸敏感的酯的合成。酯交换反应需要在无水条件下进行，否则反应体系中的酯会发生水解，影响反应的正常进行。需要特别注意的是：由其他醇生成的酯类产品不宜在乙醇中进行重结晶；同样原因，由其它酸生成的酯也不宜在乙酸中进行重结晶或其他反应。

例 10 抗胆碱药溴美喷酯（宁胃适，Mepenzolate Bromide）的合成：

$$\text{(C}_6\text{H}_5\text{)}_2\text{C(OH)—COOCH}_2\text{CH}_3 + \text{3-HO-1-CH}_3\text{-piperidine} \xrightarrow[60\sim80℃,\ 45\text{min}]{\text{CH}_3\text{CH}_2\text{ONa}} \text{(C}_6\text{H}_5\text{)}_2\text{C(OH)—COO-(1-CH}_3\text{-piperidin-3-yl)}$$

$$\xrightarrow{\text{CH}_3\text{Br}} \text{(C}_6\text{H}_5\text{)}_2\text{C(OH)—COO-(1,1-(CH}_3\text{)}_2\text{-piperidinium-3-yl)}\ \text{Br}^-$$

例 11 抗胆碱药格隆溴铵（胃长宁，Glycopyrronium Bromide）的合成：

抗胆碱药格隆溴铵的合成是由α－环戊基－α－羟基苯乙酸甲酯与3－羟基－N－甲基四氢吡咯在金属钠催化下发生酯交换反应生成N－甲基四氢吡咯酯；然后，再用溴甲烷与之作用生成季铵盐即得。

$$\text{C}_6\text{H}_5\text{C(OH)(C}_5\text{H}_9\text{)—COOCH}_3 + \text{3-HO-1-CH}_3\text{-pyrrolidine} \xrightarrow[110\sim120℃]{\text{Na}} \text{C}_6\text{H}_5\text{C(OH)(C}_5\text{H}_9\text{)—COO-(1-CH}_3\text{-pyrrolidin-3-yl)}$$

$$\xrightarrow{\text{CH}_3\text{Br}} \text{C}_6\text{H}_5\text{C(OH)(C}_5\text{H}_9\text{)—COO-(1,1-(CH}_3\text{)}_2\text{-pyrrolidinium-3-yl)}\ \text{Br}^-$$

（三）酸酐酰化剂

酸酐是一类强酰化剂，可用于各种结构的醇和酚的酰化，反应为不可逆。其反应过程为：

$$(\text{RCO})_2\text{O} + \text{R}'\text{OH 或 ArOH} \longrightarrow \text{RCOOR}'\text{ 或 RCOOAr} + \text{RCOOH}$$

酸酐一般用于酰化反应较困难的酚类化合物或位阻较大的醇羟基的酰化上。如：

$$(\text{CH}_3\text{CO})_2 + \text{HO-C}_6\text{H}_4\text{-OH} \xrightarrow[\text{r. t}]{\text{浓 H}_2\text{SO}_4} \text{CH}_3\text{COO-C}_6\text{H}_4\text{-OCOCH}_3$$

$$+ \ (CH_3CO)_2 \xrightarrow[\triangle,\ 18h]{\text{吡啶}} $$

OH, OCOCH$_3$, O, N

1. 工艺影响因素

（1）催化剂　用酸酐作为酰化剂进行酰化反应时可用酸或碱催化，常用酸性催化剂有硫酸、氯化锌、三氟化硼、对甲苯磺酸等，常用碱性催化剂吡啶、无水醋酸钠、喹啉及二甲基苯胺等。酸催化作用是质子首先与酸酐生成酰化能力较强的酰基正离子，再进一步与醇作用。

$$(RCO)_2O + H^+ \rightleftharpoons (RCO)_2\overset{+}{O}H \rightleftharpoons RC\overset{+}{O} + RCOOH$$

$$RCO^+ + R'OH \rightleftharpoons RCOOR' + H^+$$

吡啶的催化作用是吡啶能与酸酐形成活性配位化合物。

$$(CH_3CO)_2O + \text{吡啶} \longrightarrow \overset{+}{N}\text{-}COCH_3 + CH_3COO^-$$

$$\overset{+}{N}\text{-}COCH_3 + R'OH \longrightarrow CH_3COOR' + \overset{+}{N}H$$

酸催化的活性一般大于碱催化。所用催化剂及其他反应条件的选择，主要根据醇或酚中羟基的亲核活性和空间位阻的大小而定。对于位阻较大的醇可采用4－二甲氨基吡啶（DMAP）及4－吡咯烷基吡啶（PPY）等为催化剂。使用这些催化剂比吡啶或叔胺好。

（2）醇或酚的结构　醇和酸酐发生酰化反应的难易程度与醇的结构关系较大，这种影响与和酸直接发生酯化反应的影响类似。

酚羟基由于受芳环的影响，羟基氧原子的亲核性降低，其酰化反应比醇困难。酸酐酰化能力强，可对酚羟基进行酰化。加入硫酸或有机碱等催化剂以加快反应速度，所有酸酐如反应激烈可用石油醚、苯、甲苯等惰性溶剂稀释。例如：合成维生素E醋酸酯（vitamin E acetate）可用醋酸酐作酰化剂。

$$\xrightarrow[80℃,\ 1h]{Ac_2O/Py}$$

HO, CH$_3$, CH$_3$, H$_3$C, O, C$_{16}$H$_{33}$, CH$_3$; CH$_3$COO, CH$_3$, CH$_3$, H$_3$C, O, C$_{16}$H$_{33}$, CH$_3$

（3）酸酐的结构与活性　常用的酸酐除乙酸酐、丙酸酐外，还有一些二元酸酐，如邻苯二甲酸酐、顺丁烯二酸酐、琥珀酸酐等。混合酸酐的反应活性更强，这比用单一酸酐进行酰化更有实用价值。

羧酸－三氟乙酐混合酸酐：适用于立体位阻较大的羧酸的酯化。可使三氟乙酸酐先与羧酸形成混合酸酐后再加入醇，相互作用而得羧酸酯；对某些位阻较小的化合物，亦可先使羧酸与醇混合后再加入三氟乙酸酐。在此反应中由于三氟乙酸酐本身也能进行酰化，故要求醇的用量要多一些，以减少副反应。对于某些酸敏性物质则不宜采用此法。

$$RCOOH + (CF_3CO)_2O \rightleftharpoons RCOOCOCF_3 + CF_3COOH$$

$$R{-}C(=O){-}O{-}C(=O){-}CF_3 + H^+ \longrightarrow R{-}C(=O){-}O{-}C(=\overset{+}{O}H){-}CF_3 \longrightarrow R\overset{+}{C}O + CF_3COOH$$

$$R\overset{+}{C}O + R'OH \longrightarrow RCOOR' + H^+$$

羧酸－磺酸混合酸酐：羧酸与磺酰氯作用可形成羧酸－磺酸的混合酸酐，用于酯和酰胺的制备。

$$RCOOH + (CF_3CO)_2O \rightleftharpoons RCOOCOCF_3 + CF_3COOH$$

$$R{-}C(=O){-}O{-}C(=O){-}CF_3 + H^+ \longrightarrow R{-}C(=O){-}O{-}C(=\overset{+}{O}H){-}CF_3 \longrightarrow R\overset{+}{C}O + CF_3COOH$$

$$R\overset{+}{C}O + R'OH \longrightarrow RCOOR' + H^+$$

羧酸－多取代苯甲酸混合酸酐：在合成大环内酯时，常采用羧酸与多个吸电子基取代的苯甲酸所形成的混合酸酐的特殊试剂法。例如羧酸与2，4，6－三氯苯甲酰氯的混合酸酐。

$$2,4,6\text{-}Cl_3C_6H_2{-}COCl + RCOOH \xrightarrow{Et_3N/THF} 2,4,6\text{-}Cl_3C_6H_2{-}COOCOR$$

$$\xrightarrow{R'OH/DMAP} RCOOR' + 2,4,6\text{-}Cl_3C_6H_2{-}COOH$$

这种混合酸酐不仅使反应羧酸受到活化，而且由于多取代氯苯的位阻大大减少了三氯苯甲酰化副反应的可能性。除2，4，6－三氯苯甲酰氯外，2，3，6－三甲基－4，5－二硝基苯甲酰氯、2，6－二氯－3－硝基苯甲酰氯、2，4，6－三溴苯甲酰氯等均有应用。

其他混合酸酐：在用羧酸进行酰化的反应过程中，加入硫酸、氯代甲酸酯、光气、氧氯化磷、二卤磷酸酐等均可与羧酸在反应过程中形成混合酸酐，从而使羧酸酰化能力大大增强。

（4）溶剂及其他

用酸酐作酰化剂时如果反应进行得比较平稳，可不用溶剂；或用与酸酐相应的羧酸为溶剂。若某些反应过于激烈，不易控制，可考虑加入一些惰性溶剂稀释。常用的溶剂有苯、甲苯、硝基苯和石油醚等。

由于酸酐遇水易分解，酰化活性大大降低；生成的酯也会因水的存在而分解。因此该反应需严格控制反应体系中的水分。

2. 应用实例

在药物合成中，酸酐作为酰化剂主要用于结构复杂的醇、立体位阻较大的醇和酚的酰化。

例 12 镇痛药阿法罗定（安那度尔，Alphaprodine）的合成；

$$\text{1-methyl-3-methyl-4-phenyl-4-hydroxypiperidine (OH, CH}_3\text{, N–CH}_3) \xrightarrow[\text{②}HCl^{(gas)}]{\text{①}(C_2H_5CO)_2O/Py/\triangle} \text{(OCOC}_2H_5\text{, CH}_3\text{, N–CH}_3\text{)} \cdot HCl$$

（四）酰氯酰化剂

酰氯是一个活泼的酰化剂，反应能力强，适用于位阻较大的醇羟基、酚羟基酰化，其性质虽不如酸酐稳定，但若某些高级脂肪酸的酸酐制备困难而不能使用酸酐为酰化剂时，则可将其制备成酰氯后再与醇或酚反应。

$$RCOCl + R'OH \longrightarrow RCOOR' + HCl$$

$$RCOCl + ArOH \longrightarrow ROOAr + HCl$$

在反应过程中，常加入碱性试剂以中和生成的氯化氢。为了防止酰氯的分解，一般都采用分批加碱或低温反应的方法。常用的碱类有吡啶、三乙胺、N，N－二甲基苯胺、N，N－二甲氨基吡啶等有机碱或碳酸钠等无机弱碱。

1. 工艺影响因素

（1）催化剂　吡啶不仅有中和氯化氢的作用，而且可以与酰氯形成活性中间体，对反应有催化作用。

$$R—COCl + C_5H_5N \longrightarrow C_5H_5\overset{+}{N}(COR)\,Cl^- \xrightarrow{R'OH} RCOOR' + C_5H_5\overset{+}{N}H\,Cl^-$$

（2）酰氯的结构　酰氯的反应活性与结构有关，脂肪族酰氯的活性通常比芳香族酰氯为高，其中以乙酰氯最为活泼，反应激烈。但随着烃基氧原子数的增多，脂肪族酰氯的活性有所下降。芳香族酰氯的活性主要因羰基碳上的正电荷分散于芳环上而减弱。若脂肪族酰氯的 α－碳原子上的氢被吸电子基团所取代，则反应活性增强。

对于芳酰氯，如果在芳环的间位或对位有吸电子取代基时，则反应活性增强；反之若为给电子取代基，则反应活性减弱。

2. 应用实例

酰氯在碱性催化剂存在下，可使醇羟基、酚羟基酰化。

$$CH_2\ (COCl)_2 + 2\ (CH_3)_3COH \xrightarrow{C_6H_5N\ (CH_3)_2} CH_2\ [COOC\ (CH_3)_3]$$

$$\text{(OH, }COCH_3\text{, }CH_3O\text{, }OCH_3\text{, }COCH_3\text{-取代苯)} + CH_3O-C_6H_4-COCl \xrightarrow[1h]{Py} \text{(}OCO-C_6H_4-OCH_3\text{, }COCH_3\text{, }CH_3O\text{, }OCH_3\text{, }COCH_3\text{-取代苯)}$$

三、氮酰化反应

（一）羧酸酰化剂

羧酸与胺类进行的酰化反应为亲核取代反应

$$R-\overset{O}{\overset{\|}{C}}-OH + R'-NH_2 \rightleftharpoons R-\overset{O}{\overset{\|}{C}}-O^- \ H_3\overset{+}{N}R'$$

$$\left[R-\overset{O}{\overset{\|}{C}}(OH)\cdots NH(R')H\right] \longleftrightarrow \left[R-\overset{O^-}{C}(OH)-\overset{+}{N}H(R')H\right] \rightleftharpoons R-\overset{O}{\overset{\|}{C}}-NHR' + H_2O$$

首先氨基氮原子的未共用电子对向羰基碳原子作亲核进攻，形成过渡状配位化合物，然后脱水形成酰胺。反应中生成的水，可使酰胺水解，所以这是一个可逆反应。为了加快反应并使之趋于完全，则需加入催化剂或不断蒸出生成的水以破坏平衡。

1. 工艺影响因素

（1）催化剂　为加快酰化反应的速度，有时需加入少量强酸作为催化剂。使质子与羧酸形成中间体碳正离子，然后再与氨基结合，最后脱去水、质子而形成酰胺。

$$R-COOH + H^+ \rightleftharpoons R-C^+(OH)_2$$

$$R-C^+(OH)_2 + H-\underset{H}{N}-R' \rightleftharpoons \left[R-\underset{OH}{\overset{OH}{C}}-\underset{H}{\overset{H}{N}}-R'\right] \xrightleftharpoons{-H_2O} R-\overset{O}{\overset{\|}{C}}-NHR' + H^+$$

强酸质子除能催化羧酸形成碳正离子外，也可能与氨基结合形成胺盐，反而破坏了氨基与酰化剂的反应。所以只有适当地控制反应介质的酸碱度，才能加快反应速度。

（2）胺的结构　羧酸作为酰化剂一般用于碱性较强的胺类，其酰化反应的难易与胺类化合物的亲核能力及空间位阻有密切关系。氨基氮原子上的电子云密度愈大，空间位阻愈小，则反应活性愈强。胺类化合物酰化反应的活性：伯胺 > 仲胺；脂肪胺 > 芳香胺。在芳香族胺类化合物中，芳环上有给电子基团时，反应活性增强；反之，有吸电子基团时，则反应活性下降。

（3）配料比与水

$$RCOOH + R'—NH_2 \rightleftharpoons RCONHR' + H_2O$$

此反应可逆，为加快反应到达平衡并向生成酰胺的方向移动，必须使反应物之一过量，通常是羧酸过量。移去反应生成的水对酰化反应有利。一般在高温下脱水，但对于热敏性酸或胺是不适用的。若在反应物中加入甲苯或二甲苯进行共沸蒸馏，也可加入化学脱水剂以脱去反应生成的水。常用的化学脱水剂有五氧化二磷、三氯氧磷、三氯化磷等。

2. 应用实例

例 13　解热镇痛药对乙酰氨基酚（扑热息痛，Paracetmol）的合成，对乙酰氨基酚是以对氨基苯酚为原料合成的，酚羟基的存在使氨基的反应活性增强；同时由于氨基的亲电活性大于酚羟基，在弱酰化剂乙酸的作用下，就可以使氨基酰化，而酚羟基不被酰化，从而生成对乙酰氨基酚。

$$HO-C_6H_4-NH_2 + CH_3COOH \xrightarrow{130\sim135℃} HO-C_6H_4-NHCOCH_3$$

例 14　抗结核药异烟肼（Isoniazid）的合成：

$$4\text{-}CH_3\text{-}C_5H_4N \xrightarrow[260\sim280℃]{O_2} 4\text{-}COOH\text{-}C_5H_4N \xrightarrow[120\sim130℃]{H_2NNH_2 \cdot H_2O} 4\text{-}(C(=O)—NHNH_2)\text{-}C_5H_4N$$

（二）羧酸酯酰化剂

用羧酸酯作为酰化剂进行氨基的酰化，若反应物为伯胺，产物为 N－取代的酰胺；反应物为仲胺，产物为 N，N－二取代的酰胺，其反应机理实际上是酯的氨解反应。

$$RCOOR' + R''NH_2 \rightleftharpoons R—\overset{O}{\overset{\|}{C}}—NHR'' + R'OH$$

$$RCOOR' + R''R'''NH \longrightarrow R—\overset{O}{\overset{\|}{C}}—NR''R''' + R'OH$$

羧酸酯的活性虽不如酰氯、酸酐，但易于制备，且在反应中与胺不能成盐，特别是近年来由于合成了许多活性羧酸酯，因而被广泛用于酰胺及多肽的合成中。在反应中用醇钠或其他强碱（如 $LiAlH_4$、NaH、Na）作催化剂。

1. 工艺影响因素

（1）羧酸酯的结构　羧酸酯的结构对氨基酰化的反应速度影响主要来自羧酸部分 R 基团和酯基 R′。若羧酸部分 R 基团空间位阻大，则氨解速度慢，须在较高温度或在一定的压力下进行。反之，R 位阻小且有吸电子基时（如氯乙酸酯、氰乙酸酯）则易氨解。酯基 R′以苯基最活泼，叔丁基则难以反应。它们的反应速度如下：

$$R = H— > CH_3— > C_6H_5CH_2— > C_2H_5— > C_6H_5— > (CH_3)_2CH— > (CH_3)_3C—$$

$$R' = C_6H_5— > CH_2 = CH—C_6H_5CH_2— > C_2H_5— > (CH_3)_2CH— > (CH_3)_3C—$$

某些特殊结构的酯，如：

$$CH_3COO—C(CH_3)=CH_2 \qquad C_6H_5—CH_2—COO—C(NHR)=N—R$$

其离去基分别为

$$—O^-—C(NHR)=N—R \qquad —O^-—C(CH_3)=CH_2$$

由于共轭效应而比一般的 R—O′基更为稳定，因此具有比一般酯更大的反应活性。

（2）胺类结构　羧酸酯的氨解反应速度与胺的碱性强弱以及空间位阻有关。若胺中的 R″能增加氨基的碱性、空间位阻较小，则酰化反应速度加快。芳胺由于碱性较弱，须加入少量金属钠或醇钠进行催化。例如：

$$\begin{matrix}COOC_2H_5\\ |\\ COOC_2H_5\end{matrix} + 2\ \text{(3-氯苯胺, }NH_2\text{, Cl)} \xrightarrow[120℃]{Na} \begin{matrix}CONH—C_6H_4Cl\\ |\\ CONH—C_6H_4Cl\end{matrix}$$

（3）催化剂在反应中用醇钠或其他强碱（如 $LiAlH_4$、NaH、Na）作催化剂。过量的反应物胺也有催化作用，为防止酯或酰胺的水解，防止催化剂分解失效，应严格控制反应体系中的水份。

2. 应用实例

例 15　抗真菌药水杨苯胺（Salicylanilide）是用水杨酸乙酯在高温对苯胺进行酰化反应生成。

例 16　头孢菌素中间体的合成

$$C_6H_5—CH_2COOCHM3 + \text{(7-氨基头孢烷酸: } H_2N\text{, S, N, O, } CH_2OCOCH_3\text{, COOH)} \xrightarrow[r.t.\ 5h]{BBr3}$$

$$C_6H_5—CH_2CONH—\text{(头孢母核: S, N, O, } CH_2OCOCH_3\text{, COOH)}$$

（三）酸酐酰化剂

酸酐与胺类进行酰化反应是不可逆反应，因此酸酐不需过多，一般高于理论量的 5%～10%，其反应机理：

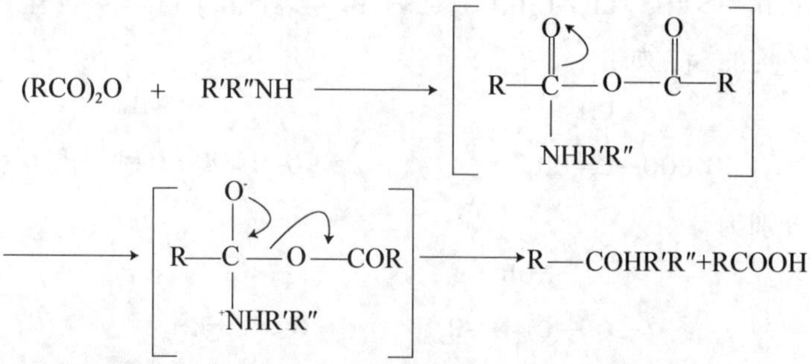

$$(RCO)_2O + R'R''NH \longrightarrow [R-C(O^-)(NHR'R'')-O-C(=O)-R] \longrightarrow [R-C(O^-)(NHR'R'')-O-COR] \longrightarrow R-COHR'R''+RCOOH$$

1. 工艺影响因素

（1）催化剂　用酸酐作为酰化剂进行胺类的酰化反应，可为酸或碱所催化，由于反应过程有酸生成，故可自动催化。对于难于酰化的胺基化合物如二苯胺、2，4－二硝基苯胺、N－甲基邻硝基苯胺、2，4，6－三溴苯胺等可加入硫酸、磷酸、高氯酸以加快反应速度。为强化酰化剂的酰化能力，在合成中常采用混合酸酐法。

（2）反应温度　酸酐的酰化能力较强，可用于一些较难酰化的胺类。常用的酸酐是乙酸酐，由于其酰化活性较高，通常在20～90℃时反应即能完成。例如邻氨基苯甲酸，因受苯环上羧基的影响，碱性较弱，同时形成内盐，增加了酰化反应的困难。但是如果用乙酸酐作为酰化剂，酰化反应可顺利完成。

2. 应用实例

例17　氨苄西林（Ampicillin）中间体的制备。

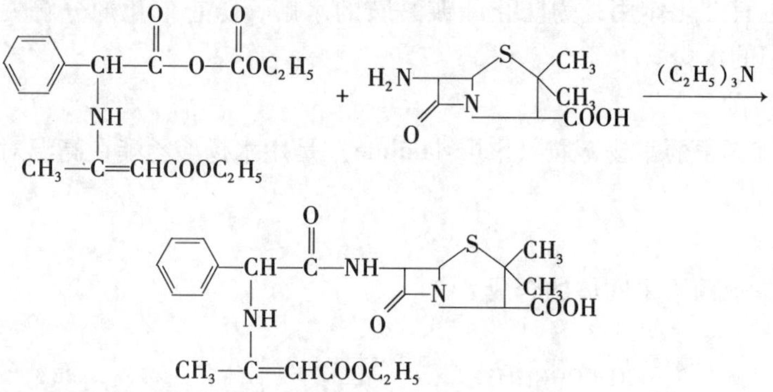

$$C_6H_5-CH(NH-C(CH_3)=CHCOOC_2H_5)-CO-O-COOC_2H_5 + H_2N\text{-(6-APA, }CH_3, CH_3, COOH) \xrightarrow{(C_2H_5)_3N} C_6H_5-CH(NH-C(CH_3)=CHCOOC_2H_5)-CO-NH\text{-(penam, }CH_3, CH_3, COOH)$$

例18　抗菌药酞磺噻唑（PST）的制备。

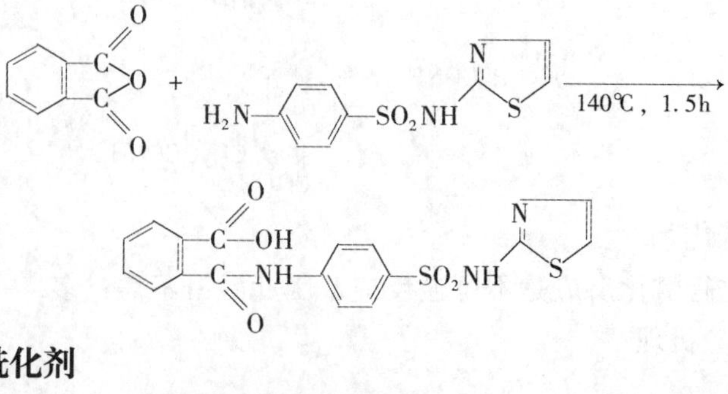

$$\text{邻苯二甲酸酐} + H_2N-C_6H_4-SO_2NH\text{-(2-噻唑基)} \xrightarrow{140℃，1.5h} C_6H_4(COOH)-C(=O)-NH-C_6H_4-SO_2NH\text{-(2-噻唑基)}$$

（四）酰氯酰化剂

酰卤（X：Cl、Br、F）与胺作用时反应强烈快速，其中以酰氯应用最多。

$$RCOCl + R'NH_2 \longrightarrow RCONHR' + HCl$$

常用的溶剂为三氯甲烷、乙酸、二氯乙烷、四氯化碳、苯、甲苯和吡啶等。为获得好的收率，必须不断除去生成的氯化氢以防止其与胺成盐。中和氯化氢可采用加入过量的胺或加入有机碱吡啶、三乙胺，也可加入强碱性的季胺化合物，有的加入无机碱（如 NaOH、Na_2CO_3、NaAc 等）。吡啶既可作溶剂，又可中和氯化氢，还能与酰氯形成配合物而增强酰化能力。

由于酰氯活性强，一般在常温、低温下即可反应，所以多用于空间位阻较大的胺以及热敏性物质的酰化。如：

$$C_6H_{11}COCl + HN(CH_3)_2 \longrightarrow C_6H_{11}CON(CH_3)_2$$

$$p\text{-}CH_3OC_6H_4CH_2COCl + H_2NCH_2CH_2C_6H_5 \xrightarrow[0℃,\ 2h]{Ph—H} p\text{-}CH_3OC_6H_4CH_2CONHCH_2CH_2C_6H_5$$

氯代乙酰氯是一种非常活泼的酰化剂。由于甲基上的氢被取代后，更增加了酰基碳原子上的部分正电荷，所以在低温下就可完成酰化反应。

例 18 局部麻醉药盐酸利多卡因的中间体 2，6 - 二甲基苯胺，由于氨基受到的空间位阻较大，但在醋酸钠的存在下，用氯代乙酰氯在低温下进行酰化。

$$2,6\text{-}(CH_3)_2C_6H_3NH_2 + ClCH_2COCl \xrightarrow[<10℃,\ 30min]{AcOH/AcONa} 2,6\text{-}(CH_3)_2C_6H_3NHCOCH_2Cl$$

由于氯代乙酰氯的活泼性较高，在滴加酰化剂进行反应的同时，应不断滴加碱性溶液以维持介质的 pH 在中性，防止酰化剂水解。

芳香酰氯、芳香磺酰氯与低级脂肪酰氯相比，活性要低一些，一般不易水解。所以能在碱性介质中直接滴加酰氯进行酰化反应。

例 19 医药及染料的中间体苯酰氨基乙酸的制备。

$$C_6H_5COCl + H_2NCH_2COOH \xrightarrow{H_2O,\ NaOH} C_6H_5CONHCH_2COOH + HCl$$

四、碳酰化反应

（一）Friedel - Crafts 酰化反应

Friedel - Crafts 酰化反应是在 Lewis 酸催化下酰基取代芳环上的氢生成芳酮或芳醛的反应。

1. 工艺影响因素

（1）酰化剂　常用的酰化剂有酰卤、酸酐等，在酰卤中多用酰氯和酰溴，其反应活性顺序是：酰碘 > 酰溴 > 酰氯 > 酰氟。脂肪酰氯中烃基的结构对反应影响较大，如酰基的 α - 位为叔碳原子时，由于受三氯化铝的作用容易脱羰形成叔碳正离子，因而反应后得到的是烃化产物。例如：

$$(CH_3)_3C-COCl \xrightarrow{AlCl_3/Ph-H} (CH_3)_3C-C(Cl)=O\cdots AlCl_3 \longrightarrow (CH_3)_3C^+ + CO + AlCl_4^-$$

$$(CH_3)_3C^+ + C_6H_6 \xrightarrow{AlCl_3} C_6H_5-C(CH_3)_3$$

α，β-不饱和脂肪酸的酰氯与芳烃反应时，因酰化剂中的烯键官能团在此条件下亦可发生烃化反应，因此在酰化后可进一步发生分子内烃化反应而环合。例如对甲氧基甲苯与α，β-丁烯酰氯在过量三氯化铝存在下加热可得下述混合物。

$$p\text{-}CH_3C_6H_4OCH_3 + CH_3CH{=}CHCOCl \xrightarrow[3\sim4h]{AlCl_3/CS_2} (OCH_3)(CH_3)C_6H_3-C(=O\cdots AlCl_3)-CH{=}CH-CH_3$$

$$\xrightarrow{AlCl_3} (CH_3, CH_3, O, O) + (CH_3, CH_3, OH, O)$$

若酰化剂的烃基中有芳基取代基时，且芳基取代在β、γ、δ位上则易发生分子内酰化而得环酮。其反应难易与形成环的大小有关（六元环＞五元环＞七元环）。

$$C_6H_5(CH_2)_nCOCl \xrightarrow{AlCl_3} (CH_2)_n,\ C=O \quad \begin{cases} n=2\ (90\%) \\ n=3\ (91\%) \\ n=4\ (50\%) \end{cases}$$

$$C_{10}H_7(CH_2)_3COCl \xrightarrow{AlCl_3,\ CS_2} \quad (94\%)$$

当用二元酸酐酰化时可制取芳酰脂肪酸，并可进一步环合得芳酮衍生物，如苯与丁二酸酐反应最后可得萘满酮。

$$C_6H_6 + (CH_2C(=O))_2O \xrightarrow[\triangle,\ 1.5h]{AlCl_3} C_6H_5-C(=O)-CH_2CH_2COOH$$

$$\xrightarrow{Zn-Hg} C_6H_5(CH_2)_3COOH \xrightarrow{PPA}$$

（2）被酰化物的结构　Friedel-Crafts 酰化反应属亲电取代反应，因此芳环上存在的邻对位定向的烃基、烷氧基、乙酰氨基等都可促进反应。游离的氨基由于氮原子能与三氯化铝中铝原子形成配位键，降低了三氯化铝的催化活性，影响反应收率，因此氨基在反应前应进行保护。

在具有邻对位定位基的芳环上引入酰基时，主要进入对位，若对位被占据则进入邻位。

$$C_6H_5OCH_3 + CH_3O\text{-}C_{10}H_6\text{-}COCl \xrightarrow{AlCl_3} CH_3O\text{-}C_{10}H_6\text{-}CO\text{-}C_6H_4\text{-}OCH_3 \quad 91\%$$

$$CH_3\text{-}C_6H_4\text{-}CH(CH_3)_2 + CH_3COCl \xrightarrow[5℃,\ 3h]{AlCl_3/CS_2} CH_3\text{-}C_6H_3(COCH_3)\text{-}CH(CH_3)_2 \quad 55\%$$

当芳环上有硝基取代后，则不能再进行酰化反应。因此，硝基苯常用来做酰化反应的溶剂。但是，若在芳环上同时有给电子基存在，则也可能发生酰化反应。

（3）催化剂　催化剂的作用在于增强酰基碳正离子的正电性，提高其亲电能力。Lewis 酸的催化作用强于质子酸，各种催化剂的强弱程度往往因具体反应条件不同而异。若以酰氯和酸酐为酰化剂时多选用 $AlCl_3$、BF_3、$SnCl_4$、$ZnCl_2$ 等；若以羧酸为酰化剂时，则多选用硫酸、液体氟化氢以及多聚磷酸等。Lewis 酸中以无水三氯化铝最为常用。但是，对于某些多 π 电子的杂环如呋喃、噻吩等，由于反应活性较高，即使在温和条件下，三氯化铝亦会引起杂环的分解，因而不能选用；对于含有羟基、烷基、烷氧基或二烷氨基的活泼芳香族化合物，为了避免异构化或脱烷基等副反应发生，也不选用三氯化铝为催化剂。此时可选用活性较小的 BF_3 或 $SnCl_4$ 为宜。

例 20　抗生素头孢噻吩（Cefalotin）中间体的制备。

$$\text{噻吩} + (CH_3CO)_2O \xrightarrow[0℃\sim r.t.,\ 1.5h]{EF_3 \cdot Et_2O} \text{2-噻吩基-}\overset{O}{\overset{\|}{C}}\text{—}CH_3 \quad (77\%)$$

由于 Lewis 酸与反应产物醛、酮可生成配合物，因此用酰氯时需要等摩尔的 Lewis 酸；用酸酐时则需要 2 摩尔以上的催化剂。

（4）溶剂　碳酰化反应生成的芳酮与三氯化铝的配合物都是固体或黏稠的液体，因此为了顺利进行酰化反应，常常使用过量的某一种液态组分作为溶剂。例如在由邻苯二甲酸酐与苯制邻苯甲酰基苯甲酸时，可用 6 倍至 7 倍的苯作溶剂，因为苯易于回收套用。如果反应组分都不是液态的，则要选用溶剂，常用的有硝基苯、二硫化碳、二氯乙烷、四氯乙烷、四氯化碳、石油醚及氯代烃等。

硝基苯的极性较大，不仅能溶解三氯化铝，而且还能溶解三氯化铝和酰氯或芳酮形成的配合物。此种酰化反应基本上属于均相反应。二硫化碳、氯代烷、石油醚等溶剂对于三氯化铝或其配合物的溶解度很小，此种酰化反应基本上是非均相反应。

选择酰化反应溶剂时，应注意溶剂对催化活性的影响，如硝基苯与三氯化铝可形成配合物，使催化剂的活性有所下降，所以只适用于较易酰化的反应。二氯乙烷等某些氯代烃类，在三氯化铝作用下，温度较高时，有可能参与发生芳环上的取代反应。

还应该指出，溶剂对酰基进入芳环的位置也有影响。例如，从萘和乙酐制萘乙酮要用非极性溶剂二氯乙烷。而由萘和乙酰氯制β－萘乙酮则需要用强极性溶剂硝基苯。上述反应如果用二硫化碳或石油醚作溶剂，则得到α－和β－萘乙酮的混合物。

2. 应用实例

例 21 非甾体消炎镇痛药布洛芬（Ibuprofen）中间体的制备。

$$(H_3C)_2C{-}CH_2{-}C_6H_5 \xrightarrow[20℃,\ 3\sim3.5h]{CH_3COCl,\ AlCl_3} (H_3C)_2CH{-}CH_2{-}C_6H_4{-}COCH_3 \quad (95\%)$$

例 22 萘普生（Naproxen）中间体的制备。

$$H_3CO{-}C_{10}H_7 \xrightarrow{CH_3COCl,\ AlCl_3} H_3CO{-}C_{10}H_6{-}COCH_3$$

（二）Hoesch 反应

腈类化合物与氯化氢在 Lewis 酸、催化剂 $ZnCl_2$ 的存在下与具羟基或烷氧基的芳烃进行反应可生成相应的酮亚胺，再经水解则得具羟基或烷氧基的芳香酮，此反应称为 Hoesch 反应。

Hoesch 反应是以腈为酰化剂间接将酰基引入酚或酚醚的芳环上的方法。其反应历程是腈化物首先与氯化氢结合，在无水氯化锌催化下形成具有正碳离子的活性中间体，进攻芳环后转化为酮亚胺，经水解得酮。

$$R{-}C{\equiv}N \xrightarrow{HCl} [R{-}C{\equiv}\overset{+}{N}H \longleftrightarrow R{-}\overset{+}{C}{=}NH]Cl^-$$

$$\text{(间苯二酚, OH, HO)} + R{-}C^+{=}NH\cdot Cl^- \rightleftharpoons \text{(σ-络合物, OH, HO, H, C(R)=NH)}$$

$$\longrightarrow \text{(OH, HO)}{-}\underset{R}{C}{=}\overset{+}{N}H_2\cdot Cl^- \xrightarrow{H_2O} \text{(OH, HO)}{-}\underset{O}{\overset{\|}{C}}{-}R$$

此反应只适用于间苯二酚、间苯三酚及其相应的醚，而对一元酚而言，一般不产生酮，往往得到亚氨酸苯酯$\left(\begin{matrix}R{-}C{-}O{-}Ar\\ \|\\ {}^{+}NH_2Cl^-\end{matrix}\right)$，某些杂环如吡咯等也能发生该反应。

（三）维尔斯迈尔（Vilsmeier）反应

以 N－取代的甲酰胺为甲酰化试剂，在氧氯化磷作用下，在芳环（或芳杂环）上引入甲酰基的反应称为 Vilsmeier 反应。

$$ArH + R_2N{-}CHO \xrightarrow{POCl_3} ArCHO + R_2NH$$

反应机理一般认为是N－取代甲酰胺先与氧氯化磷生成配合物，它是放热过程，应严格控制反应温度；然后进一步解离为具有正碳离子的活性中间体，再对芳环进行亲电取代反应，生成α－氯胺后很快水解成醛，这是吸热过程，需要加热。

$$RR'N{-}CHO + POCl_3 \rightleftharpoons [RR'N^+{=}CHO{-}POCl_2]Cl^- \rightleftharpoons RR'N{-}CH(Cl){-}O{-}POCl_2 \rightleftharpoons [RR'N{-}\overset{+}{C}H{-}Cl]\cdot {}^-OPOCl_2 \xrightarrow{Ph{-}NR''_2}$$

$$\xrightarrow{-H^+} R''_2N{-}C_6H_4{-}CH(Cl){-}NRR' \xrightarrow{H_2O} R''_2N{-}C_6H_4{-}CHO$$

Vilsmeier反应最常用的催化剂是$POCl_3$，也可以是$COCl_2$、$SOCl_2$、$ZnCl_2$、AC_2O等作催化剂。N－取代甲酰胺可以是单取代或双取代烷基、芳烃基衍生物、N－甲基甲酰基苯胺、N－甲酰基哌啶等。

Vilsmeier反应只适用于芳环上或杂环上电子云密度较高的活泼化合物的碳甲酰化制芳醛。例如，N，N－二烷基芳胺、酚类、酚醚、多环芳烃以及噻吩和吲哚衍生物的碳甲酰化。

$$(CH_3)_2N{-}C_6H_5 \xrightarrow{DMF/POCl_3} (CH_3)_2N{-}C_6H_4{-}CHO$$

$$\text{吲哚-2-}COOC_2H_5 + C_6H_5N(CH_3)CHO \xrightarrow[\triangle,\ 1h]{POCl_3} \text{3-}CHO\text{-吲哚-2-}COOC_2H_5$$

目标检测题

一、简答题

1. 什么是酰化反应？常用的酰化剂有哪几类？酰化能力顺序如何？
2. 写出酯化反应通式，打破平衡和促进酯化反应有哪些方法？
3. 胺类化合物的酰化活性一般存在什么规律？

4. Friedel－Crafts 酰化反应有哪些影响因素？

二、完成下列反应

1. （间苯二酚）$+ CH_3(CH_2)_4COOH \xrightarrow[120]{ZnCl_2}$

2. （2,6-二甲基苯胺）$+ ClCH_2COCl \xrightarrow{AcONa}$

3. ON_2-（苯环）-COOH + $HOCH_2CH_2N(C_2H_5)_2$ $\longrightarrow$

4. （含 NH 及 CH_2NH_2 的四氢异喹啉）+ （环己基）-COCl $\longrightarrow$

5. （苯环）-CH_2CH_2CCl（C=O）$\xrightarrow{AlCl_3}$

第九章

缩合反应技术

第一节　缩合反应的基本化学原理

一、缩合反应的概念

缩合反应的涵义很广，凡是两个分子互相作用失去一个小分子，生成一个较大分子的反应，以及两个分子通过加成作用生成一个较大分子的反应都可称作缩合反应(Condensation Reaction)。反应过程中，一般同时脱去一些简单的小分子（如水、醇、氨、卤化氢等），加成缩合不脱去任何分子。本部分只讨论脂链中亚甲基和甲基上的酸性活泼氢被取代而形成新的碳－碳键的缩合反应。它既有碳－烃化反应，也有碳－酰化反应，但有其共同的特点。通过这类缩合反应可制得一系列医药中间体。

二、脂链中亚甲基和甲基上的氢的酸性

脂链中亚甲基和甲基上有较强的吸电子基团时，这个亚甲基或甲基上的氢一般都表现出一定的酸性，其酸性可以用 p*K*a 值来表示，即酸性越强，p*K*a 越小，如表 9－1 所示。

表 9－1　各种活泼甲基和活泼亚甲基化合物的酸性（以 p*K*a 表示）

化合物类型 $CH_3—Y$	p*K*a	化合物类型 $X—CH_2—Y$	p*K*a
$CH_3—NO_2$	10	$N≡C—CH_2—C(=O)—OC_2H_5$	9
$CH_3—C(=O)—H$	17	$CH_3—C(=O)—CH_2—C(=O)—CH_3$	9
$CH_3—C(=O)—C_6H_5$	19	$CH_3—C(=O)—CH_2—C(=O)—OC_2H_5$	10.7

续表

化合物类型 $CH_3—Y$	pKa	化合物类型 $X—CH_2—Y$	pKa
$CH_3—C(=O)—CH_3$	20	$N≡C—CH_2—C≡N$	11
$CH_3—C(=O)—OC_2H_5$	约 24	$C_2H_5O—C(=O)—CH_2—C(=O)—OC_2H_5$	13
$CH_3—C≡N$	约 25		
$CH_3—C(=O)—NH_2$	约 25		

由表 9－1 可以看出，各种吸电子基团 Y 对 α－甲基上氢的活化能力的次序如下：

$$—NO_2 > —C(=O)—R > —C(=O)—OR > —C≡R > —C≡N, —C(=O)—NH_2$$

在亚甲基上连有两个吸电子基团 X 和 Y 时，亚甲基上氢原子的酸性明显增加。

三、一般反应历程

在上述吸电子基团的 α－碳原子上的氢具有一定酸性，在碱（B）的催化作用下，可以脱质子而形成碳负离子。例如：

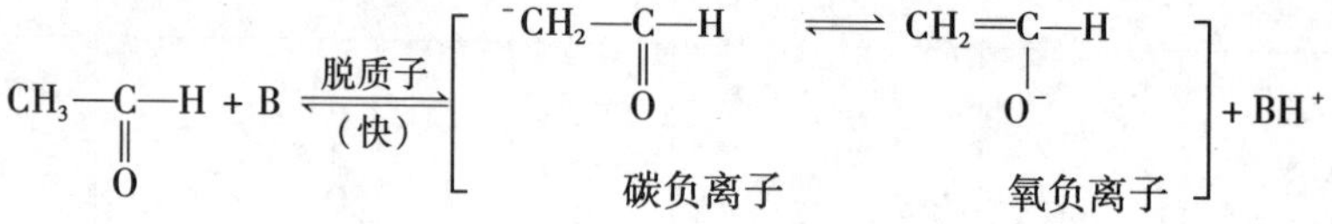

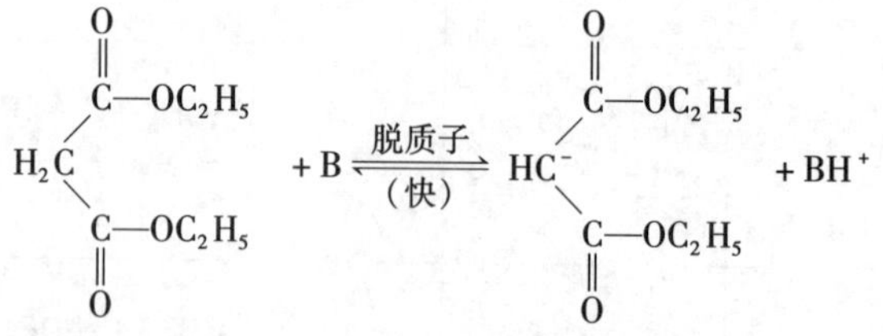

$$CH_3—C(=O)—H + B \underset{（快）}{\overset{脱质子}{\rightleftharpoons}} \left[{}^-CH_2—C(=O)—H \rightleftharpoons CH_2=C(—O^-)—H \right] + BH^+$$

碳负离子　　　氧负离子

$$H_2C(COOC_2H_5)_2 + B \underset{（快）}{\overset{脱质子}{\rightleftharpoons}} HC^-(COOC_2H_5)_2 + BH^+$$

丙二酸二乙酯　碱　　　碳负离子

这类碳负离子可以与醛、酮、羧酸酯、羧酸酐以及烯键和炔键发生亲核加成反应或者与卤烷发生亲核取代反应，形成新的碳－碳键而得到多种类型的产物。对于不同的缩合反应需要使用不同的碱催化剂，而很少采用酸催化剂。

第二节　反应操作实例——2-丙基丙烯醛的制备

一、制备方法

1. 反应原理

Mannich 反应：

$$H_7C_3—CH_2—CHO + CH_2O + HN(CH_3)_2 \longrightarrow H_7C_3—\underset{\displaystyle CH_2N(CH_3)_2}{\underset{|}{CH}}—CHO + H_2O$$

$$H_7C_3—\underset{\displaystyle CH_2N(CH_3)_2}{\underset{|}{CH}} \longrightarrow H_7C_3—\underset{\displaystyle CH_2}{\underset{\|}{C}}—CHO + HN(CH_3)_2$$

2. 流程方框图（图9-1）

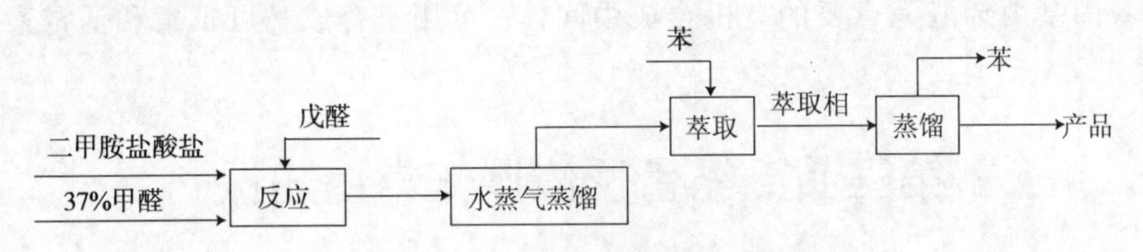

图9-1　2-丙基丙烯醛生产流程

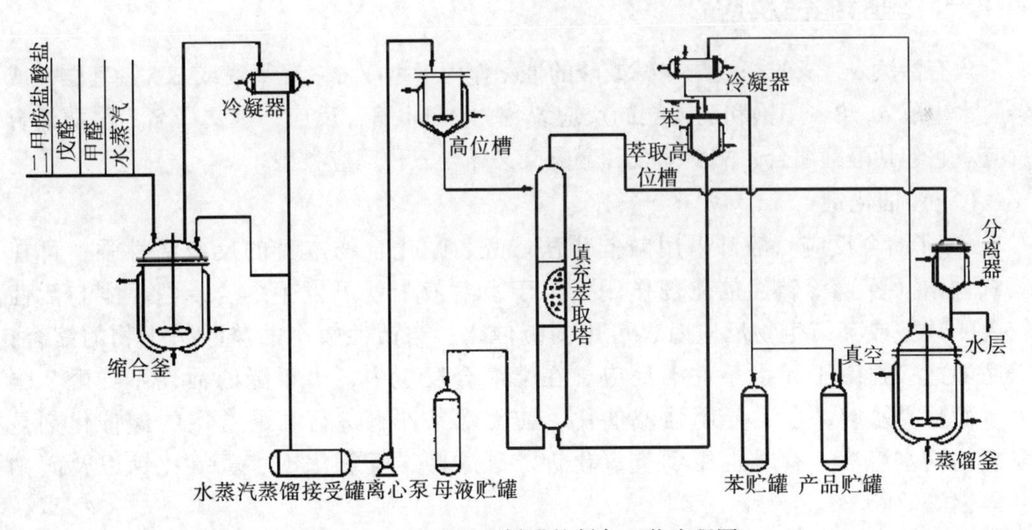

图9-2　2-丙基丙烯醛的制备工艺流程图

3. 投料比（质量）

戊醛：37%甲醛：二甲胺盐酸盐：苯=1：1.13：1.14：10

二、操作过程

在搪玻璃反应釜内加入二甲胺盐酸盐和37%甲醛，开启搅拌与水蒸气加热系统，再加入戊醛。投料毕，升温至65℃，并维持65~70℃下搅拌反应15h以上。接着取样分析，待反应达终点后进行水蒸气蒸馏，所得的馏出物用苯分三次萃取，且合并萃取相去真空蒸馏，先回收苯，最后蒸出产品。收率≥75%（以戊醛计）。

三、注意事项

（1）反应终点的判断，最好用色谱跟踪分析，也可简单地用 TLC 点样，一般以戊醛是否反应完全来判断反应是否到达终点，通常需 20h。

（2）萃取剂也可选用醚类，特别是实验室制备时可选用乙醚。

（3）2－丙基丙烯醛为无色透明液体。沸点 116～118℃。溶于水、乙醚、苯和乙醇。

①产品规格

外观	无色透明液体	含量,%	≥98.5
沸点,℃	116～118	异构体,%	≤1.0

②用途

2－丙基丙烯醛为重要的有机合成中间体，可用于合成林可霉素和洁霉素类抗菌素。

第三节　缩合反应操作常用知识

一、醛醇缩合反应

含有活泼 α－氢的醛或酮在碱或酸的催化作用下生成 β－羟基醛或 β－羟基酮，或经脱水生成 α，β－不饱和醛或酮的反应统称为 Aldol 缩合反应，中文译名为醛醇缩合反应。它包括醛醛缩合、酮酮缩合和醛酮交叉缩合三种反应类型。

（一）催化剂

Aldol 缩合反应一般都采用碱催化法。醛、酮化合物本身的反应活性强，可在氢氧化钠（钾）等碱性催化剂作用下，于水溶液中就可发生缩合；醛、酮与活性较大的羧酸或其衍生物反应时，可用弱碱催化；与活性较小的羧酸衍生物的缩合，需用醇盐等强碱于无水条件下反应。在酯缩合反应中，由于酯的活性不如醛、酮大。而且易水解，也需要用强碱催化，在无水条件下进行。最常用的碱催化剂是氢氧化钠水溶液，有时也用到氢氧化钾、碳酸钾、氢氧化钡、氢氧化钙以及醇钠和醇铝等。

（二）一般反应历程

醛醇缩合反应可以被酸或碱所催化，其中碱催化较多。碱可夺取活泼氢形成碳负离子，提高试剂的亲核活性，有利于和另一分子醛或酮的羰基进行加成。得到的加成物在碱作用下可进行脱水反应，生成 α，β－不饱和醛或酮类化合物。

$$2RCH_2-\overset{O}{\overset{\|}{C}}-R' \underset{}{\overset{HA 或 B^-}{\rightleftharpoons}} RCH_2-\underset{R'}{\overset{OH}{\overset{|}{\underset{|}{C}}}}-\underset{R}{\overset{H}{\overset{|}{\underset{|}{C}}}}-\overset{O}{\overset{\|}{C}}-R' \xrightarrow{-H_2O} RCH_2-\underset{R'}{\underset{|}{C}}=\underset{R}{\underset{|}{C}}-\overset{O}{\overset{\|}{C}}-R'$$

式中，R′ = H，烃基；HA 为酸性催化剂；B^-为碱性催化剂。

由上可见，酸或碱催化下的羟醛缩合反应在加成阶段都是可逆的。反应包括一系列的平衡过程。要提高较稳定加成物的收率，则需设法打破平衡。

（三）醛醛缩合

醛醛缩合可分为同分子醛的自身缩合和异分子醛之间的交叉缩合两大类。它们在工业生产上都有重要用途。

1. 同分子醛的自身缩合

以乙醛的自身缩合为例，它在碱的作用下先脱质子生成碳负离子，后者再与另一分子乙醛中的羰基碳原子发生亲核加成反应而生成 3 —羟基丁醛（英文名 Acealdol，简称 Ald01）。

$$\underset{乙醛}{CH_3-\overset{}{\underset{O}{\underset{\|}{C}}}-H} + OH^- \underset{(快)}{\overset{脱质子}{\rightleftharpoons}} \underset{碳负离子}{{}^-CH_2-\underset{O}{\underset{\|}{C}}-H} + H_2O$$

$$\underset{乙醛}{CH_3-\overset{\delta^+}{C}(=\overset{\delta^-}{O})-H} + \underset{碳负离子}{{}^-CH_2-\underset{O}{\underset{\|}{C}}-H} \underset{(慢)}{\overset{亲核加成}{\rightleftharpoons}} \underset{碳负离子}{CH_3-\underset{O^-}{\underset{|}{CH}}-CH_2-\underset{O}{\underset{\|}{C}}-H}$$

上述反应都是可逆的，其中决定反应速度的最慢步骤是亲核加成反应。

如果醛分子中有两个以上活泼α - 氢，而且缩合时反应温度较高和催化剂的碱性较强，则β - 羟基醛可以进一步发生消除反应，脱去一分子水而生成不饱和醛。例如：

$$\underset{3-羟基丁醛}{CH_3-\underset{OH}{\underset{|}{CH}}-CH_2-\underset{O}{\underset{\|}{C}}-H} \xrightarrow[消除脱水]{加热；或酸催化} \underset{\alpha,\beta-丁烯醛}{CH_3-CH=CH-\underset{O}{\underset{\|}{C}}-H} + H_2O$$

为了保证各步反应的收率，消除脱水反应也可另外在酸性催化剂（例如稀硫酸，乙酸等）存在下完成。

如上所述，乙醛的自身缩合，消除脱水可制得α，β - 丁烯醛，后者加氢还原可制得正丁醛和正丁醇。正丁醛自身缩合、消除脱水得 2 - 乙基 - α，β - 己烯醛，后者加氢还原可制得 2 - 乙基己醇（异辛醇）。上述方法曾经是生产正丁醇和异辛醇的重要方法，但现在正丁醛和正丁醇的生产已经被丙烯与一氧化碳的羰基合成法所代替。而异辛醇的生产仍采用正丁醛法。

$$CH_3CH_2CH_2-\underset{\underset{O}{\|}}{C}-H + \overset{CH_3CH_2}{\overset{|}{CH_2}}-\underset{\underset{O}{\|}}{C}-H \xrightarrow[80\sim130℃；0.3\sim1.0MPa]{自身缩合；消除脱水；20\%\ NaOH 催化}$$

$$CH_3CH_2CH_2-CH=\overset{CH_3-CH_2}{\overset{|}{C}}-\underset{\underset{O}{\|}}{C}-H \xrightarrow[150\sim160℃；1.42MPa]{Ni；气相加氢} CH_3CH_2CH_2\overset{CH_3-CH_2}{\overset{|}{CH}}-CH_2OH$$

例如，催眠镇静药甲丙氨酯（Meprobamate）的中间体2-甲基-2-戊烯醛，是由两分子丙醛在稀碱中缩合而成。将丙醛滴入稀的氢氧化钠水溶液中，并控制温度在40℃左右。否则，易发生副反应。

$$2CH_3CH_2CHO \xrightarrow[40℃，15min]{稀 NaOH} CH_3CH_2CH=\underset{\underset{CH_3}{|}}{C}-CHO$$

2. 异分子醛的交叉缩合

异分子醛交叉缩合时可能生成4种羟基醛：

$$R-CH_2-\underset{\underset{OH}{|}}{CH}-\underset{\underset{R'}{|}}{CH}-\underset{\underset{O}{\|}}{C}-H\ ；\ R'-CH_2-\underset{\underset{OH}{|}}{CH}-\underset{\underset{R}{|}}{CH}-\underset{\underset{O}{\|}}{C}-H$$

$$R-CH_2-\underset{\underset{OH}{|}}{CH}-\underset{\underset{R}{|}}{CH}-\underset{\underset{O}{\|}}{CH}\ ；\ R'-CH_2-\underset{\underset{OH}{|}}{CH}-\underset{\underset{R'}{|}}{CH}-\underset{\underset{O}{\|}}{C}-H$$

如果进一步消除脱水，则产物更多。但是实际上，根据原料醛的结构和反应条件的不同，所得产物仍有主次之分，甚至因可逆平衡过程而主要给出一种产物。

异分子醛在碱催化下交叉缩合时，一般是α-碳原子上含活性氢较少（即含取代基较多）的醛生成碳负离子，然后与α-碳原子上含氢较多的醛的羰基碳原子发生亲核加成反应。例如，丁醛和乙醛通过交叉缩合、消除脱水、加氢还原主要得到2-乙基丁醛（异己醛）。

$$\underset{乙醛}{CH_3-\underset{\underset{O}{\|}}{C}-H} + \underset{丁醛碳负离子}{{}^{-}\underset{\underset{C_2H_5}{|}}{C}-\underset{\underset{O}{\|}}{C}-H} \xrightarrow[碱催化]{亲核加成\ 加质子+H^+} CH_3-\underset{\underset{OH}{|}}{CH}-\underset{\underset{C_2H_5}{|}}{CH}-\underset{\underset{O}{\|}}{C}-H$$

$$\xrightarrow[-H_2O]{消除脱水} CH_3-CH=\underset{\underset{C_2H_5}{|}}{C}-\underset{\underset{O}{\|}}{C}-H \xrightarrow[+H_2]{催化加氢} CH_3-CH_2-\underset{\underset{C_2H_5}{|}}{CH}-\underset{\underset{O}{\|}}{C}-H$$

3. 芳醛与脂醛的交叉缩合

芳醛没有羰基α-氢，不能生成碳负离子，它不能自身缩合，但是芳醛分子中的羰基可以同含有活泼α-氢的脂醛所生成的碳负离子发生交叉缩合、消除脱水生成β-苯基-α，β-不饱和醛。这个反应又称 Claisen-Schimidt 反应。例如，苯甲醛：乙醛：质量含量1%~1.25%氢氧化钠水溶液按1：1.38：0.09~0.11的摩尔比，在溶剂苯的存在下，在20℃反应5h，苯层精馏，回收苯和苯甲醛，最后蒸出产品苯丙烯醛（肉桂醛）。按投料的苯甲醛计，收率38.2%~41.7%；按消耗的苯甲醛计，收率约为96%。

$$C_6H_5-\underset{\underset{O}{\|}}{C}-H + CH_3-\underset{\underset{O}{\|}}{C}-H \xrightarrow[OH^-\ 催化]{交叉缩合} \left[C_6H_5-\underset{\underset{OH}{|}}{CH}-CH_2-\underset{\underset{O}{\|}}{C}-H \right]$$

$$\xrightarrow{消除脱水} C_6H_5-CH{=}CH-\underset{\underset{O}{\|}}{C}-H + H_2O$$

例如，化合物为抗血吸虫药呋喃丙胺（Furapromide）中间体。

$$\text{(2-呋喃基)}-CHO + CH_3CHO \xrightarrow[0\sim5℃]{NaOH} \text{(2-呋喃基)}-CH{=}CHCHO$$

4. 甲醛与其他醛的交叉缩合

甲醛虽然没有α－氢，但是甲醛的氢氧化钠水溶液在94℃连续地经过分子筛催化剂仍然可以自身缩合生成乙醇醛。但是，甲醛分子中的羰基更容易同含有活泼α－氢的脂醛所生成的碳负离子发生交叉缩合反应，主要生成β－羟甲基醛。例如，在高压釜中将质量含量37%的甲醛、异丁醛和催化剂三乙胺按1∶1.5∶0.02的摩尔比，在90～97℃和0.415MPa反应20min，经减压浓缩回收过量的异丁醛，浓缩液中含2，2－二甲基－3－羟基丙醛。将浓缩液在骨架镍催化剂存在下，在100℃和3.04MPa进行液相加氢还原，再经后处理得2，2－二甲基－1，3－丙二醇（新戊二醇），按甲醛计收率98.0%。另外，也可以将甲醛、异丁醛、甲醇和氢氧化钠水溶液按1.05∶1∶1.5∶0.03的摩尔比，在pH值10.5～11.5和35℃搅拌2～3h，然后将缩合物催化加氢，按异丁醛计，新戊二醇收率95.3%。

$$H-\overset{\overset{H}{|}}{\underset{\underset{O}{\|}}{C}} + H-\underset{\underset{O}{\|}}{C}-H \xrightarrow{自身缩合} H_2\underset{\underset{OH}{|}}{C}-\underset{\underset{O}{\|}}{C}-H$$

$$H_2\underset{\underset{O}{\|}}{C} + H-\overset{\overset{CH_3}{|}}{\underset{\underset{CH_3}{|}}{C}}-\underset{\underset{O}{\|}}{C}-H \xrightarrow[碱催化]{亲核加成} H_2\underset{\underset{OH}{|}}{C}-\overset{\overset{CH_3}{|}}{\underset{\underset{CH_3}{|}}{C}}-\underset{\underset{O}{\|}}{C}-H$$

$$\xrightarrow[骨架镍]{催化加氢} HO-CH_2-\overset{\overset{CH_3}{|}}{\underset{\underset{CH_3}{|}}{C}}-CH_2OH$$

在碱［如NaOH，$Ca(OH)_2$，K_2CO_3，$NaHCO_3$，R_3N等］的催化下，利用甲醛向醛（或酮）分子中的羰基α－碳原子上引入一个或多个羟甲基的反应叫羟甲基化或多伦斯（Tollens）缩合。利用这个反应还可以制备多羟基化合物。例如，过量的甲醛在碱的催化作用下，与含有三个活泼α－氢的乙醛交叉缩合可制得三羟甲基乙醛，它再被过量的甲醛还原而得到血管扩张药四硝酸戊四醇酯（Pentaerythritol Tatranitrate）中间体季戊四醇（四羟甲基甲烷）。

$$3H_2\underset{\underset{O}{\|}}{C} + H-\overset{\overset{H}{|}}{\underset{\underset{H}{|}}{C}}-\underset{\underset{O}{\|}}{C}-H \xrightarrow[碱催化]{交叉缩合} (HOCH_2)_2-C-\underset{\underset{O}{\|}}{C}-H$$

$$(HOCH_2)_3—C(=O)—H + H—C(=O)—H + NaOH \xrightarrow{\text{交叉 Cannizzaro 反应}} (HOCH_2)_4C + HCOONa$$

将甲醛：乙醛：氢氧化钠水溶液按5：1：1.1～1.5的摩尔比在40～70℃反应0.5～3h，按乙醛计，季戊四醇的收率87.7%。甲醛过量可抑制乙醛的自身缩合，但如果碱过量太多，pH值偏高，将会促进甲醛的自身缩合。

5. 醛的歧化（Cannizzaro反应）

没有α－氢的醛，例如甲醛、2，2－二甲基丙醛、苯甲醛和呋喃醛等，它们虽然不能或不易发生自身缩合反应，但是在碱的催化作用下，可以发生歧化反应，生成等摩尔比的羧酸和醇。其反应历程是一分子醛作为氢供给体，自身被氧化成羧酸，另一分子醛则作为氢接受体，自身被还原成醇。

$$\underset{\text{醛}}{R—C(=O)—H} \xrightarrow{\text{亲核加成}} \underset{\text{氧负离子}}{R—C(OH)(O^-)—H}$$

$$\underset{\substack{\text{氧负离子}\\(\text{氢供给体})}}{R—C(OH)(O^-)—H} + \underset{\substack{\text{醛}\\(\text{氢接受体})}}{R—\overset{\delta^+}{C}(=O^{\delta^-})—H} \xrightarrow[\text{(慢)}]{\text{氢转移；亲核加成}} \underset{\text{羧酸}}{R—C(=O)—OH} + \underset{\text{醇负离子}}{R—CH_2—O^-}$$

$$\xrightleftharpoons[\text{(快)}]{\text{质子转移}} \underset{\text{酸负离子}}{R—C(=O)—O^-} + \underset{\text{醇}}{R—CH_2—OH}$$

因此，Cannizzaro反应既涉及醛与OH^-形成C—O键的亲核加成反应，又涉及醛与H^-形成C—H键的亲核加成反应。

Cannizzaro反应也可以发生在两不同的没有α－氢的醛分子之间，叫作交叉Cannizzaro反应。例如，在前述制备季戊四醇时，过量的甲醛是氢供给体，自身被氧化成甲酸，而三羟甲基甲醛则是氢接受体，它被还原成季戊四醇。

另外，前述甲醛与异丁醛的交叉缩合得2，2－二甲基－3－羟基丙醛，再催化加氢还原制新戊二醇时，也可以改用过量甲醛的交叉Cannizzaro还原法。但是产品中含甲醛，为了制得合格产品，按异丁醛计收率只有65%，低于催化加氢还原法。

（四）酮酮缩合

1. 对称酮的自身缩合

含有α－氢的对称酮自身缩合的产物比较单纯。例如，丙酮在碱性催化剂存在下自身缩合，即得到4－羟基－4－甲基－2－戊酮。

$$CH_3-\underset{\underset{O}{\|}}{\overset{\overset{CH_3}{|}}{C}} + H-CH_2-\underset{\underset{O}{\|}}{C}-CH_3 \xrightarrow[\text{碱催化}]{\text{自身缩合}} CH_3-\underset{\underset{OH}{|}}{\overset{\overset{CH_3}{|}}{C}}-CH_2-\underset{\underset{O}{\|}}{C}-CH_3$$

工业上所用的碱催化剂是固体氢氧化钠、氢氧化钙或阴离子交换树脂。为了避免进一步交叉缩合或消除脱水等副反应，缩合温度一般为 -10 ~ 20℃。自缩是放热反应，在连续生产时，一般采用多层绝热固定床反应器。丙酮连续地通过催化剂层，停留一定时间后离开反应器，丙酮的转化率在 50% 以下，缩合液经中和、蒸出丙酮、减压蒸馏，就得到 4 - 羟基 -4 - 甲基 -2 - 戊酮，按消耗的丙酮计，收率约 80%。

2. 不对称酮的自身缩合

含有 α - 氢的不对称酮，特别两个不同结构的不对称酮在碱催化剂存在下，可以发生交叉缩合反应，它虽然可能生成四种产物，但是通过可逆平衡可以主要生成一种产物。例如，丙酮和甲乙酮交叉缩合时，主要生成 2 - 甲基 -2 - 羟基 -4 - 己酮，它再经消除脱水、催化加氢还原可制得 2 - 甲基 -4 - 己酮。

$$\underset{\text{丙酮}}{CH_3-\underset{\underset{O}{\|}}{\overset{\overset{CH_3}{|}}{C}}} + \underset{\text{甲乙酮}}{H-CH_2-\underset{\underset{O}{\|}}{C}-CH_2CH_3} \xrightarrow[\text{碱催化}]{\text{交叉缩合；亲核加成}} CH_3-\underset{\underset{OH}{|}}{\overset{\overset{CH_3}{|}}{C}}-CH_2-\underset{\underset{O}{\|}}{C}-CH_2CH_3$$

$$\xrightarrow[-H_2O]{\text{消除脱水}} CH_3-\overset{\overset{CH_3}{|}}{C}=CH-\underset{\underset{O}{\|}}{C}-CH_2CH_3 \xrightarrow[+H_2]{\text{催化加氢}} CH_3-\overset{\overset{CH_3}{|}}{CH}-CH_2-\underset{\underset{O}{\|}}{C}-CH_2CH_3$$

（五）醛酮交叉缩合

醛酮交叉缩合既可以生成 β - 羟基醛，又可以生成 β - 羟基酮，不易得到单一产物，因此主产物的收率都不太高。例如，将异戊醛和丙酮按 1∶（1.0 ~ 1.23）的摩尔比放入水中，在 15 ~ 20℃慢慢滴入氢氧化钠水溶液，在 30℃左右保温 8 ~ 10h，经后处理得 6 - 甲基 -3 - 庚烯 -2 - 酮，按异戊醛计收率 60%，再加氢还原得 6 - 甲基 -2 - 庚酮。

$$H_3C-\underset{\underset{CH_3}{|}}{C}-CH_2-\underset{\underset{O}{\|}}{C}-H + H-CH_2-\underset{\underset{O}{\|}}{C}-CH_3 \xrightarrow[\text{碱催化}]{\text{交叉缩合；亲核加成}}$$

$$\left[CH_3-\underset{\underset{CH_3}{|}}{C}-CH_2-\underset{\underset{OH}{|}}{C}-CH_2-\underset{\underset{O}{\|}}{C}-CH_3\right] \xrightarrow[\text{碱催化；}-H_2O]{\text{消除脱水}}$$

$$CH_3-\underset{\underset{CH_3}{|}}{CH}-CH_2-CH=CH-\underset{\underset{O}{\|}}{C}-CH_3 \xrightarrow[-50℃；-1.5MPa]{\text{催化加氢；Pd/C}} CH_3-\underset{\underset{CH_3}{|}}{C}-CH_2CH_2CH_2-\underset{\underset{C}{\|}}{C}-CH_3$$

在碱催化时，醛酮交叉缩合是先按亲核加成的反应历程生成 β - 羟基酮，然后再发生分子内消除脱水反应而生成 α，β - 烯醛或 α，β - 烯酮。但是有时醛酮交叉缩合也可以采用质子酸催化法，发生分子间脱水缩合直接生成 α，β - 烯醛或 α，β - 烯酮。例如，将无水丁酮冷却至 -5℃，通入无水氯化氢，使丁酮烯醇化，然后慢慢滴加等摩尔比的无水乙醛，搅拌 24h，经后处理得 3 - 甲基 -3 - 戊烯 -2 - 酮，收率 46.3%，它是香料中间体。

$$\mathrm{CH_3-CH_2-\underset{\displaystyle CH_3}{\underset{|}{C}}{=}O \xrightarrow[\text{HCl 催化}]{\text{烯醇化}} CH_3-CH-\underset{\displaystyle CH_3}{\underset{|}{C}}-OH}$$

$$\mathrm{CH_3-CH{=}\underset{\displaystyle CH_3}{\underset{|}{C}}-OH + H-\underset{\displaystyle O}{\underset{\|}{C}}-CH_3 \xrightarrow[-H_2O]{\text{脱水缩合}} CH_3-CH{=}\underset{\displaystyle CH_3}{\underset{|}{C}}-\underset{\displaystyle O}{\underset{\|}{C}}-CH_3}$$

二、羧酸及其衍生物的缩合

由表9-1可以看出，一个酯基 $\mathrm{-\underset{\displaystyle O}{\underset{\|}{C}}-OR}$ 对α-氢的活化作用比酮基 $\mathrm{-\underset{\displaystyle O}{\underset{\|}{C}}-R}$ 和醛基 $\mathrm{-\underset{\displaystyle O}{\underset{\|}{C}}-H}$ 对α-氢的活化作用低。但如果在亚甲基上除了连有一个酯基以外，还连有另一个吸电基时，则亚甲基上的氢的酸性明显增加，这个α-氢的活性比酮基、醛基的α-氢高得多，较易脱质子形成碳负离子，然后与酮、醛、羧酸酯、羧酰胺、腈或卤烷等发生缩合反应。

简单的羧酸酯和酸酐在较强条件下也能脱质子形成碳负离子，然后发生缩合反应。

没有α-氢的酯不能形成碳负离子，但是它们可以同由其他亚甲基化合物形成的碳负离子发生缩合反应。

（一）Perkin 反应

Perkin 反应指的是脂肪族的酸酐在相应的脂肪酸碱金属盐的催化作用下与芳醛（或不含α-氢的脂醛）进行缩合生成β-芳基丙烯酸类化合物的反应。它也是一个亲核加成反应，其反应历程可简单表示如下：（R 表示烃基或氢）

$$\underset{\text{羧酸盐（催化剂）}}{\mathrm{\underset{\displaystyle R}{\underset{|}{CH_2}}-\underset{\displaystyle O}{\underset{\|}{C}}-ONa}} \xrightarrow{\text{离解}} \underset{\text{羧酸负离子}}{\mathrm{\underset{\displaystyle R}{\underset{|}{CH_2}}-\underset{\displaystyle O}{\underset{\|}{C}}-O^-}} + Na^+$$

$$\underset{\text{羧酸负离子}}{\mathrm{\underset{\displaystyle R}{\underset{|}{CH_2}}-\underset{\displaystyle O}{\underset{\|}{C}}-O^-}} + \mathrm{\underset{\displaystyle R}{\underset{|}{CH_2}}-\underset{\displaystyle O}{\underset{\|}{C}}-O-\underset{\displaystyle O}{\underset{\|}{C}}-\underset{\displaystyle R}{\underset{|}{CH_2}}} \xrightarrow{\text{氢转移}} \underset{\text{羧酸}}{\mathrm{\underset{\displaystyle R}{\underset{|}{CH_2}}-\underset{\displaystyle O}{\underset{\|}{C}}-OH}} + \underset{\text{羧酸酐碳负离子（亲核试剂）}}{\mathrm{{}^-\underset{\displaystyle R}{\underset{|}{CH}}-\underset{\displaystyle O}{\underset{\|}{C}}-O-\underset{\displaystyle O}{\underset{\|}{C}}-\underset{\displaystyle R}{\underset{|}{CH_2}}}}$$

$$\mathrm{Ar-\overset{\displaystyle O}{\overset{|}{\underset{\displaystyle H}{\underset{\|}{C}}}} + {}^-\underset{\displaystyle R}{\underset{|}{CH}}-\underset{\displaystyle O}{\underset{\|}{C}}-O-\underset{\displaystyle O}{\underset{\|}{C}}-\underset{\displaystyle R}{\underset{|}{CH_2}}} \xrightarrow{\text{亲核加成}} \left[\mathrm{Ar-\overset{\displaystyle H}{\overset{|}{\underset{\displaystyle O^-}{\underset{|}{C}}}}-\underset{\displaystyle R}{\underset{|}{CH}}-\underset{\displaystyle O}{\underset{\|}{C}}-O-\underset{\displaystyle O}{\underset{\|}{C}}-\underset{\displaystyle R}{\underset{|}{CH_2}}}\right]$$

$$\xrightarrow[+H^+;\ -H_2O]{\text{消除脱水}} \underset{\text{β-芳基-2-烃基丙烯酸-羧酸酐}}{\mathrm{Ar-CH{=}\underset{\displaystyle R}{\underset{|}{C}}-\underset{\displaystyle O}{\underset{\|}{C}}-O-\underset{\displaystyle O}{\underset{\|}{C}}-\underset{\displaystyle R}{\underset{|}{CH_2}}}}$$

$$\xrightarrow[+H_2O]{水解} Ar-CH=\underset{\displaystyle R}{\underset{|}{C}}-\underset{\displaystyle O}{\underset{\|}{C}}-OH \quad + \quad R-CH_2-\underset{\displaystyle O}{\underset{\|}{C}}-OH$$

β－芳基－2－烃基丙烯酸　　　羧酸

羧酸酐是活性较弱的亚甲基化合物，而羧酸盐催化剂又是弱碱，所以要求较高的反应温度（150～200℃）。催化剂一般用无水羧酸钠，但有时钾盐的效果比钠盐好，反应速度快，收率也较高。

例如，苯甲醛、乙酐、无水乙酸钠按 1 : 1.78 : 0.72 的摩尔比，回流 7h，蒸出乙酸至 140℃，减压回收乙酐、加水，用水蒸气蒸出未反应的苯甲醛，经后处理，得 β－苯基丙烯酸（肉桂酸），按消耗的苯甲醛计，收率 58% 以上。

$$C_6H_5-CHO + (CH_3CO)_2O \xrightarrow[CH_3COONa\ 催化]{Perkin\ 反应} C_6H_5-CH=CHCOOH + CH_3COOH$$

Perkin 反应的收率与芳醛的环上取代基的性质有关，环上带有吸电基（例如硝基和卤基）时，亲核加成反应较易进行，收率较高。反之，芳环上有供电基时，亲核加成反应较难进行，副反应多，收率低。这时就需要改用下面所述的 Knoevenagel－Doebner 反应来制备芳环上有强供电基的肉桂酸衍生物。

（二）Knoevenagel 反应

这个反应指的是含有强活泼亚甲基的化合物 X－CH_2－Y 在碱的催化作用下，脱质子以碳负离子亲核试剂的形式与醛或酮的羰基碳原子发生 Aldol 型亲核加成－消除脱水反应，生成 α，β－不饱和化合物的反应。反应通式为：

$$\begin{matrix} R^1 \\ \diagdown \\ C=O \\ \diagup \\ R^2 \end{matrix} + \begin{matrix} HX \\ \diagdown\diagup \\ C \\ \diagup\diagdown \\ HY \end{matrix} \xrightarrow[碱催化]{脱水缩合} \begin{matrix} R^1X \\ \diagdown\diagup \\ C=C \\ \diagup\diagdown \\ R^2Y \end{matrix} + H_2O$$

式中 R^1 代表烷基或芳基，R^2 代表烷基、芳基或氢；X 和 Y 代表吸电基。

常用的活泼亚甲基化合物有：氰乙酸酯、乙酰乙酸酯、丙二酸酯、氰乙酰胺、丙二酸单酯单酰胺和丙二氰等。

常用的催化剂有吡啶、哌啶、乙酸－哌啶、乙二胺等有机碱，以及氨和乙酸铵等。这类弱碱性催化剂的特点是它们只能使含有强活泼亚甲基的化合物脱质子转变为碳负离子，而对于亚甲基不够活泼的醛或酮，则不易使它们脱质子转变为碳负离子，因此可以避免 Aldol 缩合副反应。

为了除去反应生成的水，可以用苯、甲苯、环己烷等溶剂共沸蒸水。但有时可以不蒸出水，甚至可以不用碱催化剂，还有些实例可以在低温下用浓硫酸催化脱水缩合。

例如 2，3－二氯苯甲醛与等摩尔比的乙酰乙酸甲酯在苯中，在少量乙酸－哌啶催化剂的存在下，回流 5h、分离、精制得 2，3－二氯苯亚甲基乙酰乙酸甲酯，收率 72.7%。

$$\text{2,3-二氯苯甲醛} + CH_2(COCH_3)COOCH_3 \xrightarrow[\text{乙酸-哌啶催化}]{\text{脱水缩合}} \text{2,3-}Cl_2C_6H_3\text{—}CH{=}C(COCH_3)COOCH_3 + H_2O$$

丙二酸与醛的缩合产物受热即自行脱羧，是合成α，β－不饱和酸的较好方法之一。丙二酸单酯、氰乙酸等亦可进行类似的缩合反应。

$$C_6H_5\text{—}CHO + CH_2(COOH)_2 \longrightarrow C_6H_5\text{—}CH{=}CHCOOH \quad (56\%)$$

利用丙二酸类活性亚甲基化合物在碱催化下与脂肪醛或芳香醛缩合，是制备β－取代丙烯酸衍生物的重要方法。但Knoevenagel反应原来采用氨、伯胺或仲胺为催化剂，在与脂肪醛缩合时，往往得到α，β－及β，γ－不饱和酸的混合物。后经Doebner改进，丙二酸与醛在吡啶或吡啶－哌啶的催化下缩合而得β－取代丙烯酸的反应称为Knoevenagel－Doebner反应。其优点是反应速度快，条件温和，收率较好，产品纯度高，β，γ－不饱和酸异构体甚少或没有，适用范围亦广。

吡啶的存在能催化芳亚甲基丙二酸的脱羧。

$$ArCH{=}C(COOH)_2 + C_5H_5NH^{\oplus} \longrightarrow [ArCH(C_5H_5N^{\oplus})\text{—}CH(COOH)\text{—}C({=}O)\text{—}O\text{—}H] \longrightarrow ArCH{=}CHCOOH$$

例如：

$$m\text{-}NO_2C_6H_4\text{—}CHO + CH_2(COOH)_2 \xrightarrow[\Delta]{Py/EtOH} m\text{-}NO_2C_6H_4\text{—}CH{=}CH\text{—}COOH \quad (75\% \sim 80\%)$$

但是丙二酸的价格比乙酐贵得多，在制备只含稳定基团的β－芳基丙烯酸时，不如前述Perkin反应经济。

（三）酯－酯Claisen缩合

这个反应指的是酯的亚甲基活泼α－氢在强碱性催化剂的作用下，脱质子形成碳负离子，然后与另一分子酯的羰基碳原子发生亲核加成、并进一步脱烷氧基而生成β－酮酸酯的反应。

最简单的典型实例是两分子乙酸乙酯在无水乙醇钠的催化作用下缩合，生成乙酰乙酸乙酯。但是这个产品的生产已改用双乙烯酮法。

异酯交叉缩合时，如果两种酯都有活泼α－氢，则可能生成四种不同的β－酮酸酯，难以分离精制，没有实用价值。如果其中一种酯没有活泼α－氢，那么在缩合时有可能生成单一的产物。常用的没有活泼α－氢的酯主要有：甲酸酯、苯甲酸酯、乙二酸酯和碳酸二酯等。例如，苯乙酸乙酯在无水乙醇钠的催化作用下与乙二酸二乙酯缩合、酸化、再热脱羰可制得苯基丙二酸二乙酯，收率82%～84%，产品是医药中间体。

$$C_6H_5\text{—}CH(H)COOC_2H_5 + C_2H_5ONa\ (\text{催化剂}) \xrightarrow[\text{无水乙醇介质}\ 85\sim90℃]{\text{脱质子}} C_6H_5\text{—}\overset{-}{C}H(COOC_2H_5)\ Na^+ + C_2H_5OH$$

$$C_6H_5\text{—}\overset{-}{C}H(COOC_2H_5)\ Na^+ + H_5C_2O\text{—}C(=O)\text{—}COOC_2H_5 \xrightarrow[65℃;\ -C_2H_5OH]{\text{亲核加成；脱醇}}$$

$$\left[C_6H_5\text{—}\overset{-}{C}(COOC_2H_5)\text{—}C(=O)\text{—}COOC_2H_5\ Na^+ \rightleftharpoons C_6H_5\text{—}\overset{-}{C}(COOC_2H_5)\text{—}C(O^-\ Na^+)\text{—}COOC_2H_5\right]$$

$$\xrightarrow[+HCl/-NaCl]{\text{酸化}} C_6H_5\text{—}CH(COOC_2H_5)\text{—}C(=O)\text{—}COOC_2H_5 \xrightarrow[170\sim180℃]{\text{脱羰，}-CO} C_6H_5\text{—}CH(COOC_2H_5)_2$$

为了促进酯的脱质子转变为碳负离子，需要使用强碱性催化剂。最常用的碱是乙醇钠的无水乙醇溶液，当乙醇钠的碱性不够强，不利于形成碳负离子，同时又不足以使产物β-酮酸酯形成稳定钠盐时，就需要改用碱性更强的叔丁醇钾的无水叔丁醇溶液、金属钠、氨基钠、氢化钠或三苯基钠等。因为碱催化剂必须使β-酮酸酯完全形成稳定钠盐或钾盐，所以催化剂的用量要多于所用原料酯的摩尔数。

为了避免酯的水解，缩合反应要在无水惰性有机溶剂中进行。当用醇钠作碱性剂时，可用相应的无水醇作溶剂。对于一些在醇中难于缩合的活泼亚甲基化合物，可改用苯、甲苯、二甲苯或煤油作溶剂，并用金属钠或氨基钠作碱性催化剂。也可以在煤油中加入甲醇钠的甲醇溶液，待活泼亚甲基化合物形成碳负离子后，再蒸出甲醇以避免发生可逆反应。

（四）酮-酯 Claisen 缩合

如果酯没有α-氢，或者酯的α-氢比酮的α-氢的酸性低，则强碱性催化剂优先使酮脱质子形成碳负离子，然后与酯的羰基碳原子发生亲核加成反应和脱烷氧基负离子反应而生成β-二羰基化合物。例如，丙酮、草酸二乙酯和甲醇钠的甲醇溶液按1∶1∶1的摩尔比在甲苯中在40℃搅拌2h，酸化后得2，4-二酮戊酸乙酯反应液，可直接用于下一步反应。

$$CH_3\text{—}C(=O)\text{—}CH_2\text{—}H + C_2H_5O\text{—}C(=O)\text{—}C(=O)\text{—}OC_2H_5 \xrightarrow[CH_3ONa\ \text{催化}]{\text{Claisen 缩合}} CH_3\text{—}C(=O)\text{—}CH_2\text{—}C(=O)\text{—}C(=O)OC_2H_5 + C_2H_5OH$$

在上述反应中，酯的羰基碳原子是亲电试剂，如果它的亲电活性太低，则可能发生酮酮自身缩合的副反应。另外，如果酯α-氢的酸性比酮α-氢高，则可能发生酯—酯自身缩合和 Knoevenagel 副反应。

酮—酯 Claisen 缩合的反应条件和酯—酯 Claisen 缩合基本上相似。

（五）Stobbe 缩合

Stobbe 缩合指的是醛或酮与丁二酸二酯在强碱性催化剂存在下缩合生成 α－亚烃基丁二酸单酯的反应，其总的反应式表示如下：

$$\underset{R^2}{\overset{R^1}{}}\!\!>C{=}O + H_2C(COOC_2H_5){-}CH_2{-}\underset{\|}{\overset{}{C}}O{-}C_2H_5 + R^3{-}O{-}Na\ (\text{催化剂}) \xrightarrow[\text{脱乙醇}]{\text{Stobbe 缩合}}$$

$$\underset{R^2}{\overset{R^1}{}}\!\!>C{=}C(COOC_2H_5){-}CH_2{-}\underset{\overset{\|}{O}}{C}{-}ONa + C_2H_5OH + R^3{-}O{-}H$$

式中 R^1，R^2 代表烷基、芳基或氢；R^3 代表烷基。

Stobbe 缩合所用的碱性催化剂和反应条件与 Claisen 缩合基本上相似。

Stobbe 缩合主要用于酮化合物，如果对称酮分子中不含活泼 α－氢则只得到一种产物，收率很好，如果是不对称酮，则得到顺反异构体的混合。例如，3，4－二氯二苯甲酮、丁二酸二乙酯和叔丁醇钾按 1∶1.6∶0.95 的摩尔比在叔丁醇中在氮气保护下，回流 16h，经酸化，后处理得 α－（3，4－二氯二苯基）亚甲基丁二酸单乙酯粗品，收率 80%，作为医药中间体可直接用于下一步反应。

$$(3,4\text{-}Cl_2C_6H_3)(C_6H_5)C{=}O + H_2C(COOC_2H_5)(CH_2COO{-}C_2H_5) + (CH_3)_3C{-}OK \xrightarrow[\text{叔丁醇溶剂，回流 16h}]{\text{Stobbe 缩合}}$$

$$(3,4\text{-}Cl_2C_6H_3)(C_6H_5)C{=}C(COOC_2H_5)(CH_2COOK) + C_2H_5OH + (CH_3)_3C{-}OH$$

（六）Darzcns 缩合

Darzens 缩合反应指的是 α－卤代羧酸酯在强碱的作用下，活泼 α－氢脱质子生成碳负离子，然后与醛或酮的羰基碳原子进行亲核加成、再脱卤素负离子而生成 α，β－环氧羧酸酯的反应。其反应通式表示如下：

$$\underset{(\text{或 } NaNH_2 \text{ 催化剂})}{R^4{-}ONa} + H{-}\underset{X}{\overset{R^3}{C}}{-}\underset{\overset{\|}{O}}{C}{-}OC_2H_5 \underset{\text{碱催化}}{\overset{\text{脱质子}}{\rightleftharpoons}} \underset{(\text{或}NH_3)}{R^4{-}OH} + Na^+\,{}^-\underset{X}{\overset{R^3}{C}}{-}\underset{\overset{\|}{O}}{C}{-}OC_2H_5$$

$$R^1R^2C{=}O + Na^+\ {}^-C(R^3)(X)\text{—}C(=O)\text{—}OC_2H_5 \xrightarrow{\text{亲核加成}} R^1R^2C(O^-Na^+)\text{—}C(R^3)(X)\text{—}C(=O)\text{—}OC_2H_5$$

$$\xrightarrow{-X^-} R^1R^2C\overset{O}{\text{—}}C(R^3)\text{—}C(=O)\text{—}OC_2H_5 + NaX$$

所用的卤代羧酸酯一般都是氯代羧酸酯。另外，这个反应也可用于α-卤代酮的缩合。

这个反应除用于脂醛收率不高外，用于芳醛、脂芳酮、脂环酮以及α，β-不饱和酮时，都可得到良好结果。

当用氯乙酸酯时，由Darzens缩合制得的α，β-环氧羧酸酯用碱性溶液使酯基水解，再酸化得游离羧酸，再加热脱羧和开环，可制得比原料酮（或醛）多一个碳原子的酮（或醛）。例如，苯乙酮、氯乙酸乙酯和氨基钠按1∶1∶1.2的摩尔比在无水苯中室温反应2h，经后处理得3-苯基-2，3-环氧丁酸乙酯，收率62%~64%。将上述酯和乙醇钠按1∶1.05的摩尔比在无水乙醇中成盐，然后向其中慢慢加入水，进行水解。即析出3-苯基-2，3-环氧丁酸钠盐，收率80%~85%。最后，将上述钠盐放入稀盐酸中加热1.5h，即脱羧而得到2-苯基丙醛，收率65%~70%。

$$C_6H_5C(CH_3){=}O + H\text{—}CH(Cl)\text{—}C(=O)\text{—}OC_2H_5 \xrightarrow[-NH_3,\ -NaCl]{\text{亲核加成}\ +NaNH_2\ \text{催化}} C_6H_5C(CH_3)\overset{O}{\text{—}}CH\text{—}C(=O)\text{—}OC_2H_5$$

$$\xrightarrow[-C_2H_5OH]{\text{酯基水解}\ +NaOH} C_6H_5C(CH_3)\overset{O}{\text{—}}CH\text{—}C(=O)\text{—}ONa \xrightarrow[-NaCl]{\text{酸化}\ +HCl} C_6H_5C(CH_3)\overset{O}{\text{—}}CH\text{—}C(=O)\text{—}O\text{—}H$$

$$\xrightarrow[-CO_2]{\text{脱羧；开环}} C_6H_5CH(CH_3)\text{—}C(=O)\text{—}H$$

（七）含亚甲基活泼氢化合物与卤烷的碳-烃化反应

亚甲基上的活泼氢在强碱作用下脱质子形成的碳负离子可以与卤烷发生亲核取代反应而使亚甲基氢被一个或两个烷基所取代。

例如，将丙二酸二乙酯、乙醇钠的乙醇溶液，加热至回流，慢慢滴加氯丁烷，回流2h，然后常压回收乙醇，经后处理得丁基丙二酸二乙酯。当三者的摩尔比为1∶1.46∶1.58时，按丙二酸二乙酯计，收率接近100%。

$$C_2H_5ONa + H_2C(COOC_2H_5)_2 \xrightleftharpoons{\text{脱质子}} C_2H_5OH + Na^+\ {}^-CH(COOC_2H_5)_2$$

$$C_4H_9-Cl + \underset{H}{\overset{Na^+}{}}C^-(COOC_2H_5)_2 \xrightarrow{\text{亲核取代}} (C_4H_9)(H)C(COOC_2H_5)_2 + NaCl$$

当亚甲基上有两个活泼氢时，可以在亚甲基上依次引入一个或两个烷基。在引入两个不同的烷基时，应该先引入高碳的伯烷基，再引入低碳的伯烷基。因为高碳烷基卤的反应活性比低碳烷基卤弱。或先引入伯烷基，后引入仲烷基，因为仲烷基的空间位阻比伯烷基大，而仲烷基丙二酸二乙酯的酸性又比伯烷基丙二酸二乙酯低，如果先引入仲烷基，就不易再引入第二个烷基。如果要引入两个仲烷基，可使用活性较高的氰乙酸乙酯，碳－烃化化后再将—CN基转化为$—COOC_2H_5$基。

三、曼尼希（Mannich）反应

在酸性条件下，含活泼氢原子的化合物与甲醛（或其它醛）和具有氢原子的伯胺、仲胺或铵盐脱水缩合，结果含活泼氢原子化合物中的氢原子被氨甲基所取代。该反应称为氨甲基化反应，又称为曼尼希反应。其产物叫做曼尼希碱或盐。

$$RCH_2\overset{O}{\overset{\|}{C}}R^1 + H\underset{\underset{O}{\|}}{C}H + R_2NH \longrightarrow R_2N-CH_2-\underset{R}{\underset{|}{CH}}-\overset{O}{\overset{\|}{C}}-R^1$$

曼尼希反应中，含活泼氢的化合物种类很多。它们可以是酮、醛、羧酸及其酯类、腈、硝基烷、炔、酚类及某些杂环化合物。其中以酮类的研究较多，应用也广泛些。具有活泼氢的化合物分子中仅有一个活泼氢时，产品比较单纯；若有两个或多个活泼氢时，在一定条件下，这些氢可以逐步被氨甲基所代替。

曼尼希反应中，胺的碱性、种类和用量对反应都有影响。参加曼尼希反应的甲醛是亲电性的，而胺和具有活泼氢的化合物都是亲核性的。正常的曼尼希反应应该是胺类的亲核活性大于含活泼氢化合物的亲核活性，这样才能形成氨甲基碳正离子；否则，反应归于失败。所以，一般使用碱性较强的脂肪胺，当胺的碱性很强时，可用其盐酸盐。芳胺的碱性较弱，亲核活性小，产物收率低，大都不采用。

参加曼尼希反应的醛主要是甲醛，其单体和多聚体均可。除此之外，活性较大的其它脂肪醛和芳香醛亦有采用，但活性比甲醛小。

曼尼希反应需在弱酸性（pH 3～7）条件下进行。常用的酸为盐酸，一般与碱性强的胺（或氨）成盐后参与反应，必要时再加人盐酸或醋酸。酸的作用主要有三个方面：①催化作用反应液的 pH 一般不小于 3，否则对反应有抑制作用；②解聚作用使用三聚甲醛和多聚甲醛时，在酸性条件下加热解聚生成甲醛，使反应正常进行；③稳定作用在酸性条件下，生成的曼尼希碱成盐，稳定性增加。某些对盐酸不稳定的杂环化合物（如吲哚在冷的盐酸中就可以发生二聚化或三聚化反应）进行曼尼希反应时，可用醋酸作催化剂。

曼尼希反应的溶剂通常是水或乙醇，一般在回流状态下进行，条件温和，操作简便。

曼尼希反应在药物及其中间体合成中应用非常广泛。这是由于曼尼希碱（或盐）

本身除作为药物或中间体外，还可以进行消除、氢解、置换等反应，从而制得许多有价值的化合物。

（一）消除反应

曼尼希碱或其盐酸盐不太稳定，加热可消除胺分子形成烯键。

例如，利尿酸的另一合成方法，就是使曼尼希反应和消除反应相继发生。

$CO-CH_2CH_2CH_3$（2,3-二氯-4-OCH_2COOH苯基）$\xrightarrow[HOAc，MeOH，\triangle]{(HCHO)_n，(CH_3)_2NH\cdot HCl}$ $CO-CH(CH_2N(CH_3)_2\cdot HCl)CH_2CH_3$（2,3-二氯-4-$OCH_2COOH$苯基）（70%）

$\xrightarrow[65℃，8h]{10\% NaHCO_3，pH9\sim10\quad HCl}$ $CO-C(=CH_2)-CH_2CH_3$（2,3-二氯-4-OCH_2COOH苯基）（54%）

最普遍的应用是酮与甲醛和二甲胺盐酸盐先进行曼尼希反应，其产物经加热消除胺后，生成α，β-不饱和酮；后者还可以经催化氢化还原，制得比原反应物酮多一个碳原子的同系物。

（二）氢解反应

曼尼希碱或其盐酸盐在活性镍催化下可以进行氢解，从而制得比原反应物多一个碳原子的同系物。

例如，维生素 K_3（Menadione）中间体的制备。

1-萘酚（OH） $\xrightarrow[(CH_3)_2NH]{HCHO}$ 2-$CH_2N(CH_3)_2$-1-萘酚（OH） $\xrightarrow[EtOH]{H_2/Ni}$ 2-CH_3-1-萘酚（OH）（42%）

（三）置换反应

由苯酚或吲哚得到的曼尼希碱是烯丙胺型衍生物，其烯丙位的氨基特别容易被其他亲核性基团置换，从而合成不同类型的化合物。

例如植物生长素3-吲哚乙酸就是由曼尼希碱经氰基置换后，再水解制得的。

3-$CH_2N(CH_3)_2$-吲哚（NH） $\xrightarrow[EtOH]{NaCH，H_2O}$ 3-CH_2CN-吲哚（NH） $\xrightarrow[H_2O,\ \triangle]{H^+}$ 3-CH_2COOH-吲哚（NH）（70%）

目标检测题

一、简答题

1. 什么叫缩合反应？
2. 含α-氢的醛、酮缩合影响因素有哪些？
3. 什么叫克脑文格缩合？主要影响因素是哪些？

二、完成下列反应

1. $CH_3COCH_3 + HCHO \xrightarrow{NaOH}$

2. $C_6H_5CHO + CH_3COC_6H_5 \xrightarrow[H_2O]{NaOH}$

3. $C_6H_5COOCH_3 + CH_3CH_2COOC_2H_5 \xrightarrow[H^+]{NaH,\ C_6H_6}$

4. 6-CH_3O-2-萘基-$COCH_3$ $+ ClCH_2COOCH_3 \xrightarrow{CH_3ONa}$

5. $C_6H_5CHO + HCHO \xrightarrow{NaOH}$

6. $(CH_3)_2CHCHO \xrightarrow{KOH}$

三、合成题

1. 由乙醇为原料合成2-丁烯-1-醇
2. 以正丙醇为原料合成2-甲基-2-戊烯-1-醇

四、根据合成工艺画出设备工艺流程图

在搪玻璃反应釜内加入二甲胺盐酸盐和37%甲醛，开启搅拌与水蒸气加热系统，再加入戊醛。投料毕，升温至65℃，并维持65~70℃下搅拌反应15h以上。接着取样分析，待反应达终点后进行水蒸气蒸馏，所得的馏出物用苯分三次萃取，且合并萃取相去真空蒸馏，先回收苯，最后蒸出产品。收率≥75%（以戊醛计）。

第十章 环合反应技术

第一节 环合反应的基本化学原理

一、环合反应的概念

环合反应（Ring Closure Reaction）是指在有机化合物分子中形成新的碳环或杂环化合物的反应。有时也称闭环或成环缩合。

环合反应一般分成两种类型，一种是分子内部进行的环合，称为单分子环合反应。另一种是两个（或多个）不同分子之间进行的环合，称为双（或多）分子环合反应。

环合反应也可根据反应时所放出的简单分子的不同而分类。例如脱水环合、脱醇环合、脱卤化氢环合等等。也有不放出简单分子的环合反应，例如，双烯1，4加成反应。

二、环合反应的特点

（1）具有芳香性的六元环和五元环都比较稳定，而且也比较容易形成。

（2）除了少数以双键加成方式形成环状结构外，大多数环合反应在形成环状结构时，总是脱落某些简单的小分子，例如水、氨、醇、卤化氢、氢气等。为了促进上述小分子的脱落，常常需要使用环合促进剂。例如，脱水环合在浓硫酸介质中进行；但是当反应物比较活泼时，也可以在较温和条件下进行。脱氨和脱醇环合在酸或碱的催化作用下完成；脱卤化氢环合常常在脱酸剂的存在下进行；脱氢环合常常在无水三氯化铝或苛性钾存在下进行。

（3）反应物分子中适当位置上必须有反应性基团，使易于发生分子内环合反应，因此反应物之一常常是羧酸、羧酸盐、酸酐、酰氯、羧酸酯或酰胺；β-酮酸、β-酮酸酯、β-酮酰胺；醛、酮、醌；氨、胺类、肼类（用于形成含氮杂环）；硫酚、硫脲、二硫化碳、硫氰酸盐（用于形成含硫杂环）；含有双键或叁键的化合物等。为了形成杂环，起始反应物之一必须含有杂原子。

（4）绝大多数环合反应都是先由两个反应物分子在适当的位置发生反应，连接成一个分子，但尚未形成新环；然后在这个分子内部适当位置上的反应性基团间发生缩合反应而同时形成新环。即它们绝大多数是分子内环合反应。

第二节　反应操作实例——咪唑的制备

一、制备方法

1. 反应原理

$$\begin{matrix}CHO\\ |\\ CHO\end{matrix} + HCHO + (NH_4)_2SO_4 \longrightarrow \text{(咪唑环, N—H)} \cdot \frac{1}{2}H_2SO_4 + 3H_2O + \frac{1}{2}H_2SO_4$$

$$\text{(咪唑环, N—H)} \cdot \frac{1}{2}H_2SO_4 + \frac{1}{2}H_2SO_4 + Ca(OH)_2 \longrightarrow \text{(咪唑环, N—H)} + 2H_2O + CaSO_4 \downarrow$$

2. 流程方框图（图 10－1）

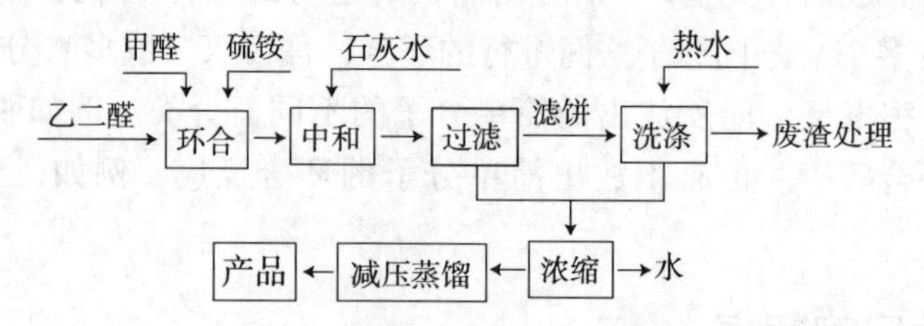

图 10－1　制备咪唑的生产流程

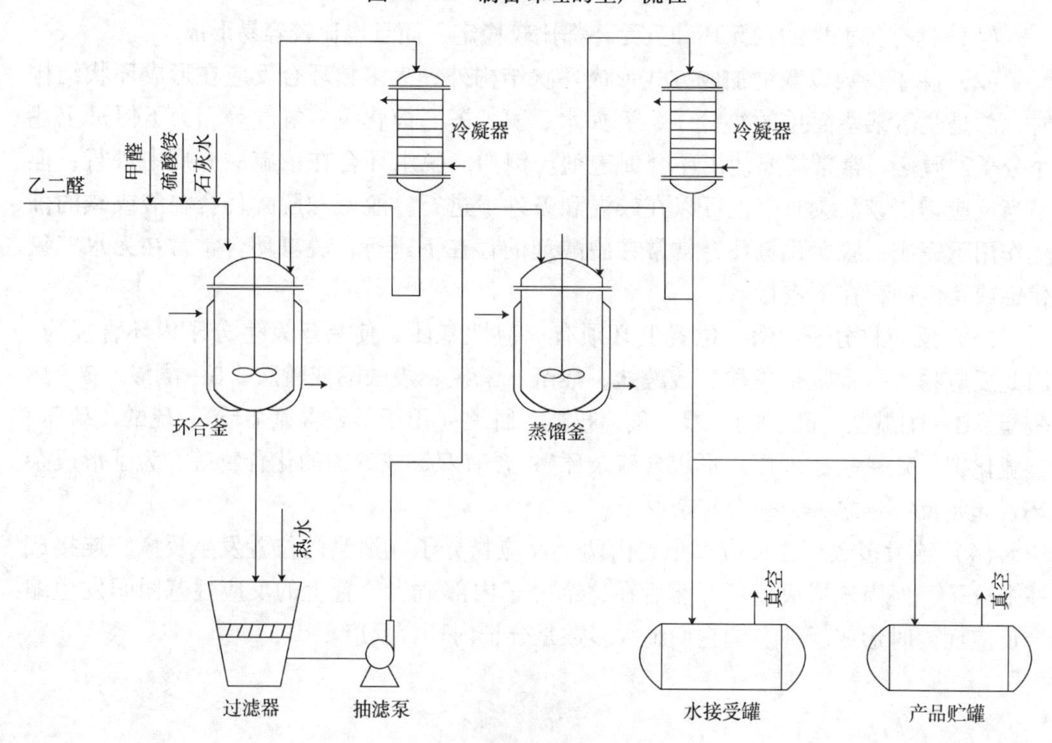

图 10－2　咪唑的制备工艺流程图

3. 投料比（质量）

40%乙二醛：37%甲醛：硫酸铵＝1：0.58：0.95

二、操作过程

向搪玻璃环合釜内依次加入40%乙二醛、37%甲醛和硫酸铵。开启搅拌及加热系统，当料液温度升至85℃时，开始保温，并在85～90℃下搅拌4.5～5h，TLC分析表明反应达终点后，稍降温（降至60℃左右），在充分搅拌下滴加石灰水中和至pH值10.5～11，搅拌30min后，再测pH值，如pH值下降，则继续滴加石灰水，直到pH值稳定在10.5～11。

中和结束后继续升温至90℃，并在该温下搅拌45～60min，然后热过滤，滤饼用热水洗涤，滤液转移至蒸馏釜，减压蒸去水后，接收1.6kPa下138～142℃的馏分。收率约50%，含量大于99.0%（HPLC）。

三、注意事项

（1）由于硫酸钙在90℃时水中的溶解度较90℃以下时的小，故热过滤比冷过滤更有利。

（2）洗涤水的温度为90℃较合适，一方面能将吸附在硫酸钙中的产品洗下来，另一方面也可减少硫酸钙的溶解量。

（3）中和的pH值必须保证真正在10.5～11以上，一般是通过搅拌15～30min后，测看pH值有无变化。否则部分咪唑会以盐的形式存在，蒸馏时仍蒸不出，从而降低产品得率。

（4）可根据不同的真空度及接收不同的温度范围来控制产品的含量。

（5）从苯中析出的咪唑为无色的棱型晶体，熔点90～91℃，微碱性，在25℃时p*K*为6.92。不同压力下的沸点见表10 1。

表10－1　咪唑在不同压力下的沸点

压力，kPa	101.3	2.67	1.6
沸点，℃	257	165～168	138.2

咪唑闪点为145℃，易溶于水、乙醇、乙醚、三氯甲烷和吡啶；微溶于苯，难溶于石油醚。

①产品规格

外观	微黄色结晶	沸点，℃	255
熔点，℃	88～89	水分，%	<0.5

②用途

咪唑是用途极广的化工中间体。在医药工业上可用于制备头孢咪唑，是克霉唑、双氯咪唑、益康唑、酮康唑、伊迈唑等药物的主要原料。

第三节　环合反应操作常用知识

一、杂环缩合方式

含有一个或多个氮、氧、硫等杂原子的环状化合物，其最稳定最常见的是五元和六元杂环。杂环化合物的种类繁多，是有机化合物中最庞大的一类，其合成可由多种途径进行。但是由开链化合物变为杂环，其闭环方式主要有三种类型：通过碳－杂键的形成而闭环；通过碳－杂键、碳－碳键一同形成而闭环；通过碳－碳键的形成而闭环。下面仅以常见的一个或两个杂原子的五元、六元杂环为例，用图形表示其闭环方式，其中 z 代表杂原子，虚线代表新键的形成。

碳－杂键形成而闭环

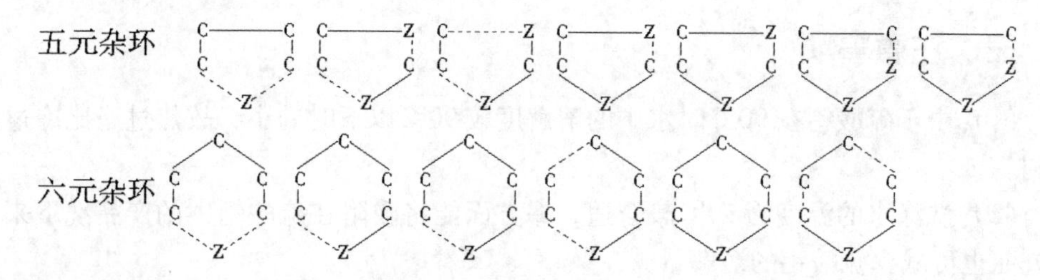

实际上，含有一个或一个以上杂原子的五元和六元环以及它们的苯并稠杂环，绝大多数是以第一、二种闭环方式进行成环缩合的。由于碳－碳键不如碳－杂键容易形成，因此第三种闭环方式很少应用。

形成碳－碳键、碳－杂键应用较多的反应是：杂环原子对羰基或氰基碳原子亲核进攻，形成碳－杂键；通过脱卤化氢、硫化氢、氨、醇、水等小分子化合物，形成碳－杂键；烯醇或烯胺的 β－碳原子对羰基碳原子作亲核进攻，形成碳－碳键；在碱性条件下，活泼亚甲基与 α，β－不饱和羰基化合物进行 Michael 加成而形成碳－碳键等。

制备杂环化合物，闭环方式的选择与起始原料的关系密切相关。一般都选用分子结构比较接近、供应方便、价格低廉的化合物作为起始原料。对于具体某一杂环化合物的合成，则要综合分析，确定适宜的合成路线。

二、环合反应的类型

环合时应用较广的反应是亲核基团与羰基碳原子的作用。本节主要讨论在形成杂环中常用的反应类型及组合形式。

（一）常见的反应类型

（1）在需要形成 C－C 键时，所选亲核试剂应具有烯醇或烯胺结构；这是一种羧醛缩合反应类型。烯醇或烯胺的 β－碳原子进攻羰基碳原子，加成后再脱水缩合。反应过程如下：

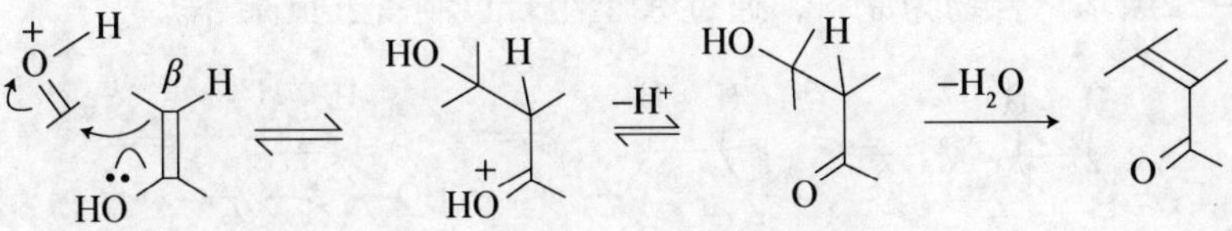

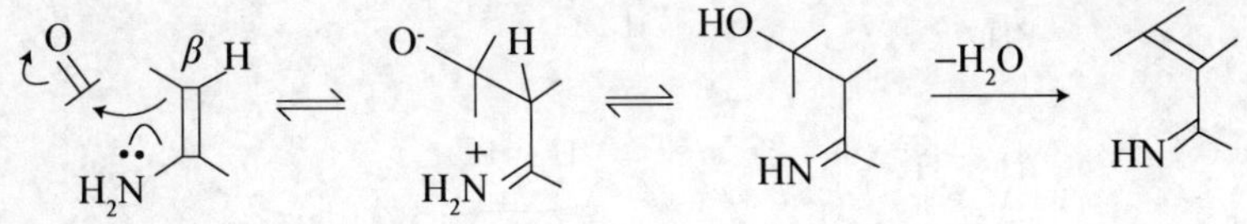

与简单的羟醛缩合反应对照如下：

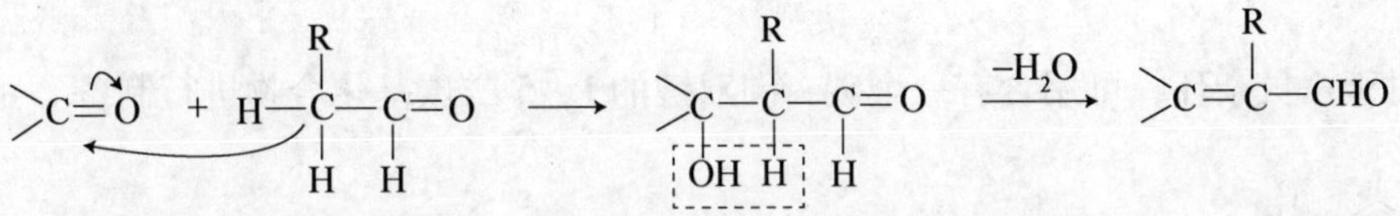

(2) 在需要形成 C—Z 键时，所选亲核试剂应含有相应杂原子 Z（或 Z 的基团）。杂原子向羰基碳原子作亲核进攻。其反应相当于羰基化合物与胺类或硫醇等的加成，再脱水缩合。反应过程如下：

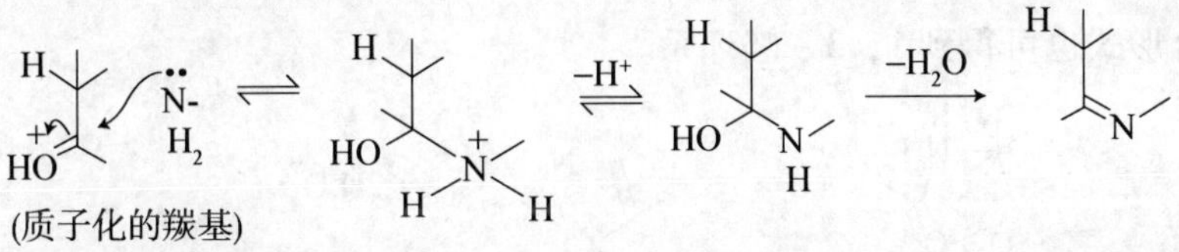

(质子化的羰基)

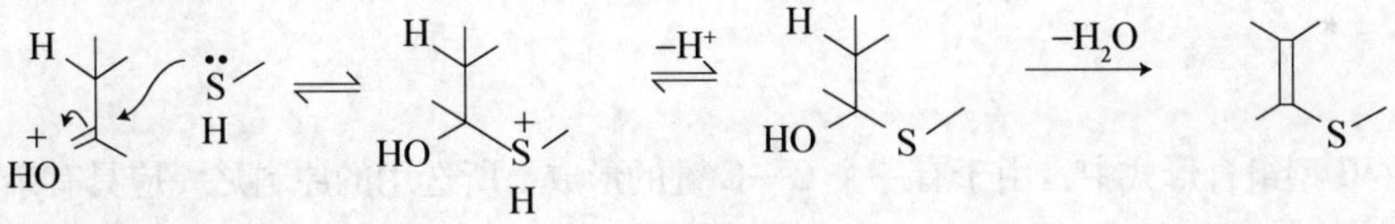

类似的开链化合物反应：

$$(CH_3)_2C=\overset{+}{O}H + H_2\ddot{N}R \xrightarrow{-H^+} \xrightarrow{-H_2O} (CH_3)_2C=NR$$

上述两类简单的反应（必要时补充一些小的变动）可以概括杂环的合成中所应用的大多数化学变化。

(二) 两种组合形式

在合成杂环环系时，可按照形成 C－C 键及 C－Z 键的情况分为 A 及 B 两类组合形式。类型 A 包括形成两个 C－Z 键，如：

类型 B 包括形成一个 C－C 键和一个 C－Z 键，如：

以1，4－二羰基化合物为原料，通过A型组合可制备五员杂环。

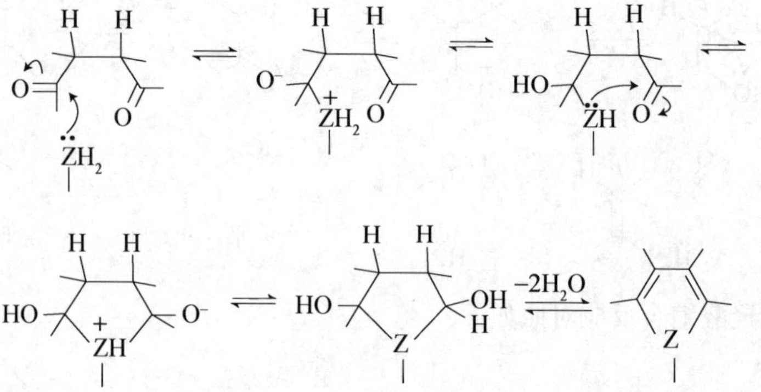

$-2H_2O$

对于六员杂环，可用含有一个碳－碳双键的1，5二羰基化合物进行制备。

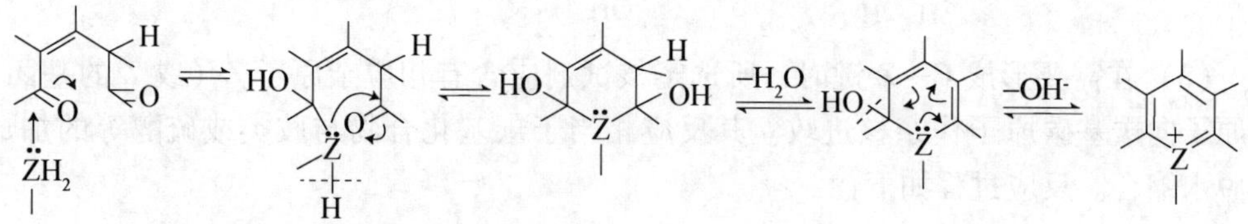

$-H_2O$ $-OH^-$

用A型组合形式也可得到1，3－唑环系。

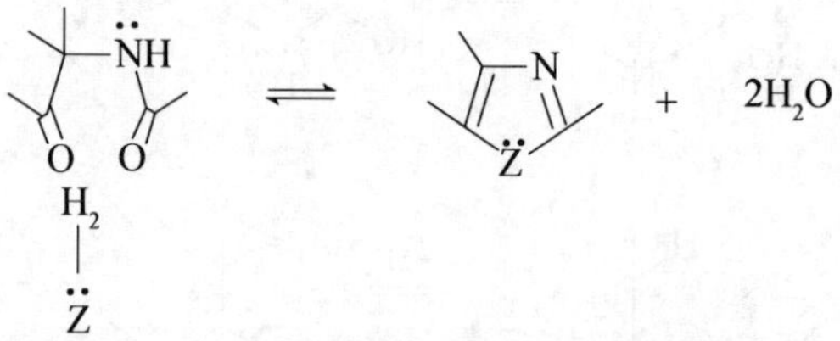

$2H_2O$

在B型组合形式中，由于有一个C—C键的形成，所选用的原料之一应具有亲核性的碳原子（例如，烯醇或烯胺结构的β－碳原子），另一种原料一般为相应的羰基化合物。

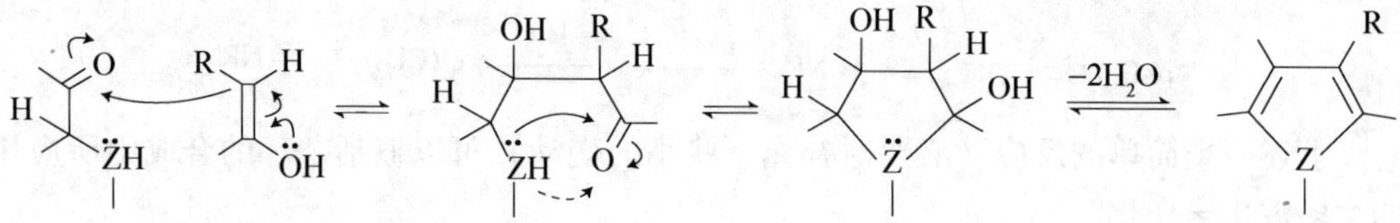

$-2H_2O$

(R为活性基团，如-COOEt等对此反应有利)

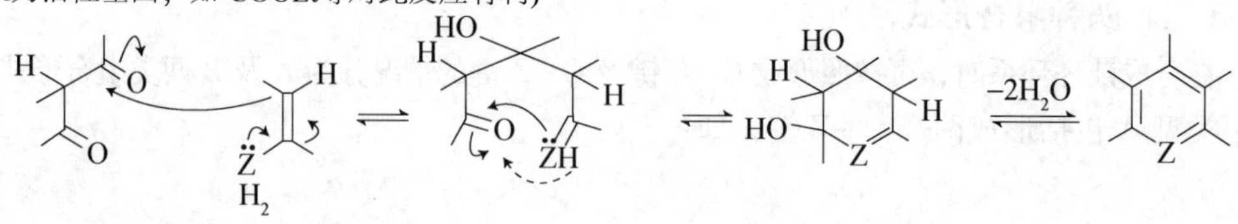

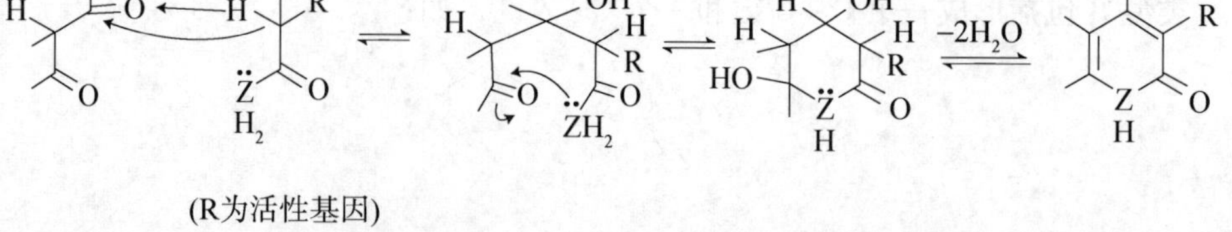

$-2H_2O$

$-2H_2O$

(R为活性基因)

B 型组合也是合成嘧啶环的好方法：

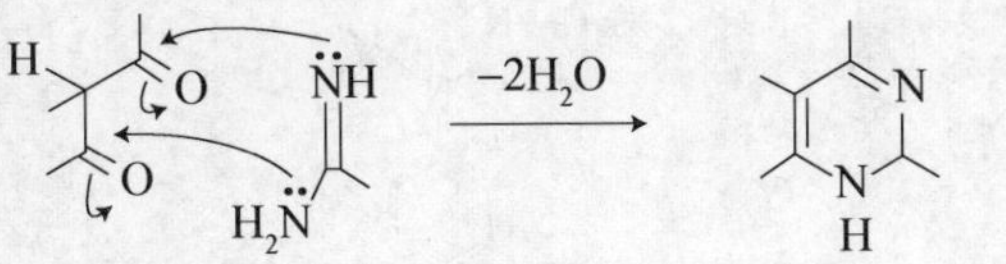

$-2H_2O$

采用苯衍生物合成苯并稠杂环时，苯酚类可代替烯醇类，苯胺类可代替烯胺类作为原料制备相应的苯并吡喃类化合物或喹啉类化合物。

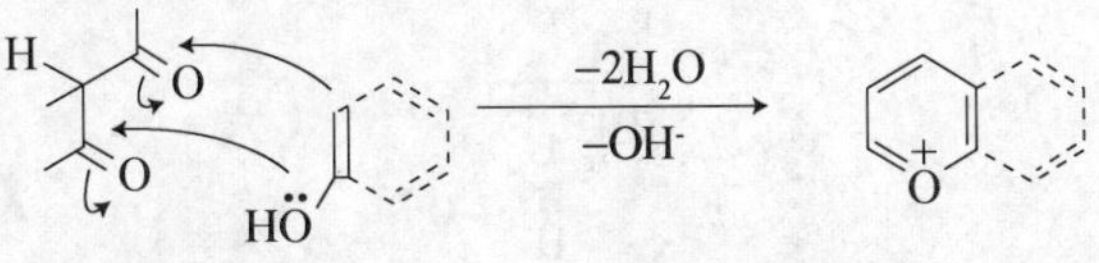

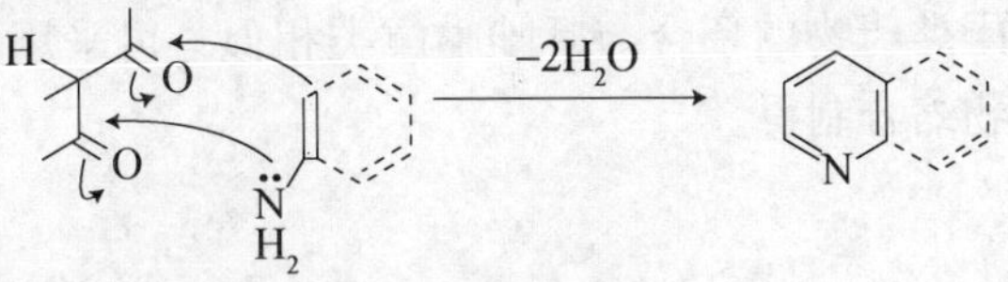

$-2H_2O$, $-OH^-$

$-2H_2O$

三、吡唑及咪唑衍生物的合成及应用

含有吡唑环的药物，常以吡唑啉酮与吡唑烷酮的形式出现。

（一）吡唑啉酮类

吡唑啉（即二氢吡唑）是含有二个相邻氮原子的五员杂环，其药物为 5 - 吡唑啉酮的衍生物。

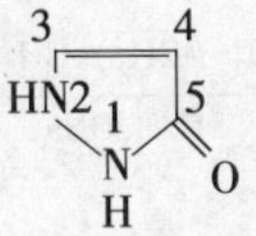

克纳尔（Knorr）合成法：即：肼或其衍生物和 β - 二羰基化合物如 β - 二酮类缩合生成吡唑类化合物。以 β - 酮酸酯或酰胺代替 β - 二酮则可得到 5 - 吡唑啉酮类。

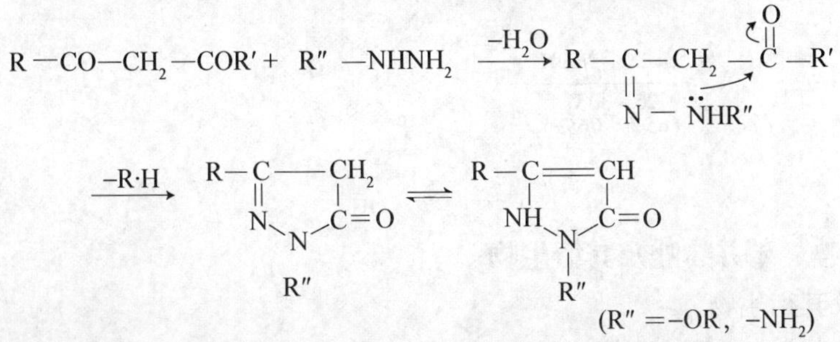

$$R-CO-CH_2-COR' + R''-NHNH_2 \xrightarrow{-H_2O} R-C(=N-\ddot{N}HR'')-CH_2-C(=O)-R'$$

$$\xrightarrow{-R\cdot H}$$ 吡唑啉酮 $\rightleftharpoons$ 互变异构体

(R'' =$-OR$，$-NH_2$)

5 - 吡唑啉酮类药物主要有解热镇痛药安替比林（Phenazone）、氨基比林（Aminophenazone）及安乃近（Analgin）。后两种药物是由安替比林制得的。

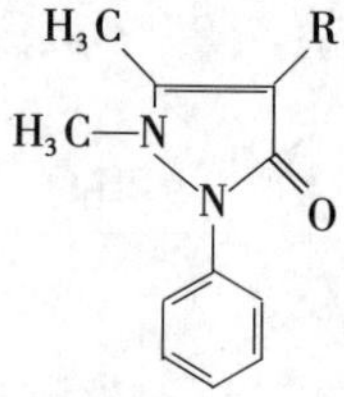

（二）吡唑烷酮类

此类药物主要为3，5－吡唑烷二酮的衍生物。

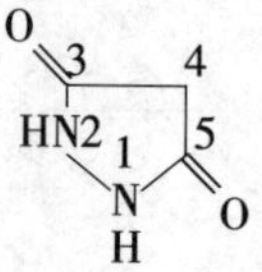

3，5－吡唑烷二酮类药物的环合与吡唑啉酮类相似，可采用丙二酸二乙酯的衍生物与相应的肼类化合物缩合制得。

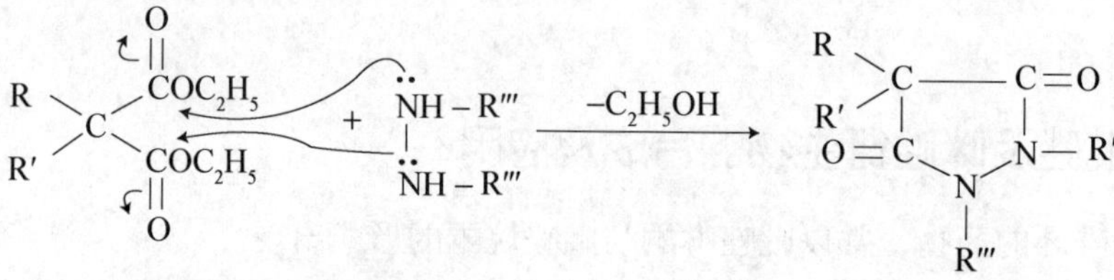

$$\text{RR'C(COOC}_2\text{H}_5)_2 + \text{R'''NH–NHR'''} \xrightarrow{-C_2H_5OH} \text{3,5-吡唑烷二酮衍生物}$$

例1 非甾体消炎镇痛药羟基保泰松（Oxyphenbutazone）的环合制备。

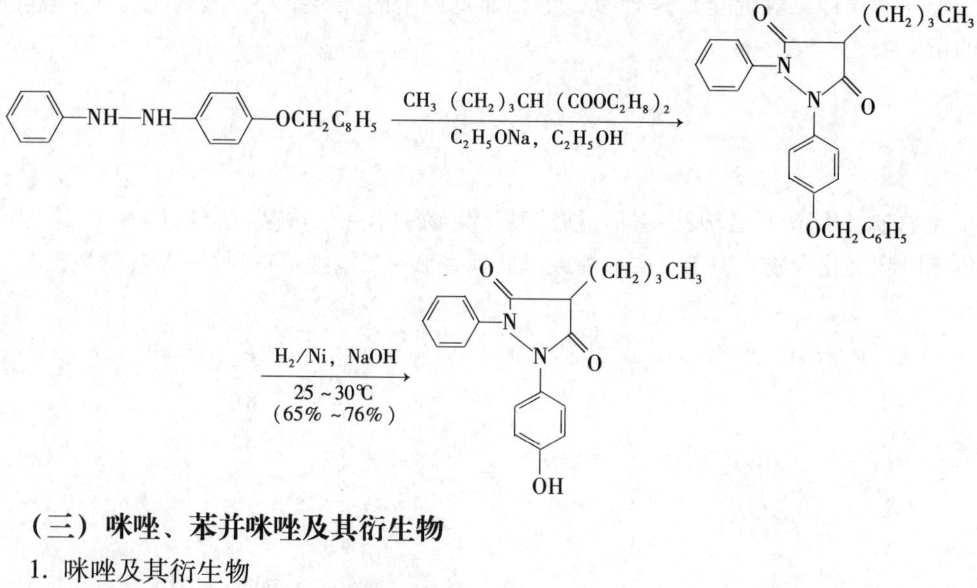

$$\xrightarrow[C_2H_5ONa,\ C_2H_5OH]{CH_3(CH_2)_3CH(COOC_2H_8)_2}$$

$$\xrightarrow[\substack{25\sim30℃ \\ (65\%\sim76\%)}]{H_2/Ni,\ NaOH}$$

（三）咪唑、苯并咪唑及其衍生物

1. 咪唑及其衍生物

咪唑环合成方法主要有以下三种：

（1）α－氨基羰基化合物与硫氰酸盐（或酯）共热成环

马克瓦（Marckwald）合成法：α－氨基羰基化合物与硫氰酸盐（或酯）反应，得到一个取代的硫脲，环合脱硫成为咪唑。

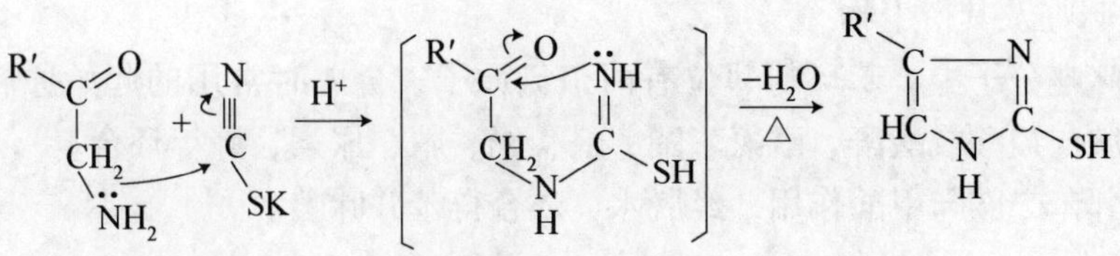

$$R'-C(=O)-CH_2-\ddot{N}H_2 + N\equiv C-SK \xrightarrow{H^+} \left[\text{中间体}\right] \xrightarrow[\triangle]{-H_2O} \text{2-巯基咪唑（4-R'）}$$

例 2 治疗甲状腺机能亢进药甲巯咪唑（Thiamazole）的制备。

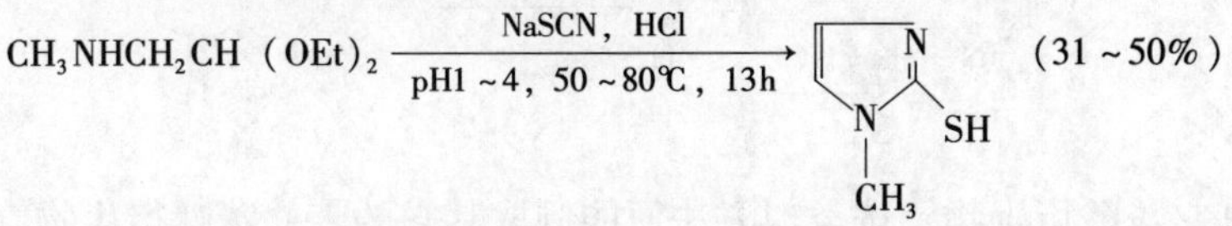

$$CH_3NHCH_2CH(OEt)_2 \xrightarrow[pH1\sim4,\ 50\sim80^\circ C,\ 13h]{NaSCN,\ HCl} \text{1-甲基-2-巯基咪唑} \quad (31\sim50\%)$$

（2）1，2－二胺与腈、羧酸成环

乙二胺与腈类化合物作用，可制取二氢咪唑（咪唑啉）。

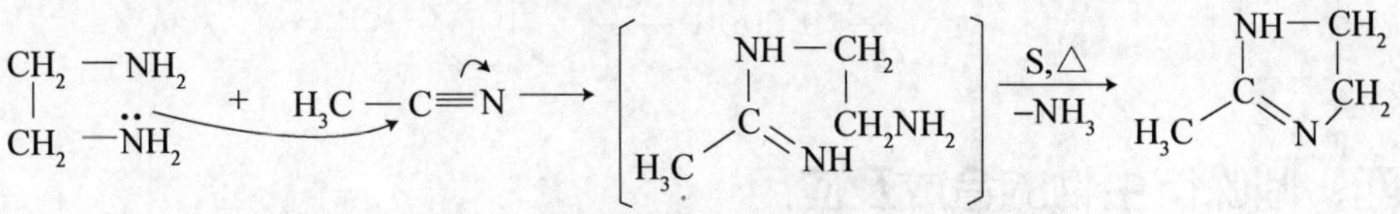

$$\begin{matrix}CH_2-NH_2\\ |\\ CH_2-\ddot{N}H_2\end{matrix} + H_3C-C\equiv N \longrightarrow \left[H_3C-C(=NH)-NH-CH_2-CH_2NH_2\right] \xrightarrow[-NH_3]{S,\triangle} \text{2-甲基咪唑啉}$$

例 3 抗组织胺药安他唑啉（Antazoline）的制备。

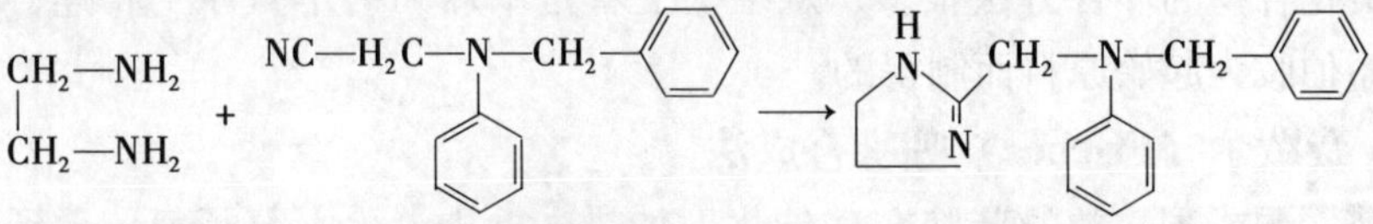

$$\begin{matrix}CH_2-NH_2\\ |\\ CH_2-NH_2\end{matrix} + NC-H_2C-N(C_6H_5)-CH_2-C_6H_5 \longrightarrow \text{2-[N-苄基苯胺甲基]咪唑啉}$$

二氢咪唑通常还可由乙二胺与羧酸反应成环。

$$\begin{matrix}CH_2-NH_2\\ |\\ CH_2-NH_2\end{matrix} + HO-C(=O)-R' \xrightarrow{-2H_2O} \text{2-R'-咪唑啉}$$

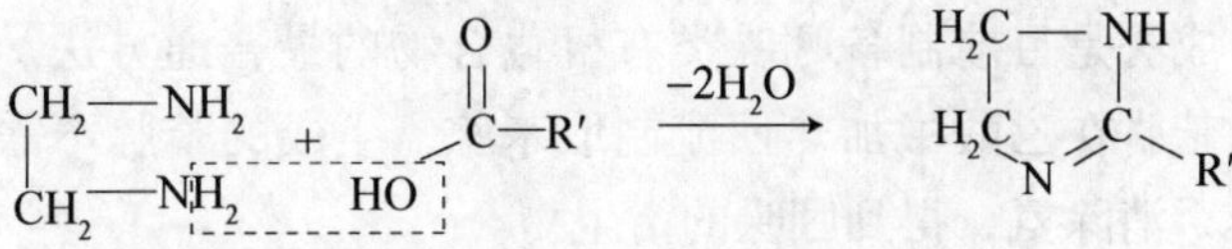

例 4 拟肾上腺素药萘甲唑啉（Naphazoline）的制备。

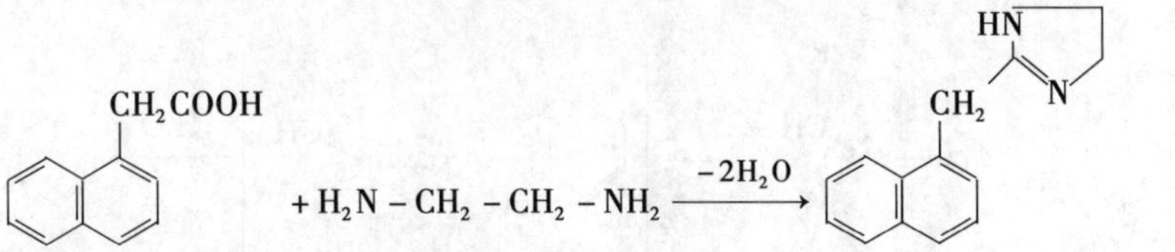

$$\text{1-萘乙酸}(CH_2COOH) + H_2N-CH_2-CH_2-NH_2 \xrightarrow{-2H_2O} \text{萘甲唑啉}$$

（3）乙二醛和氨（铵盐）、羰基化合物缩合成环

$$\begin{matrix}CHO\\ |\\ CHO\end{matrix} + \begin{matrix}NH_3\\ NH_3\end{matrix} + RC(=O)H \longrightarrow \text{2-R-咪唑}$$

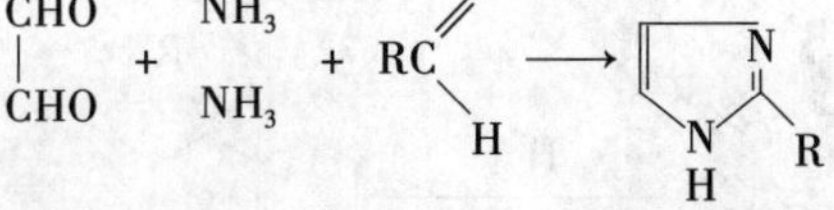

例 5 广谱抗真菌药克霉唑（Clotrimazole）合成中间体咪唑的制备。

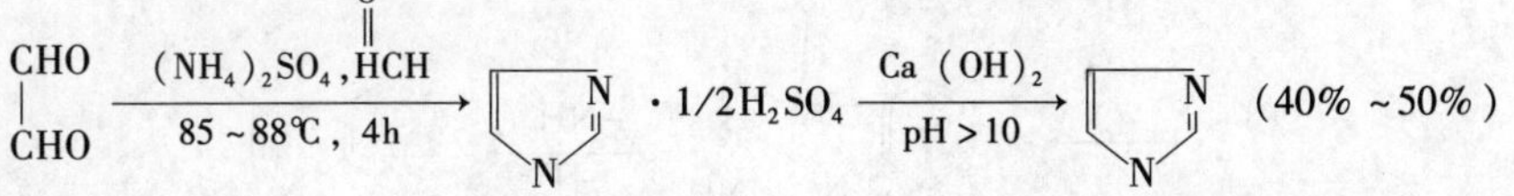

$$\begin{matrix}CHO\\ |\\ CHO\end{matrix} \xrightarrow[85\sim88^\circ C,\ 4h]{(NH_4)_2SO_4,\ HCHO} \text{咪唑}\cdot 1/2H_2SO_4 \xrightarrow[pH>10]{Ca(OH)_2} \text{咪唑} \quad (40\%\sim50\%)$$

2. 苯并咪唑及其衍生物

在苯并咪唑分子中，苯环的邻位有两个氮原子，合成时常用的起始原料为邻苯二胺。邻苯二胺与羧酸或酸酐、酰氯、酯、醛、酮、腈、尿素、脒等环合。

例如，邻苯二胺与甲酸作用，经脱水、环合得苯并咪唑。

$$\text{邻苯二胺} + HCOOH \xrightarrow{-2H_2O} \text{苯并咪唑}$$

如果用其它羧酸衍生物，按类似方法便能制取其它的苯并咪唑衍生物。

例6 平滑肌抑制药地巴唑（Dibazole）的合成。

$$\text{邻苯二胺} + C_6H_5CH_2COOH \xrightarrow{HCl} \text{2-苄基苯并咪唑}$$

四、吲哚衍生物的合成及应用

吲哚类化合物的环合方法很多，从结构上看是苯环和一个氮原子相连，因此一般都是以苯系伯胺为起始原料而制得的。

（一）费歇尔（Fischer）吲哚合成法

某些醛、酮或酮酸类的苯腙在酸催化下加热，重排消除一分子氨，得到吲哚类化合物。该反应称为费歇尔（Fischer）吲哚合成法。

费歇尔吲哚合成法是目前制备吲哚类有机化合物的最普通方法。制备时常用羰基化合物与等摩尔的苯肼在乙酸中加热回流制取苯腙，生成的苯腙不需分离就可立即在酸催化下进行重排，消除氨，得到吲哚的衍生物。

其反应机理如下：

$$C_6H_5NHNH_2 + O{=}C(R)CH_2R' \longrightarrow [C_6H_5NH{-}NH{-}C(OH)(R)CH_2R'] \xrightarrow{-H_2O} C_6H_5NH{-}N{=}C(R)CH_2R'$$

$$\xrightleftharpoons{H^+} \text{烯肼} \xrightarrow{H^+} \cdots \longrightarrow \cdots \longrightarrow \text{2-氨基吲哚啉} \xrightarrow[-H^+]{-NH_3} \text{2-R-3-R'-吲哚}$$

（二）费歇尔吲哚合成法的工艺影响因素

（1）羰基化合物必须在其 α-位至少要有一个氢原子，羰基化合物可以是醛、酮和醛酸、酮酸以及它们的酯。

（2）用于形成腙的肼，必须是芳香取代的肼。芳香环上可以有各种不同的取代基，但是吸电子取代基对反应不利。

（3）多种酸和 Lewis 酸都能催化反应，如多聚磷酸、浓盐酸、氯化锌、氯化亚铜和三氟化硼等。

例 7 非甾体消炎镇痛药吲哚美辛（Indometacin）的制备。

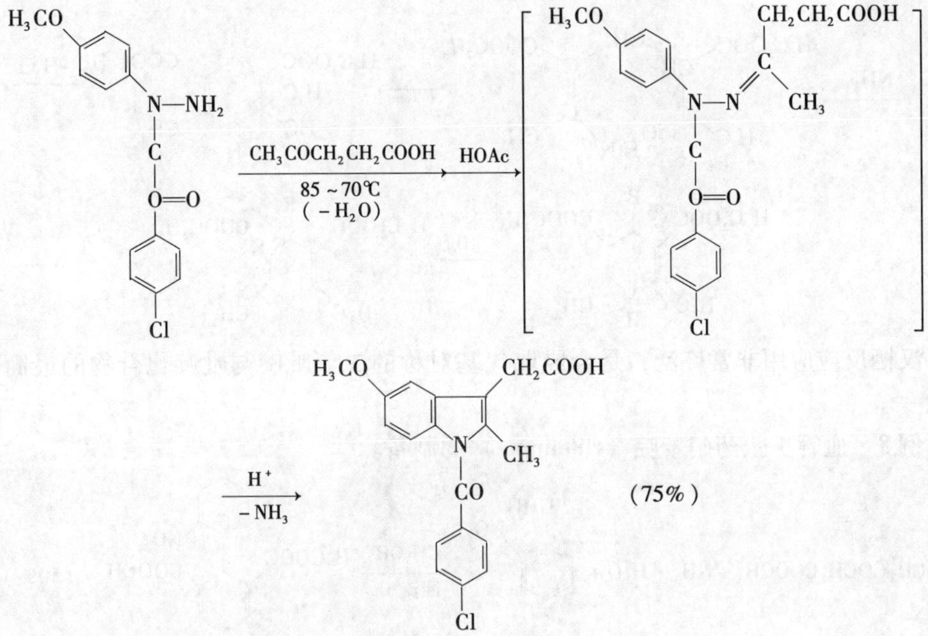

$$\xrightarrow[85\sim70℃\ (-H_2O)]{CH_3COCH_2CH_2COOH\quad HOAc}$$

$$\xrightarrow[-NH_3]{H^+}\quad (75\%)$$

五、吡啶衍生物的合成及应用

吡啶最初是从煤焦油分离而得，现已改用合成法为主。简单的吡啶衍生物一般由吡啶和甲基吡啶等为原料进行制备。取代基较多的或结构复杂的吡啶衍生物，一般以简单的开链化合物经环合反应而得。

汉栖（Hantzsch）吡啶合成法

两分子 β-酮酸酯与一分子醛和一分子氨进行环合，先得二氢吡啶环系，再经氧化（常用 HNO_3）脱氢，生成取代基对称的吡啶衍生物。该法称为汉栖（Hantzsch）吡啶合成法或汉栖反应。

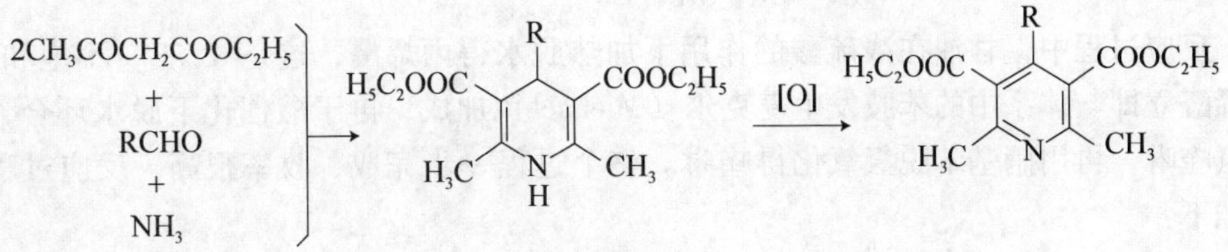

$$2CH_3COCH_2COOC_2H_5 + RCHO + NH_3 \longrightarrow \xrightarrow{[O]}$$

汉栖反应的过程，首先是形成链状的δ-氨基羰基化合物，然后再通过分子内的加成—消除反应发生环化，得二氢吡啶环，最后在氧化剂作用下生成吡啶环，即：

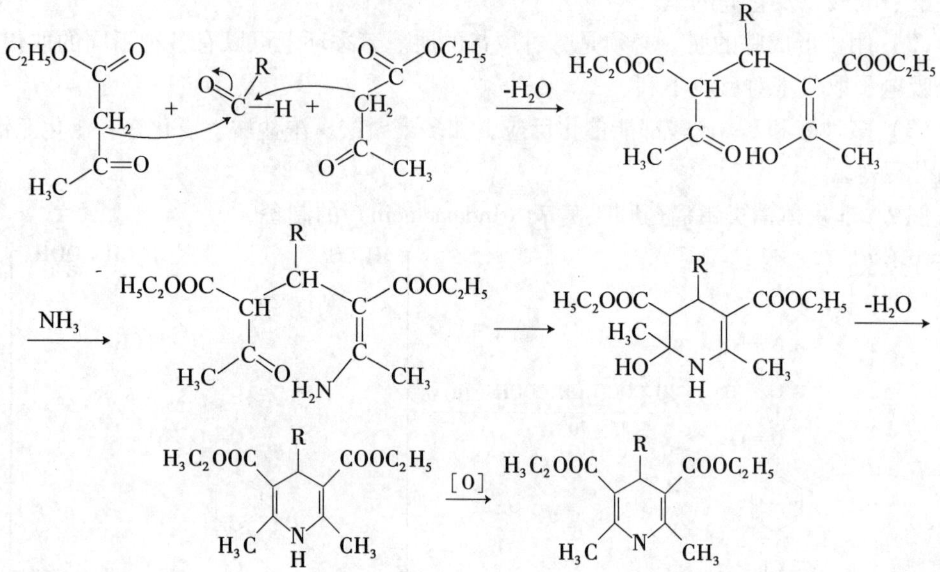

汉栖反应应用非常广泛，是合成取代基对称的二氢吡啶与吡啶化合物的最简便方法之一。

例8 血管扩张药硝苯啶（Nifelipine）的制备。

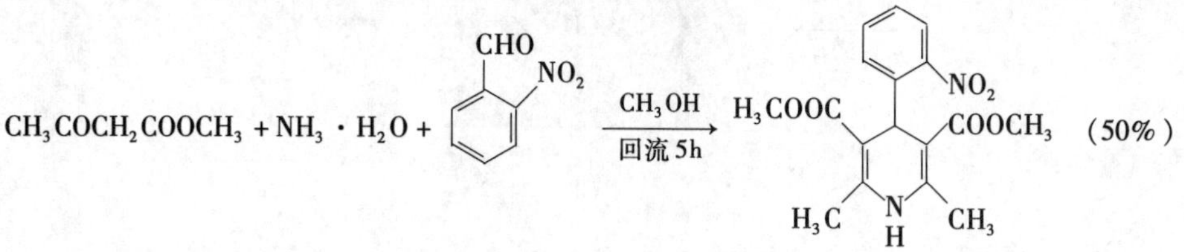

$$CH_3COCH_2COOCH_3 + NH_3 \cdot H_2O + \text{邻硝基苯甲醛} \xrightarrow[\text{回流 5h}]{CH_3OH} \text{硝苯啶} \quad (50\%)$$

六、喹啉衍生物的合成及应用

喹啉环的环合方法一般都是由苯胺或其衍生物开始的。

斯克劳普（Skraup）喹啉合成法

芳伯胺类与甘油的混合物在浓硫酸及氧化剂存在下共热，生成喹啉类化合物。该法称为斯克劳普（Skraup）喹啉合成法。

$$C_6H_5NH_2 + CH_2(OH)—CH(OH)—CH_2(OH) \xrightarrow[130℃]{\text{浓 } H_2SO_4 \cdot PhNO_2} \text{喹啉} \quad (85\%)$$

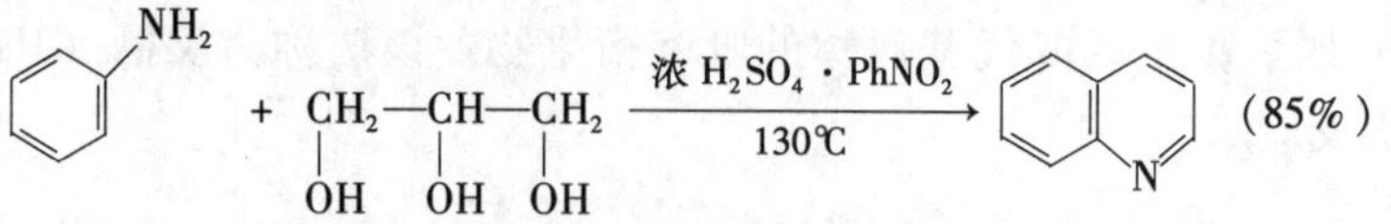

反应过程中，甘油在浓硫酸的作用下加热脱水得丙烯醛，这是α，β-不饱和醛；丙烯醛立即与体系中的苯胺发生麦克尔（Michael）加成，再于酸催化下脱水环合，得二氢喹啉，再用硝基苯脱氢氧化得喹啉。整个过程一步完成，收率很高，反应过程表示如下：

$$CH_2(OH)-CH(OH)-CH_2(OH) \xrightarrow{H_2SO_4} CH_2=CH-CHO \xrightarrow{Ph\text{-}\ddot{N}H_2}$$

$$\xrightarrow[-H_2O]{H_2SO_4} \xrightarrow{\text{硝基苯}}$$

斯克劳普反应的直接反应物是芳胺和α，β-不饱和羰基化合物发生麦克尔加成，硝基苯在反应中只是一个脱氢氧化剂，根据不同的反应物，也可选用其他试剂来实现此步反应，如四氯化锡、氧化砷、碘（溶于碘化钾溶液）、氧化铁、三氯化铁和硝基苯磺酸等。

斯克劳普反应进行时，一般很剧烈，操作时要特别小心。为了不使反应因为过于激烈冲出反应器，常在反应中加入一些硫酸亚铁、乙酸。另外，在反应中同时加入适量的硼酸，还可以提高产物的产率。

斯克劳普合成法是喹啉及某些衍生物最重要合成方法，应用十分广泛。通过选择不同的芳胺和取代的α，β-不饱和羰基化合物，能够合成各种含喹啉环结构的药物。

例 9 抗疟疾药磷酸伯氨喹（Primaquine Diphosphate）的主要中间体6-甲氧基-8-氨基喹啉的制备。

$$\xrightarrow[(90\%)]{\text{甘油，}H_2SO_4\text{，KI，}I_2} \xrightarrow[(65\%)]{\text{Fe，HCl}}$$

例 10 抗阿米巴病药喹碘方（Chiniofon）、氯碘喹啉（Chloroiodo Hydroxyquinoline）和双碘喹啉（Diiodohydroxyquinoline）的起始原料8-羟基喹啉的制备。

$$\xrightarrow{\text{甘油，}H_2SO_4\cdot SO_3\text{·邻硝基苯酚}} \quad (73.4\%)$$

例 11 兽用药抗焦虫素（Acaprine）的中间体6-氨基喹啉的制备。

$$\xrightarrow{\text{甘油，}H_2SO_4\text{，砷酸}} \xrightarrow{(NH_4)_2S}$$

当采用间位取代的芳胺进行斯克劳普反应时，产物为5-取代或7-取代的喹啉化合物。在这种情况下，原芳胺上的取代基的性质对于分子内发生环合的方向是有影响的。例如：

$$+\ CH_2=CH-CHO \longrightarrow \qquad \longrightarrow$$

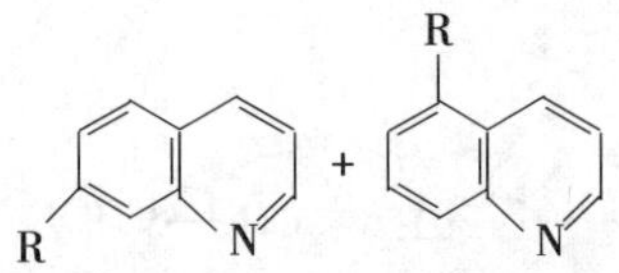

当R为给电子取代基，如—OH、—CH_3、—OCH_3时，主要生成7-位取代喹啉；R为吸电子取代基，如—NO_2、—COOH时，主要产物是5-位取代喹啉；当R为—Cl、—Br等取代基时，得5-位取代和7-位取代喹啉的混合物。

若芳环上存在着酸敏感，或在高温下易裂解的乙酰基、氰基等不稳定的基团时，则不宜采用斯克劳普反应。

斯克劳普喹啉合成法一般是合成杂环上没有取代基的喹啉衍生物的最佳方法。如果用α，β-不饱和酮或取代的α，β-不饱和醛，反应虽较难进行，但仍可制得杂环上有取代基的喹啉衍生物。

例12 抗寄生虫病药扑蛲灵（Pyrvinium Embonate）合成中的喹啉部分的制备。

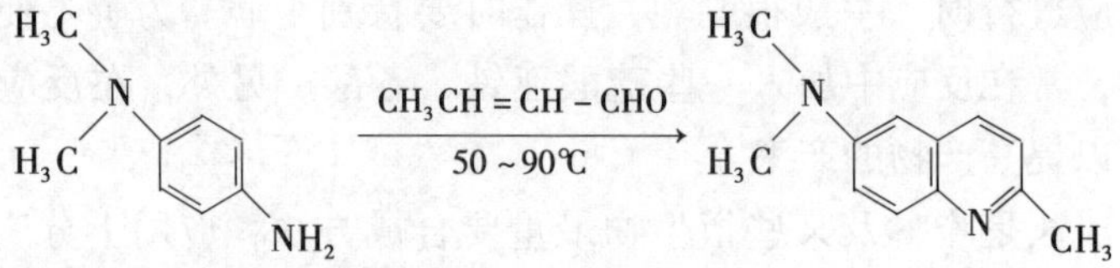

$$\xrightarrow[50\sim90^\circ C]{CH_3CH=CH-CHO}$$

七、嘧啶衍生物的合成及应用

嘧啶及其衍生物是一类重要的医药中间体和染料中间体。

嘧啶分子中的两个环氮原子处于1，3位，因此合成嘧啶最常用的方法，是以1，3-二羰基化合物和同一碳原子上的二氨基物相作用而得。可用下面的反应通式表示：

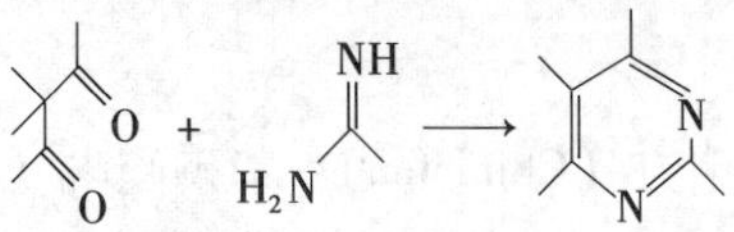

常用于合成嘧啶的1，3-二羰基化合物有1，3-二醛、β-二酮、β-醛酮、β-醛酯、β-酮酯、β-二酯、β-醛腈、β-酯腈、β-二腈等。

连接在同一碳原子上的二氨基物有：尿素、硫脲、脒和胍等。

选择适合的1，3-二羰基化合物，可以使环合后环上4，6位具有所需要的某些取代基。如果羰基的α-碳原子（即次甲基上的碳原子）上有取代基，则环合后环的C_5位就有这个取代基；选择具体的二氨基化合物可以使环合后环上C_2位上具有羟基、氨基、巯基等取代基。例如从尿素出发，可得2-羟基嘧啶类，从胍出发，可得2-氨基嘧啶类。

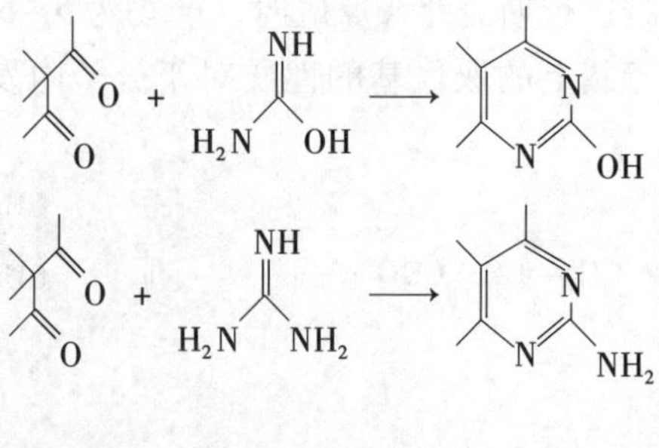

例如，以1，3－二醛类为原料合成嘧啶衍生物：

$$\text{R-C(CHO)-C(=O)-}\ (\text{H, O, O}) + \text{H}_2\text{N-C(=NH)-} \longrightarrow \text{(R-嘧啶, N, N)}$$

在实际生产中，为了增强1，3－二醛类的稳定性，常以丙二醛的衍生物为原料。

例13 抗菌药2－磺胺－5－甲基嘧啶（Iso－Suifamerazine）的制备。

$$H_2N\text{-}C_6H_4\text{-}SO_2NH\text{-}\overset{NH}{\overset{\|}{C}}\text{-}NH_2 + (EtO)_2CH\text{-}CH(CH_3)\text{-}CHO \longrightarrow$$

$$H_2N\text{-}C_6H_4\text{-}SO_2NH\text{-}(\text{pyrimidinyl})\text{-}CH_3$$

目标检测题

一、简答题

1. 何谓环合反应？以环合时形成的新键来区分，常有哪三种环合方式？

2. 写出咪唑及其衍生物的主要环合方法，苯并咪唑及其衍生物的环合常选用哪些有机化合物为起始原料？

3. 何为Fischer吲哚合成法？举一药物合成实例。

4. 写出Hantzsch吡啶合成法通式。用恶唑环为原料合成吡啶类药物有何优点？

5. 嘧啶衍生物的合成主要采用那一种环合方式？常选用的原料有哪些？

二、完成下列反应：

1. $F\text{-}C(COOET)\text{=}CHONa + H_2N\text{-}C(OCH_3)\text{=}NH \xrightarrow[\Delta]{CH_3OH}$

2. $2CH_3COCH_2COOCH_3 + NH_3 + (\text{2-硝基苯甲醛: CHO, } NO_2) \longrightarrow$

3. $C_6H_5\text{-}C(=O)\text{-}C_6H_3(NH_2)_2 \xrightarrow{NC\text{-}NH\text{-}COOCH_3}$

4. $H_2N\text{-}\overset{O}{\overset{\|}{C}}\text{-}CH_2\text{-}\overset{O}{\overset{\|}{C}}\text{-}CH_3 + C_6H_5NHNH_2 \longrightarrow$

5. (4-methoxy-2-nitroaniline: H_3CO, NH_2, NO_2 on benzene ring) $\xrightarrow{\text{甘油，}H_2SO_4\text{，KI，}I_2}$ $\xrightarrow{\text{Fe，HCl}}$

6. $\begin{array}{l} CH_2—NH_2 \\ | \\ CH_2—NH_2 \end{array}$ $\xrightarrow[\triangle]{CH_3CN\text{，S}}$ $\xrightarrow[\triangle]{\text{Raney Ni}}$

实验一　氯代环己烷的制备

【实验目的】

1. 熟悉卤代环烷烃制备方法，了解卤素置换羟基制备卤代烷烃的反应机理。
2. 熟练地掌握搅拌、萃取和分馏等基本操作。
3. 熟悉反应过程中产生的有害气体的吸收装置。

【实验原理】

制备卤代烷的原料最常用结构上相对应的醇，由于合成和使用上的方便，一般实验室中最常用的卤代烷是溴代烷。溴代烷的主要合成方法是由醇和氢溴酸（47%）作用，使醇中的羟基被溴原子所取代。

$$R—OH \xrightarrow{HBr（47\%）} R—Br$$

为了加速反应和提高产率，操作时常常加入浓硫酸作催化剂，或采用浓硫酸和溴化钠或溴化钾作溴代试剂。

$$R—OH \xrightarrow[\text{或 } NaBr/KBr,\ H_2SO_4]{HBr（47\%）\ H_2SO_4} R—Br$$

由于硫酸的存在，会使醇分子内脱水成烯或分子间脱水成醚。叔醇制取叔溴代烷时更易产生烯烃，但叔醇与氢卤酸的反应较易进行，故制取叔溴代烷时，只需47%的氢溴酸即可，而不必再加硫酸进行催化。为除去反应后多余的原料（醇）及副产物（醚及烯），可用硫酸来洗涤。

$$R—OH \xrightarrow[\text{或 } HCl,\ ZnCl_2]{SOCl_2} R—Cl$$

氯代烃可以通过醇和氯化亚砜（$SOCl_2$）或浓盐酸在氯化锌存在下制取。

$$R—OH \xrightarrow[\text{或 } P,\ I_2]{PI_3} R—I$$

碘代烷可以通过醇和三碘化磷或在红磷存在下和碘作用而制得。

【原料与试剂】

环己醇	30g（32.5ml，0.3mol）
浓盐酸	85.3ml（1mol）
饱和 NaCl 溶液	20ml
饱和 $NaHCO_3$溶液	10ml
无水氯化钙	适量（干燥用）

【实验步骤】

环己醇（OH）$\xrightarrow{\text{浓 HCl}}$ 氯代环己烷（Cl）

在150ml三颈瓶上分别装置球形冷凝管（附注①）和温度计。将30g环己醇（32.5ml，0.3mol）和85.3ml浓盐酸（附注②）放置于三颈瓶中，混匀。油浴加热，保持反应平稳地回流（附注③）3～4h。反应结束后，放置冷却，将反应液倒入分液漏斗中分取上层油层，依次用饱和NaCl溶液10ml，饱和$NaHCO_3$水溶液10ml（附注④），饱和NaCl溶液10ml洗涤。经无水氯化钙干燥后进行分馏，收集138℃以上的馏分。

纯氯代环己烷的沸点为142℃。

【附注】

①反应中有氯化氢气体逸出，需在球形冷凝管顶端连接气体吸收装置。图1－1（b）可作为少量气体的吸收装置。图1－1（a）中的漏斗略微倾斜，一半在水中，一半露在水面。这样，既能防止气体逸出，又可防止水被倒吸至反应瓶中。图1－1（b）中的玻管略微离开水面，以防倒吸。有时为了使氯化氢气体完全吸收，可在水中加些NaOH。若反应过程中有大量气体生成或气体逸出很快时，可使用图1－1（c）装置，水（可用冷凝管流出的水）自上端流入抽滤瓶中，在侧管处溢出，粗的玻璃管恰好插入水面，被水封住，以防止气体逸出。

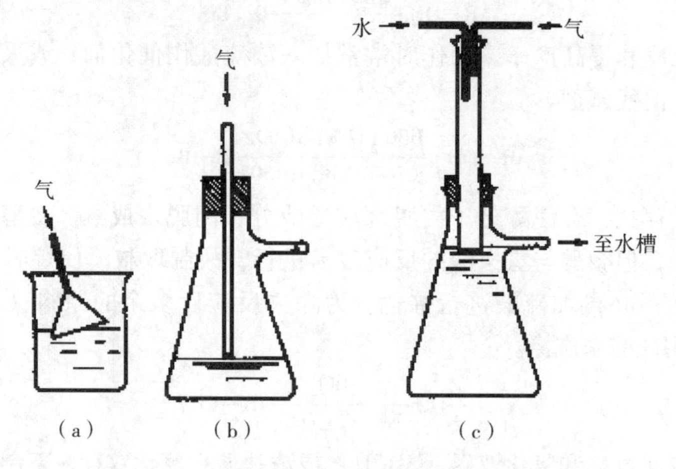

图1－1　气体吸收装置

②为加速反应，也可加入无水$ZnCl_2$或无水$CaCl_2$催化。

③回流不能太剧烈，以防氯化氢逸出太多。开始回流温度在85℃左右为宜，最后温度不超过108℃。

④洗涤时不要剧烈振摇，以防乳化。用饱和$NaHCO_3$液洗至pH 7～8即可。

【思考题】

1. 试述以醇与氢卤酸或氢卤酸盐制备卤代烷的反应原理以及可能产生什么副反应？
2. 为什么回流温度开始要控制在微沸状态？如回流剧烈对反应有何影响？
3. 若在反应中加无水$CaCl_2$，除有催化的作用外，还有什么作用？

实验二　对-溴乙酰苯胺的制备

【实验目的】

1. 学习芳烃卤化反应理论，掌握芳烃溴化方法。
2. 熟悉溴的物理特性、化学特性及其使用操作方法。
3. 掌握重结晶及熔点测定技术。

【实验原理】

芳烃卤代物可以用氯或溴作卤化剂，如果芳烃反应活性较低，可在铁粉或相应的三卤化铁催化下与芳烃发生亲电取代而制得。本实验不需催化剂，直接用溴与乙酰苯胺反应：

$$\text{AcHN}-C_6H_5 + Br_2 \longrightarrow \text{AcHN}-C_6H_4-Br + HCl$$

【原料与试剂】

乙酰苯胺（俗称退热冰）	13.5g（0.1mol）
溴	16g（5ml，0.1mol）
冰醋酸	36ml
亚硫酸氢钠	1～2g

【实验步骤】

在250ml四口烧瓶上分别装置搅拌器、温度计、滴液漏斗和回流冷凝管，回流冷凝管连接气体吸收装置，以吸收反应中产生的溴化氢（附注①）。

向四口烧瓶中加入13.5g乙酰苯胺和30ml冰醋酸（附注②），用温水浴稍稍加热，使乙酰苯胺溶解。然后，在45℃浴温条件下，边搅拌边滴加16g溴（附注③）和6ml冰醋酸配成的溶液，滴加速度以棕红色溴能较快褪去为宜（附注④）。

滴加完毕，在45℃浴温下继续搅拌反应1h，然后将浴温提高至60℃，再搅拌一段时间，直到反应混合物液面不再有棕红色溴蒸气逸出为止。

将反应混合物倾入盛有200ml冷水的烧杯中（如果产物带有棕红色，可事先将1g亚硫酸氢钠溶人冷水中；如果产物颜色仍然较深，可适量再加一些亚硫酸氢钠）。用玻璃棒搅拌10min，待反应混合物冷却至室温后过滤，用冷水洗涤滤饼并抽干，在50～60℃温度下干燥，产物可以直接用于对-溴乙酰苯胺的精制。

对-溴乙酰苯胺可以用甲醇或乙醇重结晶，产物经干燥后，称重，测熔点并计算产率。对-溴乙酰苯胺为无色晶体，熔点为164～166℃。

【附注】

①搅拌器与四口烧瓶的连接处密封性要好，以防溴化氢从瓶口溢出。

②室温低于16℃时，冰醋酸呈固体，可将盛有冰醋酸的试剂瓶置人温水浴中融化。

③溴具有强腐蚀性和刺激性，如对皮肤有很强的灼伤性，其蒸气对黏膜有刺激作用，须在通风橱中量取。量取时，先将固定在铁架台上的分液漏斗安放在通风橱内，

然后把溴倒入分液漏斗，再用量筒经分液漏斗量取溴，操作时应戴上橡皮手套。

④滴速不宜过快，否则反应太剧烈会导致一部分溴来不及参与反应就与溴化氢一起逸出，同时也可能会产生二溴代产物，所以，加溴速度也以不使溴蒸气通过冷凝管逸出为宜。

【思考题】

1. 乙酰苯胺的一溴代产物为什么以对位异构体为主?

2. 在溴化反应中，反应温度的高低对反应结果有何影响?

3. 对反应混合物的后处理过程中，用亚硫酸氢钠水溶液洗涤的目的是什么?

4. 产物中可能存在哪些杂质，如何除去?

实验三　1-溴丙烷的制备

【实验目的】

1. 熟悉沸点不高的卤代烷烃的制备方法，掌握浓硫酸在本合成中的作用。

2. 熟练地掌握搅拌、萃取和常压蒸馏等基本操作。

【实验原理】

卤化氢在与醇的反应中，醇羟基可被卤原子取代生成卤代烃，此类反应是可逆反应，为促进反应顺利进行，在用较浓 HBr 水溶液时，要设法除去反应生成的水，以提高 HBr 浓度，故本反应中加入了一定量的浓硫酸；另外，也可将生成的卤代烃移去，使反应进行下去，本实验中利用缓慢加热方法，促使沸点较低的 1-溴丙烷产物（沸点 71℃）蒸出，这样既分离出了产品，又有利于反应。

反应方程式：

$$CH_3CH_2CH_2CH_2OH + HCl \xrightarrow[\text{缓慢加热}]{\text{浓硫酸 } H_2SO_4} CH_3CH_2CH_2CH_2Br + H_2O$$

【原料与试剂】

48%溴化氢水溶液	100g（0.59mol）
正丙醇	29g（0.49mol），bp97℃
浓硫酸	29ml
5%的碳酸钠溶液	适量（洗涤用）

【实验步骤】

在装有搅拌器、恒压滴液漏斗和常压蒸馏装置的反应瓶中加入 48% 溴化氢水溶液 100g，水浴冷却，搅拌下慢慢加入浓硫酸 16ml（30g），再加入正丙醇 29g，缓慢加热，并同时由恒压滴液漏斗缓慢滴加浓硫酸 13ml，此间生成的 1-溴丙烷蒸出。将接引管伸人接受瓶中的水面之下（附注①），接受瓶用冰水冷却。待无 1-溴丙烷蒸出时，停止反应，分出馏出物，即 1-溴丙烷粗品，粗品依次用水、5% 的碳酸钠溶液和水各洗涤一次后，无水氯化钙干燥。过滤后，用常压蒸馏装置水浴加热蒸馏，收集 70～72℃ 的馏分，得 1-溴丙烷（附注②，附注③），称重，并计算产率。

【附注】

①接受瓶中水约100ml，冰水冷却，以使产物完全冷凝，反应停止后，要先将接引管从水中提出，再拆卸装置。

②产品1－溴丙烷微溶于水，洗涤用水温度越低越好；1－溴丙烷，$[d]_4^{20}$1.354，为无色液体。本实验产品参考量为51g，收率86%。

③本实验也可直接用NaBr与浓硫酸或NH_4Br与浓硫酸和正丙醇反应，制得1－溴丙烷。

【思考题】

1. 粗产物中可能存在哪些杂质？怎样除去？

2. 在溴化反应中，反应温度的高低对反应结果有何影响？加热温度应控制在多高为好？

3. 用NaBr与浓硫酸和正丙醇反应制备1－溴丙烷时，原料与试剂上应做哪些改变？并说明理由？

实验四 1－溴丁烷的制备

【实验目的】

1. 掌握从醇制备溴代烷的原理和方法。
2. 初步掌握回流及有害气体吸收的操作技术。
3. 学会正确使用分液漏斗。

【实验原理】

1. 化学反应原理

$$NaBr + H_2SO_4 \xrightleftharpoons{\text{置换反应}} HBr + NaHSO_4$$

$$n-C_4H_9OH + HBr^{[注1]} \xrightleftharpoons{\text{溴化反应}} n-C_4H_9OH + H_2O$$

$$n-C_4H_9OH \xrightarrow{H_2SO_4} CH_3CH_2CH=CH_2 + H_2O$$

$$2n-C_4H_9OH \xrightarrow{H_2SO_4} (n-C_4H_9)_2O + H_2O$$

2. 分离精制的原理

制得的粗1－溴丁烷中含有少量未反应的正丁醇及副产物正丁醚和1－丁烯，它们都能溶于浓硫酸，因此用浓硫酸洗涤可以除去。

【原料与试剂】

正丁醇	15g（18.5ml，0.2mol）
溴化钠	25g（0.24mol）
浓硫酸	29ml＋10ml
10%碳酸钠溶液	15ml
无水氯化钙	2g
饱和亚硫酸氢钠	适量

【实验步骤】

在250ml圆底烧瓶中，放入18.5ml正丁醇，25g研细的溴化钠（附注②）和2~3粒沸石，烧瓶上安装回流冷凝器。在一个小锥形瓶内放入20ml水，同时用冷水冷却此锥形瓶，一边摇动，一边慢慢地加入29ml浓硫酸。将稀释后的硫酸分4次从冷凝器上口加入烧瓶，每加入一次，都要充分振荡烧瓶，使反应物混合均匀。在冷凝器的上口接一吸收溴化氢气体的装置（参考实验一，注意漏斗边缘接近水面，但不接触水面）

将烧瓶在石棉网上用小火加热回流1h，并经常摇动。冷后，拆去回流装置，再加入2~3粒沸石，用玻璃弯管连接直形冷凝器进行蒸馏，直到无油滴蒸出为止（附注③）。

将馏出液移至分液漏斗中，加入15ml水洗涤（附注④），将下层粗产品分入另一干燥的分液漏斗中、然后将10ml浓硫酸慢慢加入后，充分振荡，静止分层，放出下层的浓硫酸，余下的油层自漏斗上口倒入原来已洗净的分液漏斗中，再依次用15ml水、10%碳酸钠水溶液及水洗涤。将下层产物放入一个干燥的50ml锥形瓶中，加入约2g无水氯化钙，塞紧瓶塞干燥1~2h。

干燥后的产物通过置有菊花形滤纸的小漏斗滤入60ml蒸馏瓶中，加入沸石后，在石棉网上加热蒸馏，收集90~103℃的馏份。产量16.5~18g（产率60%~65%）。1-溴丁烷的沸点为101.6℃。

【附注】

①这是一个脂肪族亲核置换反应，所用溴化剂—氢溴酸，可直接用市售48%氢溴酸，但价格较贵，本实验由浓硫酸和溴化钠作用产生。产生的溴化钠是气体，为了要吸收它达到最高浓度，所以在浓硫酸中加入适量的水。

②如用含结晶水的溴化钠（$NaBr \cdot 2H_2O$），可按摩尔数换算用量，并相应 减少加入的水量。

③1-溴丁烷是否蒸完，可以从下列几方面判断：馏出液是否由浑浊变为澄清；反应瓶上层油层是否消失；取一试管收集几滴流出液，加水摇动，观察有无油珠出现。若无，表示馏出液中已无有机物，蒸馏已完成。蒸馏不溶于水的有机物时，常可用此法检验。

④如水洗后产物尚呈红色，是由于浓硫酸的氧化作用生成游离溴之故，可加入几ml饱和亚硫酸钠洗涤除去。

$$2NaBr + 3H_2SO_{4(浓)} \longrightarrow Br_2 + SO_4 + 2H_0 + 2NaHSO_4$$

$$Br_2 + NaHSO_3 \longrightarrow 2NaBr + NaHSO_4 + 2SO_2 + 2H_2O$$

⑤浓硫酸用水稀释时，应将浓硫酸慢慢注入水中，切勿将水注入硫酸中，以防浓硫酸猛烈飞溅。

【思考题】

1. 加料时，先使溴化钠与浓硫酸混合，然后加入正丁醇和水，可以吗？为什么？

2. 加热回流时，反应物呈红棕色，是什么原因？

3. 为什么制得的粗1-溴丁烷需用冷的浓硫酸洗涤？最后用碳酸钠溶液和水洗涤的目的是什么？

4. 用分液漏斗洗涤产物时，1－溴丁烷时而在上层，时而在下层，你用什么简便的发福加以判断？

5. 如用 $NaBr \cdot 2H_2O$ 做本实验，反应物的用量应该如何调整？通过计算回答。

6. 工业生产上浓硫酸用水稀释时的加料顺序与实验室的不同，为什么？

7. 回流反应开始之前，为什么要向瓶中加入一块沸石？这块沸石可否在液温已达溶剂沸点，但是尚未沸腾时加入？为什么？

实验五　对硝基苯乙腈的制备

【实验目的】

1. 掌握硝化反应的基本原理。

2. 掌握混酸的配制方法。

3. 了解邻－硝基苯乙腈、对－硝基苯乙腈异构体性质与分离方法，掌握抽滤、重结晶等实验操作。

【实验原理】

在有机化合物中引入硝基，形成含 C—NO_2 键的反应称为硝化反应。在芳环或芳杂环上引入硝基，多采用直接硝化法，即芳族化合物与硝酸或混酸等硝化剂作用，发生硝化反应。例如硝酸和硫酸的混合物（简称混酸）生成 NO_2^+，对芳环做亲电进攻。这一过程受芳环上取代基的影响，并决定生成物的结构。

本实验对硝基苯乙腈的合成就是用混酸作硝化试剂，在苯乙腈的对位硝化而得，反应式如下：

$$C_6H_5\text{—}CH_2CN \xrightarrow{HNO_3/H_2SO_4} O_2N\text{—}C_6H_4\text{—}CH_2CN$$

反应过程中除生成对硝基苯乙腈外，还有少量的邻硝基苯乙腈生成，可以在后处理时除去。

【原料与试剂】

苯乙腈	10g（0.085mol）
浓硝酸	27.5ml（0.43mol，d＝1.42）
浓硫酸	27.5ml（0.19mol，d＝1.84）

【实验步骤】

在装有滴液漏斗和搅拌器的250ml圆底烧瓶中，放入由27.5ml浓硝酸和27.5ml浓硫酸所组成的混合物（附注①）。在冰浴中冷至10℃，再慢慢滴加10g苯乙腈（不含醇和水）（附注②），调节加入速度使温度保持在10℃左右，最高不超过20℃。待苯乙腈全部加完以后（约1h），移去水浴，将混合物搅拌1h，然后倒入120g碎冰中。这时有糊状物慢慢析出来，其中一半以上是对硝基苯乙腈，其他为邻硝基苯乙腈和油状物，但没有二硝基化合物生成。用抽滤法过滤并压榨产物，尽可能除去其中所含的油状物。然后再把产物溶解在50ml沸腾的95%乙醇中，冷却析出对硝基苯乙腈的结晶。再用55ml 80%的乙醇（d＝0.86～0.87）重结晶，得到熔点为115～116℃的产物7.0～7.5g

（理论产率的50% ~54%）。

这种产物在大多数的用途中是适用的；特别是用于制备对硝基苯乙酸时。有时必须除去产物中所含微量的邻位化合物，在这种情形下应当再从80%乙醇中结晶，这时产物的熔点为116 ~117℃。

【附注】

①混酸配制。用量筒量取27.5ml硝酸放在烧杯中，再量取27.5ml浓硫酸慢慢加入到硝酸中，搅拌均匀。浓硝酸和浓硫酸有强的腐蚀性和氧化性，量取时须戴塑胶手套，仔细操作避免撒落到衣服和手上，造成伤害。

②用纯的苯乙腈作原料产率较高，如用工业苯乙腈作为原料，产物量只有5g左右。

③过滤的速度如果慢，产物就会在滤纸上析出，也可以把这部分收集起来，重新用热水溶解合并。

【思考题】

1. 常用的硝化剂还有哪些？各有什么特点？
2. 氰基在酸性条件下水解，除生成羧酸外，还有什么副产物生成？

实验六　邻硝基乙酰苯胺的制备

【实验目的】

1. 掌握硝化反应的定位规律和硝酸－醋酐硝化剂的特点及应用。
2. 掌握回流搅拌、控制温度以及同时滴加液体的反应操作。
3. 熟练进行有机溶剂重结晶和掌握熔点测定技术。

【实验原理】

1. 反应原理

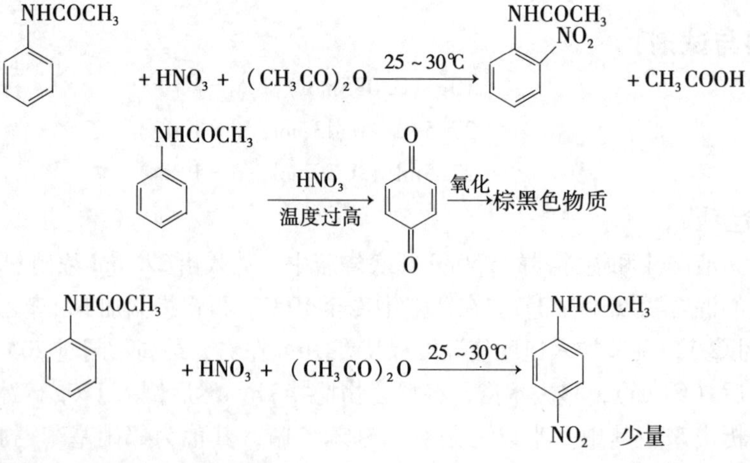

$$C_6H_5NHCOCH_3 + HNO_3 + (CH_3CO)_2O \xrightarrow{25\sim30℃} \text{o-}NO_2C_6H_4NHCOCH_3 + CH_3COOH$$

$$C_6H_5NHCOCH_3 \xrightarrow[\text{温度过高}]{HNO_3} \text{对苯醌} \xrightarrow{\text{氧化}} \text{棕黑色物质}$$

$$C_6H_5NHCOCH_3 + HNO_3 + (CH_3CO)_2O \xrightarrow{25\sim30℃} \text{p-}NO_2C_6H_4NHCOCH_3 \quad \text{少量}$$

2. 精制原理

利用乙醇进行重结晶达到精制目的。即在高温下制成饱和溶液，用活性炭除去有色杂质。趁热过滤除去活性炭和固体杂质。稍冷（约50℃）时析出的固体为对硝基乙酰苯胺，应保温滤除。母液室温自然冷却，析出晶体，过滤得到精制产品，而与母液中的杂质分开。

【原料与试剂】

乙酰苯胺	13.5g（0.1mol）
醋酐	31.0ml
浓硝酸	6ml（0.09mol，d=1.42）
乙醇	适量
活性炭	适量

【实验步骤】

在装有机械搅拌、回流冷凝器、温度计和滴液漏斗的三颈瓶中加入13.5g乙酰苯胺，24ml醋酐。把7ml醋酐置于50ml锥形瓶中，冷水浴冷却下边振摇边分次慢慢加入6ml浓硝酸（附注①）；将配制好的上述硝化剂加到滴液漏斗中。开动搅拌，温热三颈瓶，待反应液温度升至25℃时，慢慢滴加硝化剂（附注②）。滴加过程中保持反应液温度25~30℃（附注③）。加完硝化剂后继续搅拌0.5h，再于室温下静置2h（附注④）。

轻轻搅拌下将反应混合物慢慢倒入800~1000ml水中，得桔黄色针状结晶。抽滤，用冷水洗至中性，压紧，抽干（附注⑤）。

将滤饼称重并转移至100ml锥形瓶中，加入适量乙醇（每克湿品2~3ml乙醇）置热水浴中加热溶解（附注⑥）；稍冷后加入少量活性炭，再置热水浴中脱色5分钟。趁热抽滤，用5ml热乙醇洗涤滤渣，合并滤液和洗液于洁净的小烧杯中，室温放置析出结晶（附注⑦）。抽滤，少量冷乙醇洗涤1~2次，轻压，抽干。将滤饼转移到培养皿中，置烘箱中干燥（附注⑧），得邻硝基乙酰苯胺8~10g，熔点94℃。

【附注】

①配制硝酸-醋酐硝化剂时，必须将硝酸加到醋酐中；由于剧烈放热，应在冷水浴或冰水冷却下，慢慢地加入。否则，会使部分硝酸受热分解，放出棕色的二氧化氮气。

②硝化反应为强放热反应。先慢慢滴加6~10滴硝化剂，待反应温度有上升趋势时，再继续滴加。若一开始加入的硝化剂太多，反应一旦诱发，非常剧烈，易造成冲料。

③25~30℃为最佳反应温度；低于25℃，硝化不完全；高于30℃，邻硝基乙酰苯胺的生成量降低。反应中若温度超过30℃时，可用冷水浴冷却。

④加完硝化剂后，一定要在继续搅拌下反应0.5小时，才可室温放置。否则反应液颜色变为棕黑色，产品精制困难。静置前已有结晶析出，静置过程中晶体增加。

⑤中性条件下，邻硝基乙酰苯胺较稳定，酸性或碱性条件下易水解。

⑥乙醇重结晶可以除去不溶性杂质、有色杂质和溶于冷乙醇的杂质。在热溶时，为防止溶剂的散失，用装配有回流冷凝器的锥形瓶较好；为了操作方便，也可用烧杯，盖上表面皿或培养皿等。

⑦趁热抽滤时动作要迅速；布氏漏斗和抽滤瓶最好适当预热。否则在抽滤瓶中就

析出晶体。此时，可在水浴上慢慢加热至50℃左右时，应全溶，若有固体，应当滤除。然后再转移至小烧杯中自然冷却（自然冷却晶形好），得产品。

⑧干燥温度宜控制在50℃以下，干燥过程中适当翻动晶体。

【思考题】

1. 乙酰苯胺的硝化产物邻硝基乙酰苯胺水解后即得邻硝基苯胺，这是由苯胺制备邻硝基苯胺的必要过程。为什么不能由苯胺直接硝化而制得邻硝基苯胺呢？

2. 用乙醇重结晶的方法分离乙酰苯胺硝化产物中的邻、对位体，这种方法的根据是什么？效果如何？还有什么方法可用来分离邻、对位体？

3. 常用的硝化试剂共有哪几种？你能否设计一种只得邻硝基苯胺的合成方法？

4. 硝化试剂配制和硝化反应操作中注意那些问题？

实验七　2－硝基雷锁酚的制备

【实验目的】

1. 学习在苯环上进行亲电取代反应的定位规律及磺化反应的应用，复习硝化反应的操作控制。

2. 学习2－硝基－1，3－苯二酚的合成方法。

【实验原理】

有机合成时，常引入其他基团，阻止或保护分子中某些潜在反应部位，免受反应试剂进攻。这种基团必须导入容易，一些关键合成步骤完成后，又易于除去。

由雷琐酚（1，3－二羟基苯）合成2－硝基雷琐酚，反应物先磺化生成4，6－二磺酸基雷琐酚，二个最易硝化部位被保护。然后再进行硝化，最后水蒸气蒸馏二磺酸硝化物酸性溶液，除去磺酸基，生成纯的2－硝基雷琐酚。

(OH, OH) $\xrightarrow{2H_2SO_4}$ (HO_3S, OH, OH, SO_3H) $\xrightarrow[HNO_3]{0\sim20℃}$ (HO_3S, OH, NO_2, OH, SO_3H) $\xrightarrow[H^+]{水蒸气蒸馏}$ (OH, NO_2, OH)

【原料和试剂】

雷琐酚	7.7g（0.07mol）
浓硫酸	34.2ml（0.631mol，d＝1.84）
浓硝酸	4.4ml（0.066mol，d＝1.42）
95%乙醇	适量
尿素	0.1g

【实验步骤】

150ml烧杯中，放置7.7g粉状雷琐酚（附注①），加入28ml浓硫酸。几分钟后，如无粘稠的4，6－二磺酸浆状物生成，混合物加热到60～65℃．浆状物放置15分钟。

将4.4ml硝酸和6.2ml浓硫酸混合，冰水浴冷却。浆状物冰－盐浴冷至5～10℃，烧杯上方悬一滴液漏斗，搅拌浆状物，用滴液漏斗缓慢滴加已冷却好的混酸，反应混合物温度不能超过20℃。黄色混合物放置15分钟，保持温度50℃以下，小心加入20g碎冰。混合物转入500ml圆底烧瓶，加0.1g尿素（附注②），进行水蒸气蒸馏。至冷凝管上无橘红色的2-硝基雷琐酚，或冷凝管上有不要的黄色针状4，6-二硝基雷琐酚时，停止蒸馏。

水蒸气蒸馏约5分钟，通常有产物出现。如蒸馏瓶中冷凝蒸汽太多，产品难以蒸出。则停止通水蒸气，加热蒸馏瓶。除去水，增加蒸馏烧瓶中酸的浓度，当酸的浓度足以催化脱磺酸基反应时，停止加热，重新水蒸气蒸馏。

如冷凝管中充满固化产品，停止通冷凝水几分钟，直至产品熔化进入接收瓶。

馏出液冰浴冷却，布氏漏斗过滤，稀乙醇重结晶。产品先溶于95%乙醇热过滤，然后缓慢加入水至混浊，放置缓慢冷却。产量2.5~3.5g。纯2-硝基雷琐酚熔点84~85℃。

【附注】

①为磺化完全，雷琐酚应在研钵中研成很细的粉末。

②过量硝酸与尿素成盐，溶于水而除去。

【思考题】

1. 为什么磺化在4位和6位而不是2位？与间苯二酚比较，二磺化后活性（亲电进攻）如何？

2. 写出反应机理，解释脱磺酸基的过程。

实验八　对氯苯酚的制备

【实验目的】

1. 了解重氮化反应及Sandmeyer反应的机理以及在药物合成中的应用。

2. 掌握重氮化反应和Sandmeyer反应的基本操作方法。

3. 正确掌握减压蒸馏、萃取等基本操作。

【实验原理】

芳香族伯胺在酸性介质中与亚硝酸钠作用生成重氮盐的反应称为重氮化反应。

$$ArNH_2 + 2HCl + NaNO_2 \xrightarrow{0\sim5℃} ArN_2X + NaX + 2H_2O$$

这个反应是芳香族伯胺所特有的，生成的化合物称为重氮盐。重氮盐是制备芳香族卤化物、酚、芳腈及偶氮染料的中间体，无论在实验室或工业上都具有重要的价值。

重氮盐的通常制备方法是1mol的胺溶于2.5~3mol盐酸的水溶液中，把溶液冷却至0~5℃，然后加入亚硝酸钠溶液，直至反应液使淀粉-碘化钾试纸变蓝为止。由于大多数重氮盐很不稳定，温度高时容易分解，所以必须严格控制反应温度。重氮盐溶液不宜长期保存，制好后最好立即使用，而且通常都不把它分离出来，而是直接用于下一步合成。

重氮化反应酸的用量比理论量多0.5~1mol，过量的酸是为了维持溶液一定的酸度，防止重氮盐和未反应的胺发生偶联反应。

一般认为重氮化反应经过如下的过程：

$$\left[C_6H_5-\overset{H}{\underset{H}{N^+}}-H\right]Cl^- \xrightarrow{HONO} \left[C_6H_5-\overset{H}{\underset{H}{N^+}}-N=O\right]Cl^- \longrightarrow \left[C_6H_5-\underset{H}{N^+}=N-OH\right]Cl^- \longrightarrow \left[C_6H_5-\overset{+}{N}\equiv N\right]Cl^-$$

重氮盐具有很强的化学活泼性，若以适当的试剂处理，重氮基可以被—H、—OH、—F、—Cl、—Br、—CN、—NO_2、—SH及一些金属基团取代，因此广泛应用于芳香族化合物的合成中。对氯苯酚就是通过重氮盐这个中间体来制备的。

$$HO-C_6H_4-NH_2 \xrightarrow[0\sim5℃]{NaNO_2,\ HCl} \left[HO-C_6H_4-\overset{+}{N}\equiv N\right]Cl^- \xrightarrow{CuCl} \left[HO-C_6H_4-\overset{+}{N}\equiv N\right]Cl^- \cdot CuCl \xrightarrow{\Delta} HO-C_6H_4-Cl + N_2 + CuCl$$

$$2CuSO_4 + NaHSO_3 + 2NaCl + H_2O \longrightarrow 2CuCl\downarrow + 3NaHSO_4$$

在上述反应中，重氮盐的盐酸溶液在卤化亚铜的作用下，重氮基被卤素取代，这个反应称为Sandmeyer反应，这是在芳环上引入卤素或氨基的一个极重要的方法。Sandmeyer反应的关键在于相应的重氮盐与卤化亚铜能否形成良好的复合物。实验中，重氮盐与卤化亚铜以等摩尔混合。由于卤化亚铜在空气中易被氧化，故卤化亚铜以新鲜制备为宜。

【原料与试剂】

硫酸铜（$CuSO_4 \cdot 5H_2O$）	45g（约0.18mol）
氯化钠	13.5g（约0.24mol）
亚硫酸氢钠	10.5g
浓盐酸	75ml
对氨基苯酚	16.7g（0.115mol）
浓盐酸	53ml
亚硝酸钠	16.7g（0.115mol）
三氯甲烷	3×40ml

【实验步骤】

1. 氯化亚铜的制备

在400ml烧杯中放置45g（约0.18mol）结晶硫酸铜（$CuSO_4 \cdot 5H_2O$），1.5g（约0.24mol）氯化钠及150ml水，加热使固体溶解。趁热（60～70℃）（附注①）在搅拌下加入由10.5g亚硫酸氢钠（附注②）及75ml水配成的溶液。反应液由原来的蓝色变成浅绿色或无色，并析出白色粉状固体，置于冷水浴中冷却，用倾斜法尽量倒去上层溶液，再用水洗涤2～3次，得到白色粉末状的氯化亚铜。倒人75ml冷的浓盐酸，使沉淀溶解，置于水浴中暗处备用（附注③）。

2. 重氮盐溶液的制备

在500ml三颈瓶上分别装置搅拌器、温度计和滴液漏斗。加入16.7g（0.115mol）对氨基苯酚，53ml浓盐酸及37ml水，搅拌使成悬浮液。然后将三颈瓶置于冰盐浴中冷却，待反应液温度降到0℃后，在搅拌下由滴液漏斗中缓缓滴加16.7g（0.115mol）亚硝酸钠溶于 30ml 水的冷溶液，控制滴加速度使反应液温度保持在 5℃以下（附注④），大约 1.5h 滴完，继续在 0～5℃搅拌 30min，即得重氮盐溶液。

3. 对氯苯酚的制备

在 500ml 三颈瓶中放置新鲜的氯化亚铜溶液，装上搅拌器、温度计和冷凝器，外用冰浴冷却，在搅拌下，缓缓滴加冷冻的重氮盐溶液，滴完后继续搅拌，慢慢加热到回流，并于 105～108℃继续回流 30min。停止加热，冷凝后将此反应液倒人分液漏斗中静置分层，分出油层。水层每次用 40ml 三氯甲烷萃取 3 次，合并油层与三氯甲烷萃取液，用水洗涤两次，经无水硫酸镁干燥后在水浴上回收三氯甲烷，然后减压蒸馏。收集 130～140℃/10～20mmHg（1.33～2.66kPa）的馏分，产量 10～13g。

纯对氯苯酚的沸点为 217℃，熔点为 43℃。

【附注】

①在此温度下得到的氯化亚铜粒子较粗，便于处理，且质量较好。温度较低则颗粒较细，难于洗涤。

②亚硫酸氢钠的纯度最好在 90% 以上。如果纯度不高，按此比例配方时，则还原不完全。由于碱性偏高，生成部分氢氧化亚铜，使沉淀呈黄色，此时可根据具体情况，酌情增加亚硫酸氢钠用量。在实验中如发现氯化亚铜沉淀中杂有少量黄色沉淀时，立即加几滴盐酸，稍加振荡即可除去。

③氯化亚铜在空气中遇热或光易被氧化，重氮盐久置易于分解，为此，二者的制备应同时进行，且在较短的时间内进行混合，氯化亚铜用量较少会降低对氯苯酚产量(因为氯化亚铜与重氮盐的摩尔比是 1∶1)。

④如反应温度超过 5℃，则重氮盐会分解使产率降低。

【思考题】

1. 重氮化反应的温度过高或溶液酸度不够会有什么副反应发生?

2. 能否用苯酚直接氯化制备对氯苯－酚?

3. 碘化钾－淀粉试纸为什么能检测亚硝酸的存在? 其中发生了哪些反应? 如加入过量的亚硝酸钠对此反应有什么不利?

实验九　对氯甲苯的制备

【实验目的】

1. 学会重氮化反应操作、桑德迈尔（Sandmeyer）反应操作。

2. 学会重氮化反应终点控制、低温滴加反应控制。

3. 训练水蒸气蒸馏、萃取、蒸馏操作。

【实验原理】

反应式：

$$2CuSO_4 + 2NaCl + NaHSO_3 + 2NaOH \longrightarrow 2CuCl\downarrow + 2Na_2SO_4 + NaHSO_4 + H_2O$$

$$CH_3C_6H_4NH_2 + 2HCl + NaNO_2 \xrightarrow{0\sim5℃} [CH_3C_6H_4\overset{+}{N}\equiv N]\cdot Cl^- + NaCl + NaCl + H_2O$$

$$[CH_3C_6H_4\overset{+}{N}\equiv N]\cdot Cl^- + CuCl \longrightarrow [CH_3C_6H_4\overset{+}{N}\equiv N]Cl^-\cdot CuCl \xrightarrow{\triangle} CH_3C_6H_4Cl + N_2\uparrow + CuCl$$

【原料与试剂】

硫酸铜（$CuSO_4\cdot 5H_2O$）	30g（约0.12mol）
氯化钠	9g（约0.16mol）
亚硫酸氢钠	7g
浓盐酸	50ml
对甲苯胺	10.7g（0.1mol）
浓盐酸	30ml
亚硝酸钠	7.7g（0.11mol）
苯	30ml

【实验步骤】

1. 氯化亚铜的制备

在500ml圆底烧瓶中放置30g结晶硫酸铜，9g精盐及100ml水，加热使固体溶解。趁热（60～70℃）（附注①）在振摇下加入由7g亚硫酸氢钠（附注②）与4.5g氢氧化钠及50ml水配成的溶液。溶液由原来的蓝绿色变为浅绿色或无色，并析出白色粉状固体，置于冷水浴中冷却。用倾滗法尽量倒去上层溶液，再用水洗涤两次，得到白色粉末状的氯化亚铜。倒入50ml冷的浓盐酸，使沉淀溶解，塞紧瓶塞，置冰水浴中冷却备用（附注③）。

2. 重氮盐溶液的制备

在烧杯中放置30ml浓盐酸、30ml水及10.7g对甲苯胺，加热使对甲苯胺溶解。稍冷后，置冰盐浴中并不断搅拌使成糊状，控制温度在5℃以下。再在搅拌下，由滴液漏斗加入7.7g亚硝酸钠溶于20ml水的溶液，控制滴加速度，使温度始终保持在5℃以下（附注④）。必要时可在反应液中加一小块冰，防止温度上升。当85%～90%的亚硝酸钠溶液加入后，取一两滴反应液在淀粉－碘化钾试纸上检验。若立即出现深蓝色，表示亚硝酸钠已适量，不必再加，搅拌片刻。重氮化反应越到后来越慢，最后每加一滴亚硝酸钠溶液后，需略等几分钟再检验。

3. 对氯甲苯的制备

把制好的对甲苯胺重氮盐溶液慢慢倒入冷的氯化亚铜盐酸溶液中，边加边振摇烧杯，不久析出重氮盐－氯化亚铜橙红色复合物，加完后，室温放置15～30min，然后用水浴慢慢加热到56～60℃（附注⑤），分解复合物，直至不再有氮气逸出。将产物进行水蒸气蒸馏蒸出对氯甲苯。分出油层，水层每次用15ml苯萃取两次，苯萃取液与油层合并，依次用10%氢氧化钠溶液、水、浓硫酸、水各10ml洗涤。苯层经无水氯化钙干燥后在水浴上蒸去苯，然后蒸馏收集158~162℃的馏分，产量7~9g。对氯甲苯沸点为162℃。

【附注】

①在此温度下得到的氯化亚铜粒子较粗，便于处理，且质量较好。温度较低则颗粒较细，难于洗涤。

②亚硫酸氢钠的纯度最好在90%以上。如果纯度不高，按此比例配方时，则还原不完全。由于碱性偏高，生成部分氢氧化亚铜，使沉淀呈黄色，此时可根据具体情况，酌情增加亚硫酸氢钠用量。在实验中如发现氯化亚铜沉淀中杂有少量黄色沉淀时，立即加几滴盐酸，稍加振荡即可除去。

③氯化亚铜在空气中遇热或光易被氧化，重氮盐久置易于分解，为此，二者的制备应同时进行，且在较短的时间内进行混合，氯化亚铜用量较少会降低对氯苯酚产量(因为氯化亚铜与重氮盐的摩尔比是1∶1)。

④如反应温度超过5℃，则重氮盐会分解使产率降低。

⑤分解温度过高会产生副反应，生成部分焦油状物质。若时间许可，可将混合后生成的复合物在室温放置过夜，然后再加热分解。在水浴加热分解时，有大量氮气逸出，应不断搅拌，以免反应外溢。

【思考题】

1. 什么叫重氮化反应？它在有机合成中有何应用?

2. 为什么重氮化反应必须在低温下进行？如果温度过高或溶液酸度不够会产生什么副反应?

3. 为什么不直接将甲苯氯化而是用Sandmeyer反应来制备邻和对氯甲苯?

4. 氯化亚铜在盐酸存在下，被亚硝酸氧化，反应瓶可以观察到一种红棕色的气体放出，试解释这种现象，并用反应方程式来表示。

实验十　环己酮的制备

【实验目的】

1. 学习由醇氧化制备酮的原理和方法。

2. 掌握蒸馏、萃取等基本实验操作技术。

【实验原理】

仲醇的氧化和脱氢是制备脂肪酮的主要方法。工业上大多用催化氧化或催化脱氢法，即用相应的醇在较高的温度（250~550℃）和有银、铜、铜-铬合金等金属催化的情况下来制取。实验室一般都用化学氧化剂氧化，酸性重铬酸钾（钠）是最常用的氧化剂之一。

$$Na_2Cr_2O_7 + H_2SO_4 \longrightarrow 2CrO_3 + NaSO_4 + H_2O$$

$$3\ \text{环己醇} + 2CrO_3 \longrightarrow 3\ \text{环己酮} + Cr_2O_3 + 3H_2O$$

重铬酸钾盐在硫酸作用下，先生成铬酸钾，再进一步和醇发生氧化作用。酮比醛稳定，不容易进一步被氧化，因此一般可得到满意的产率。但仍需谨慎地控制反应条件，勿使氧化反应进行得过于猛烈，或使反应产物进一步遭受氧化而发生分子断链。

【原料与试剂】

环已醇	20g（0.2mol）
重铬酸钾	21g（0.07mol）
浓硫酸	20ml
草酸、精盐、无水碳酸钾等	适量

【实验步骤】

在装有搅拌器、滴液漏斗和温度计的500ml三颈烧瓶中，放置120ml冷水，慢慢加入20ml浓硫酸，充分搅匀后，小心加入20g（21ml，0.2mol）环已醇。将溶液冷至30℃以下。

在烧杯中将21g（0.07mol）重铬酸钾（$Na_2Cr_2O_7 \cdot 2H_2O$）溶解于12ml水中，将此溶液分数批加入三颈烧瓶中，并不断搅拌。氧化反应开始后，混合物迅速变热，并且橙红色的重铬酸盐变成墨绿色的低价铬盐，当瓶内温度达到55℃时，可在冷水浴或在流水下适当冷却，控制反应温度在55～60℃，待前一批重铬酸盐的橙红色完全消失之后，再加入下一批。加完后继续搅拌直至温度有自动下降的趋势为止。然后加入少量草酸（约需1g），使反应液完全变成墨绿色，以破坏过量的重铬酸盐。

拆除搅拌装置，改装成蒸馏装置（附注①）。在反应瓶内加入100ml水，再加几粒沸石，将环已酮与水一并蒸馏出来，环已酮与水能形成沸点为95℃的共沸混合物，直至馏出液不再浑浊后再多蒸15～20ml（附注②）（约收集馏出液80～100ml），用氯化钠（约需15～20g）饱和馏出液，在分液漏斗中静置后分出有机层，用无水碳酸钾干燥，蒸馏，收集152～156℃的馏分，产量为12～13g（产率62%～67%）。

纯环已酮的沸点为155.6℃，折光率n_D^{20}1.4507。

【附注】

①这里进行的实际上是一种简化了的水蒸气蒸馏。环已酮与水形成恒沸混合物，沸点95℃，含环已酮38.4%。

②水的馏出量不宜过多，否则即使采用盐析，仍不可避免有少量环已酮溶于水中而损失掉。环已酮在水中的溶解度在31℃时为2.4g。

【思考题】

1. 氧化法制备环已酮有多种方法，请列举一、二例？

2. 在整个氧化过程中，为什么要严格控制度反应温度在55～60℃？温度过高或过低有什么不好？

3. 本方法可能会发生哪些副反应？试写出有关的化学反应式？

4. 反应结束后为什么要加入草酸？如果不加有什么不好？

实验十一　对硝基苯甲酸的制备

【实验目的】

1. 掌握氧化剂—高锰酸钾的氧化特点及其应用。
2. 了解利用芳香酸盐易溶于水，而游离芳酸不溶于水而进行分离、纯化的方法。

【实验原理】

1. 化学反应原理

$$p\text{-}CH_3C_6H_4NO_2 + 2KMnO_4 \xrightarrow{\text{氧化反应}} p\text{-}KOOCC_6H_4NO_2 + KOH + 2MnO_2 + H_2O$$

$$p\text{-}KOOCC_6H_4NO_2 + HCl \xrightarrow{\text{置换反应}} p\text{-}HOOCC_6H_4NO_2 + KCl$$

2. 终点控制及分离精制的原理

本反应所用氧化剂高锰酸钾为紫红色，其还原物二氧化锰为棕色固体。因此当高锰酸钾的颜色褪尽而呈棕色时，表明反应已结束。

氧化产物在反应体系中以钾盐的形式存在而溶解，加酸生成对硝基苯甲酸不溶于水而析出沉淀。本实验据此分离氧化产物。

【原料与试剂】

对硝基甲苯	7g（0.05mol）
高锰酸钾	20g（0.13mol）
浓盐酸	10ml

【实验步骤】

在装有搅拌、回流冷凝器和温度计的250ml三颈瓶中顺次加入对硝基甲苯7.0g，水100ml，高锰酸钾10g，开动搅拌，加热至80℃（附注①）。反应1h后，再在此温度下加高锰酸钾5g。反应1h后，再在此温度下加高锰酸钾5g。反应0.5h，升温至反应液保持和缓地回流。直到高锰酸钾的颜色完全消失。冷却反应液至室温（附注②），抽滤，再用20ml水洗一次，弃去滤渣。

合并滤液和洗液置一烧杯中，用10ml浓盐酸在不断搅拌下酸化滤液（附注③），直到对硝基苯甲酸全部析出为止，抽滤，用少量的水洗两次，抽干。干燥称重，得重约5g。熔点238℃。收率约59%。

【附注】

①温度高时，对硝基甲苯随蒸气进入冷凝器后结晶于冷凝器内壁上影响反应的收率。

②室温下，未反应的对硝基甲苯结晶出来，过滤即可除掉，否则温度较高时它将

进入滤液中。

③加入浓盐酸，pH 1～2 时有大量的对硝基苯甲酸白色固体出现，要注意充分搅拌。

【思考题】

1. 高锰酸钾氧化剂的有什么特点和应用？
2. 由对硝基甲苯制备对硝基苯甲酸，还可以采用哪些氧化剂？
3. 本实验为什么要分批、分次加入高锰酸钾？

实验十二　苯佐卡因的制备

【实验目的】

1. 通过苯佐卡因的合成，学习酯化、还原等反应。
2. 掌握利用酸碱性、有机溶剂重结晶等精制固体物质的方法。

【实验原理】

苯佐卡因化学名为对氨基苯甲酸乙酯，化学结构式为：

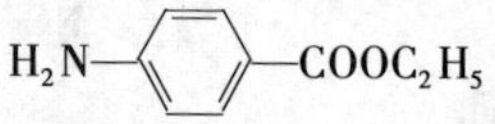

H_2N— —$COOC_2H_5$

本品作为局麻药，用于创面、溃疡面及痔疮的镇痛。

苯佐卡因的国内合成路线有两条：第一条以对硝基苯甲酸为原料，经酯化、还原制得；第二条是对硝基苯甲酸先还原，再酯化得目的物。本实验以第一条路线合成苯佐卡因。

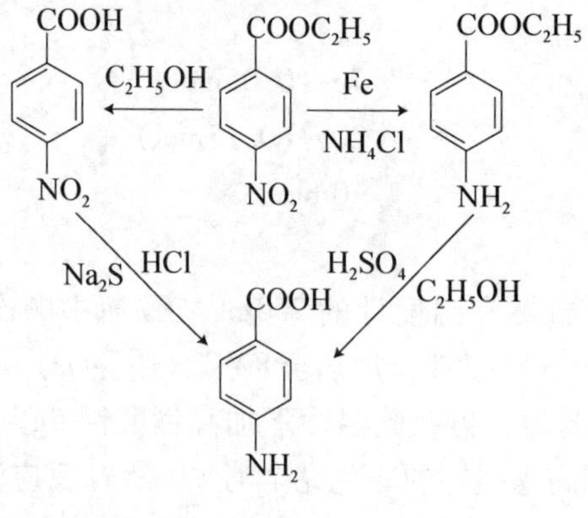

COOH　C_2H_5OH　$COOC_2H_5$　Fe　NH_4Cl　$COOC_2H_5$

NO_2　NO_2　NH_2

Na_2S　HCl　H_2SO_4　C_2H_5OH

COOH

NH_2

【原料与试剂】

对硝基苯甲酸	10.2g（0.06mol）
乙醇	23ml
浓硫酸	1.5g

对硝基苯甲酸乙酯（自制）（注解与注意事项④）

铁粉

4.1%氯化铵溶液

$CHCl_3$

5%盐酸

【实验步骤】

1. 对硝基苯甲酸乙酯的合成

在搅拌冷却下，将硫酸慢慢滴加到乙醇中（附注①），升温，加对硝基苯甲酸，加完后，加热回流5h（附注②）。反应液回收1/2量乙醇后，倒入冰水中，析出晶体，冷却至3~5℃，抽滤。滤饼加5倍量水搅匀，用碳酸钠水溶液（附注③）中和至pH7.5~8.0，搅拌，复测pH应为7.5~8.0，抽滤，得对硝基苯甲酸乙酯。熔点为56~58℃。

（2）苯佐卡因的合成

将氯化铵溶液升温至95℃，搅拌下加入铁粉，保持95~98℃，活化20min（附注⑤）后，慢慢加入对硝基苯甲酸乙酯（附注④），反应1.5h。反应毕，升温至50℃，用碳酸钠溶液调节至pH7~8，加入3/4量三氯甲烷搅匀。抽滤，滤饼用1/4量三氯甲烷洗涤，洗涤液合并，静置分层，三氯甲烷层用5%盐酸萃取4次。静置分层。分取水层，加入固体碳酸钠中和至pH7~7.5（注解与注意事项⑥），析出结晶。抽滤，水洗，得苯佐卡因粗品。

粗品用乙醇加热溶解，加活性炭脱色（附注⑦），抽滤，滤液冷却，加3倍量蒸馏水冷至室温，析出结晶。抽滤，水洗，干燥，得苯佐卡因精品，熔点为88~91℃。

【附注】

①加浓硫酸一定要缓慢，以防乙醇被炭化。

②在回流过程中，反应液逐渐澄明，澄明后要继续回流一段时间，使反应趋于完全。

③Na_2CO_3溶液的浓度为40%。

④对硝基苯甲酸乙酯为上步自制的，其他原料用量根据制得的对硝基苯甲酸乙酯量来决定，参考配料比（质量数）：对硝基苯甲酸乙酯：铁粉：4.1%氯化铵溶液：三氯甲烷：5%盐酸=1：0.86：3.33：6.66：20

⑤铁粉一定要活化，否则，还原效果不佳。

⑥用固体碳酸钠中和时，应慢慢加入碳酸钠，以防生成大量泡沫而溢出；

⑦脱色一重结晶原料参考配比（质量数）：粗品：乙醇：活性炭=1：2：0.1

【思考题】

1. 酯化反应为可逆反应，为打破平衡使反应向生成物方向移动，你认为可采取哪些措施？

2. 苯佐卡因制备中可能带进哪些杂质，如何除去？

实验十三　苯胺的制备

【实验目的】

1. 掌握由芳香硝基化合物还原制备芳胺类化合物的原理和方法。

2. 训练水蒸气蒸馏、萃取、蒸馏操作。

【反应原理】

$$4C_6H_5NO_2 + 9Fe + 4H_2O \xrightarrow{H^+} 4C_6H_5NO_2 + Fe_3O_4$$

【实验步骤】

在500ml长颈圆底烧瓶中，放置40g铁粉（40～100目，0.72mol）、40ml水和2ml乙酸，用力振摇使充分混合。装上回流冷凝管，用小火缓慢煮沸5分钟（附注②）。稍冷后，从冷凝管顶端分批加入21ml硝基苯（25g，0.2 mol），每次加完后要用力振摇，使反应物充分混合。反应强烈放热，足以使溶液沸腾。加完后，在石棉网上加热回流0.5～1小时，并时加摇动，使还原反应完全（附注③）。

将反应瓶改成水蒸气蒸馏装置，进行水蒸气蒸馏直至馏出液澄清为止（附注④），约需收集200ml。分出有机层，水层用食盐饱和（约需40～50g食盐）后，每次用20ml乙醚萃取3次，合并苯胺和乙醚萃取液，用粒状氢氧化钠干燥。

将干燥后的苯胺醚溶液用分液漏斗分批加入干燥的小蒸馏烧瓶中，先在水浴上蒸去乙醚，再加热收集180～185℃的馏分，产量13～14g（产率69%～74%）。

纯粹苯胺的沸点为184.13℃，折光率n_D^{20}1.5863。

【附注】

①苯胺有毒，操作时应避免与皮肤接触或吸入其蒸气。若不慎及皮肤时，先用水冲洗，再用肥皂和温水洗涤。

②这步主要是使铁活化，铁与乙酸作用产生醋酸亚铁，可使铁转变为碱式醋酸铁的过程加速，缩短还原时间。

③硝基苯为黄色油状物，如果回流液中黄色油状物消失而转变成乳白色油珠（由于游离苯胺引起），表示反应已经完成。还原作用必须完全，否则残留的硝基苯很难分离，影响产品质量。

④反应完后，圆底烧瓶壁上的黑褐色物质可用1:1（体积比）盐酸水溶液温热除去。

【思考题】

1. 如果以盐酸代替醋酸，则反应后要加入饱和碳酸钠至溶液呈碱性后，才进行水蒸气蒸馏，这是为什么，本实验为何不进行中和？

2. 有机物质必须具备什么性质，才能采用水蒸气蒸馏提纯，本实验为何选择水蒸气蒸馏把苯胺从反应混合物中分离出来？

3. 在水蒸气蒸馏完毕时，先灭火焰，再打开T形管下端的弹簧夹，这样作法行吗？为什么？

4. 采用水蒸气蒸馏提纯苯胺时，已知通入水蒸气为98.4℃时，水蒸气的分压为718毫米汞柱，在相同的温度下苯胺的蒸汽分压是42毫米汞柱，此时反应物开始沸腾。蒸出的馏出液系苯胺和水的混合物，两者的含量比是3.3:1（重量比）。问根据苯胺的理论产量，须加多少水才能把苯胺全部带出？

5. 如果最后制得的苯胺含量有硝基苯，应如何加以分离提纯？

6. 如果用催化氢化的方法将硝基还原成苯胺，试问标准状态下，还原0.5摩尔硝基苯需要多少 ml 的氢气?

实验十四 β-甲氧基萘的制备

【实验目的】

1. 熟悉甲基芳基醚的制备方法。
2. 掌握酚羟基甲基化的实验操作。
3. 掌握硫酸二甲酯使用及注意事项。

【实验原理】

在碱性条件下，酚类化合物很容易和卤代烃发生反应得到酚醚。水溶性酚的碱金属盐可用硫酸二甲酯甲基化，硫酸二甲酯是中性化合物，且在水中溶解度较小，并容易水解，生成甲醇及硫酸氢甲酯而失去作用。硫酸二甲酯与酚反应可在碱性水溶液中或无水条件下直接加热进行，两个甲基只有一个参加反应。β-萘酚在氢氧化钠溶液中可以和硫酸二甲酯反应，生成β-甲氧基萘（或称2-萘基甲醚）。反应式如下：

$$\text{OH} \quad \xrightarrow[75\sim80℃]{(CH_3)_2SO_4\quad NaOH\quad H_2O} \quad OCH_3$$

【原料与试剂】

β-萘酚	14.4g（0.10mol）
硫酸二甲酯	14.1g（0.11mol）
氢氧化钠	4.4g（0.11mol）
三氯甲烷	适量
乙醇	适量

【实验步骤】

在装有机械搅拌、回流冷凝管、温度计和恒压滴液漏斗的150ml 的反应瓶中，加入由 4.4g（0.11mol）氢氧化钠和 48ml 水配成的溶液（附注①），再将 14.4g（0.10mol）β-萘酚溶解于氢氧化钠溶液中，冷至5℃，通过滴液漏斗慢慢加入 14.1g（0.11mol）硫酸二甲酯（附注②）。加毕，任其自然升到室温，再加热至 75～80℃反应1h。冷至室温，三氯甲烷萃取3次，每次30ml，合并萃取液，用10%氢氧化钠溶液洗一次，再用水洗涤两次，加入无水硫酸钠干燥。过滤，减压回收三氯甲烷，得β-甲氧基萘粗品。用乙醇重结晶，抽滤，干燥，得β-甲氧基萘约13.6g，收率86%，熔点为73～75℃。

【附注】

①可以预先将氢氧化钠溶液配制好放冷后备用。

②硫酸二甲酯毒性较大，量取时最好戴手套操作，或在老师指导下处置。

【思考题】

1. 还有什么试剂或方法可以用于酚羟基的甲基化?

2. 常用的烃化剂有哪些种类？
3. 萃取合并后的三氯甲烷，为什么要用10%氢氧化钠溶液洗涤？

实验十五　对甲基苯乙酮的制备

【实验目的】

1. 了解 Friedel – Crafts 酰化反应的基本原理和芳香族酮的制备方法。
2. 掌握用酸酐作酰化剂制备芳香酮的实验操作。
3. 掌握减压蒸馏实验的操作方法。

【实验原理】

Friedel – Crafts 酰化反应是指某些芳香族化合物在酸性催化剂存在下与酰卤或酸酐生成酰基苯的反应，这是制备芳香酮的最重要和最常用的方法。这个反应的常用催化剂为 Lewis 酸，催化效果以无水氯化铝最佳。其反应机理如下：

$$RCOCl + AlCl_3 \rightleftharpoons RC(=\overset{+}{O}AlCl_3^-)Cl \longrightarrow R\overset{+}{C}(Cl)=\overset{+}{O}H$$

$$\rightleftharpoons R\overset{+}{C}(Cl)-O-Al^-Cl_3$$

$$ArH + R\overset{+}{C}(Cl)-O-Al^-Cl_3 \longrightarrow R-C(Cl)(\overset{+}{H}Ar)-O-Al^-Cl_3 \rightleftharpoons RC(=O-AlCl_3)Ar + HCl$$

σ – 络合物

或

$$ArH + R\overset{+}{C}=O \longrightarrow RC(=O)\overset{+}{Ar}H \xrightarrow{AlCl_4^-} RC(=O-AlCl_3)Ar + HCl$$

σ – 络合物

由于 $AlCl_3$要和酰卤及产物芳香酮形成络合物，所以每 1mol 酰卤必须多用 1mol 的 $AlCl_3$。

用酸酐作酰化剂时，因酸酐先要和三氯化铝作用，所以比用酰卤需多消耗 1mol$AlCl_3$，即实际使用时需用多于 2mol 的 $AlCl_3$，一般要过量 10% ~20%。

Friedel – Crafts 酰化反应是放热反应，故常将酰化试剂配成溶液后慢慢加到盛有芳香族化合物的溶液的反应瓶中。常用的反应溶剂有二硫化碳、硝基苯和硝基甲烷等，如原料为液态芳烃，则常用过量芳烃，既作原料又作溶剂。因为反应时会放出氯化氢气体，所以需连接一气体吸收装置。

本实验用甲苯和乙酸酐反应生成对甲基苯乙酮，反应式如下：

无水$AlCl_3$

可能的副产物是邻甲基苯乙酮，它与主产物之比一般不超过1∶20。

【原料与试剂】

无水甲苯	20ml + 5ml
乙酸酐	3.7ml（约4.0g，0.039mol）
无水三氯化铝	13.0g（0.098mol）
浓盐酸	适量
5%氢氧化钠溶液	适量
无水硫酸镁	适量

【实验步骤】

在100ml三颈烧瓶上安装搅拌器、滴液漏斗和上口装有无水氯化钙干燥管（附注①）的冷凝管，干燥管与一气体吸收装置（附注②）相连。

快速称取13.0g（0.098mol）无水氯化铝（附注③），研碎后放入三颈烧瓶中，立即加入20ml无水甲苯，在搅拌下通过滴液漏斗缓慢地滴加3.7ml（0.039mol）乙酸酐与5ml无水甲苯的混合液（附注④），约需15min滴完。然后在90～95℃水浴上加热30min至无氯化氢气体逸出为止。待反应液冷却后（附注⑤），将三颈烧瓶置于冷水浴中，在搅拌下缓慢滴入30ml浓盐酸与30ml冰水的混合液。刚滴入时，可观察到有固体产生，而后渐渐溶解。当固体全部溶解后，用分液漏斗分出有机层，依次用水、5%氢氧化钠溶液、水各15ml洗涤，用无水硫酸镁干燥。

将干燥后的甲苯溶液滤入蒸馏瓶，在油浴上蒸去甲苯（附注⑥），当馏分温度升至140℃左右时，停止加热，移去油浴。稍冷后换用空气冷凝管，直接用电热套加热（附注⑦）蒸馏收集220～222℃的馏分。也可当蒸气的温度升至140℃时，停止加热。稍冷后，把装置改为减压蒸馏装置，先用水泵减压进一步蒸除甲苯，然后用油泵减压，收集112.5℃/1.46kPa（11mmHg）或93.5℃/0.93kPa（7mmHg）的馏分，可得对甲基苯乙酮约4～4.5g。

纯对甲基苯乙酮为无色液体，沸点为225℃/98.12kPa（736mmHg），熔点为28℃，$[n]_D^{20}$1.5353。

【附注】

①仪器应充分干燥，并要防止潮气进入反应体系中，以免无水氯化铝水解，降低其催化能力。

②气体吸收装置末端应接一个倒置的漏斗，且把漏斗半浸入水中，这样既可防止在放热反应进行时反应液的暴沸，也可避免冷却时水的倒吸。

③无水三氯化铝的质量是实验成功的关键，称量、研细、投料都要迅速，避免长期暴露在空气中。为此可以在带塞的锥形瓶中称量。本实验三氯化铝的实际用量（摩

尔比）约是酸酐的2.5倍。

④混合液滴加速度不可太快，否则会产生大量的氯化氢气体逸出，造成环境污染，并且还会增加副反应。

⑤冷却前应撤去气体吸收装置，以防止冷却时气体吸收装置中的水倒吸至反应瓶中。

⑥由于最终产物不多，宜选用较小的蒸馏瓶，甲苯溶液可用分液漏斗分数次加入蒸馏瓶中。

⑦此法实际为空气浴，使用前应将烧瓶底部沾上的油渍抹净。

【思考题】

1. 反应体系为什么要处于干燥的环境，为此你在实验中采取了哪些措施？
2. 气体收集装置的漏斗应如何放置？为什么要把漏斗半浸入水中？
3. 反应完成后加入浓盐酸与冰水的混合液作用何在？
4. 在Friedel－Crafts烷基化和酰基化反应中三氯化铝的用量有何不同？为什么？这两个反应各存在什么特点？

⑤在减压蒸馏中毛细管起什么作用？如果被蒸馏物对空气极为敏感将如何处置？

实验十六　苯甲酸乙酯的制备

【实验目的】

1. 掌握苯甲酸乙酯的制备原理。
2. 进一步训练反应回流、分水操作及萃取、干燥、蒸馏等基本操作。

【反应原理】

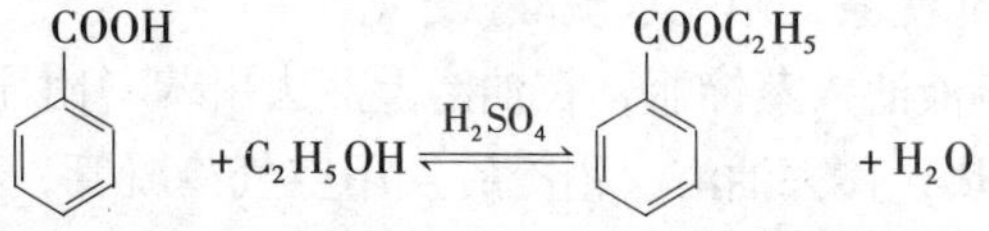

$$C_6H_5COOH + C_2H_5OH \underset{}{\overset{H_2SO_4}{\rightleftharpoons}} C_6H_5COOC_2H_5 + H_2O$$

【原料与试剂】

苯甲酸	12.2g（0.1mol）
95%乙醇	25ml
苯	20ml
浓硫酸	4ml

【实验步骤】

在125ml圆底烧瓶中放入12.2g苯甲酸、25ml95%乙醇、20ml苯及4ml浓硫酸。摇匀后加入沸石，再装置分水器。水分离器上端接回流冷凝管，由冷凝管上端倒入水至水分离器的支管处，然后放去9ml（附注①）。

将烧瓶放在水浴上加热回流，开始时回流速度要慢，随着回流的进行，水分离器中出现上中下三层液体（附注②），且中层越来越多。约3.5h后，水分离器中的中层溶液已达8~9ml左右，即可停止加热。放出中、下层液体并记下体积。继续用水浴加热，使多余的苯和乙醇蒸至水分离器中。

将瓶中残留液倒入盛有80ml冷水的烧杯中，在搅拌下分批加入碳酸钠粉末（附注③）中和到无二氧化碳气体产生（用pH试纸检验至呈中性）。

用分液漏斗分出粗产物（附注④），用25ml乙醚萃取水层。将乙醚液和粗产物合并，用无水氯化钙干燥。先用水浴蒸去乙醚，再在石棉网上加热，收集210～213℃的馏分，产量13～14g（产率87～93%）（附注⑤）。苯甲酸乙酯的沸点为213℃，n_D^{20}1.5001。

【附注】

①根据理论计算，带出的总水量（包括95%乙醇的含水量）约3克左右。因反应是借共沸蒸馏带走反应中生成的水，根据附注②计算，共沸物下层飞总体积约为9ml。

②下层为原来加入的水。由反应瓶中蒸出的馏液为三元共沸物（沸点为64.6℃，含苯74.1%、乙醇18.5%、水7.4%）。它从冷凝管流入水分离器后分为两层，上层占84%（含苯86.0%、乙醇12.7%、水1.3%），下层占16%（含苯4.8%、乙醇52.1%、水43.1%），此下层即为水分离器中的中层。

③加碳酸钠是除去硫酸及未作用的苯甲酸，要研细后分批加入，否则会产生大量泡沫而使液体溢出。

④若粗产物中含有絮状物难以分层，则可直接用25ml乙醚萃取。

⑤本实验也可按下列步骤进行：

将12.2g苯甲酸、35ml 95%乙醇、4ml浓硫酸混合均匀。加热回流3h后，改成蒸馏装置。蒸去乙醇后处理方法同上。若用99.5%乙醇，可提高产率。

【思考题】

1. 本实验应用什么原理和措施来提高反应的产率？
2. 实验中，你是如何运用化合物的物理常数分析现象和指导操作的？

实验十七　肉桂酸的制备

【实验目的】

1. 了解Perkin反应的基本原理。
2. 掌握肉桂酸制备的实验操作。

【实验原理】

芳香醛和酸酐在碱性催化剂的作用下，可以发生类似的羟醛缩合反应，生成a，β－不饱和芳香酸，这个反应称为Perkin反应。催化剂通常是相应酸酐的羧酸钾或钠盐，有时也可用碳酸钾（Kalnin改进法）或叔胺代替。苯甲醛和乙酸酐在无水醋酸钾（钠）的存在下缩合，即得肉桂酸。反应时，醋酐与醋酸钾（钠）作用，生成一个酸酐的负离子和醛发生亲核加成，主成中间物3－羟基醋酐，然后再生失水和水解作用就得到不饱和酸。反应式如下：

$$C_6H_5CHO + (CH_3CO)_2O \longrightarrow C_6H_5CH{=}CHCOOH + CH_3COOH$$

$$(CH_3CO)_2O + CH_3COOK \longrightarrow [\,^-CH_2COOCOCH_3\,]K^+ + CH_3COOH$$

【原料与试剂】

苯甲醛	5.3g（0.05mol）
乙酸酐	8g（7.5ml，0.078mol）
无水醋酸钾	3g
碳酸钠	适量
活性炭	适量
乙醇	

【实验步骤】

在干燥的装有空气冷凝管的100ml 圆底烧瓶中（附注①），混合5.3g（0.05mol）新蒸馏过的苯甲醛、3g 无水醋酸钾（附注②）和8g（7.5ml，0.078mol）新蒸馏的乙酸酐，将混合物在165～170℃的油浴上加热回流2h。

反应完毕后，将反应物趁热倒入500ml 圆底烧瓶中，并以少量沸水冲洗反应瓶几次，使反应物全部转移至烧瓶中，加入适量的固体碳酸钠（约5～7.5g），使溶液呈微碱性，进行水蒸气蒸馏至馏出液无油珠为止。

残留液加入少量活性炭，煮沸数分钟后趁热过滤。在搅拌下往热滤液中小心加入浓盐酸至滤液呈酸性。冷却，待结晶全部析出后，抽滤收集，以少量冷水洗涤，干燥，产量约4g（产率54%）。可在热水或3:1的稀乙醇中进行重结晶，得到干燥的肉桂酸无色结晶，熔点为131.5～132℃。

肉桂酸有顺反异构体，通常以反式形式存在，其熔点为133℃。

【附注】

1. 最好在冷凝管上装氯化钙干燥管，防止潮气进入。

2. 无水醋酸钾需新鲜熔焙，方法是将含水醋酸钾放入蒸发皿中加热，则盐先在自己的结晶水中溶化，水分挥发后又结成固体。强热使固体再熔化，并不断搅拌，使水分散发后，趁热倒在金属板上，冷后研碎，放入干燥器中待用。也可以代之以乙酸钠，但反应时间需加长3～4h。

【思考题】

1. 本实验为什么要使用新蒸的苯甲醛和乙酸酐？

2. 芳香醛与（$R_2CHCO)_2O$ 进行 Perkin 反应将得到什么产物？写出反应式。

实验十八　呋喃甲醇和呋喃甲酸的制备

【实验目的】

1. 掌握呋喃甲醇和呋喃甲酸的制备方法。

2. 熟悉 Cannizzaro 反应的应用。

【实验原理】

$$2\,\text{(furyl)}\text{-CHO}+NaOH \longrightarrow \text{(furyl)}\text{-}CH_2OH+\text{(furyl)}\text{-COONa}$$

$$\text{(furyl)}\text{-COONa} \xrightarrow{HCl} \text{(furyl)}\text{-COOH}+NaCl$$

【原料与试剂】

呋喃甲醛	19g（16.4ml，0.2mol）
33%氢氧化钠	16ml
乙醚	60ml
硫酸镁	适量

【实验步骤】

在250ml烧杯中，放入19g新蒸过的呋喃甲醛（附注①），将烧杯浸入于冰水浴中冷却至5℃左右，在搅拌下自滴液漏斗滴入16ml33%氢氧化钠溶液，保持反应温度在8～12℃之间（附注②）。氢氧化钠溶液加完后（约20～30分钟），在室温下放置半小时，并经常搅拌使反应完全（附注③），得一黄色浆状物。

在搅拌下加入适量水（约16ml），使沉淀恰好完全溶解（附注④），此时溶液呈暗褐色。将溶液倒入分液漏斗中，每次用15ml乙醚萃取4次，合并乙醚萃取液，用无水硫酸镁或无水碳酸钾干燥后，先蒸去乙醚，再蒸馏呋喃甲醇，收集169～172℃的馏分，产量约7～8g（产率约71～82%）。呋喃甲醇的沸点为171℃（750mmHg）。

乙醚萃取后的水溶液，用25%盐酸酸化，至刚果红试纸变蓝（约15～16ml）。冷却使呋喃甲酸析出完全，抽滤，用少量水洗涤。粗产物用水重结晶，得白色针状结晶的呋喃甲酸，熔点129～130℃。产量约8g（产率约71%）。

【附注】

①呋喃甲醛放置过久会变成褐色或黑色，同时会含有水分。因此使用前需蒸馏提纯，收集155～162℃的馏分。

②反应温度若高于12℃，反应温度极易升高而难以控制，致使反应物变成深红色；反应温度若低于8℃，反应又会过慢，可能积累一些氢氧化钠。一旦引发反应，就难以控制，增加副产物。

③加完氢氧化钠溶液后，若反应液已变成黏稠物而无法搅拌时，就不再继续搅拌即可往下进行。

④加水过多会损失一部分产品。

【思考题】

1. 试比较Cannizzaro反应与羟醛缩合反应在醛的结构上有何不同?
2. 配制16ml33%氢氧化钠溶液，需氢氧化钠和水各多少ml?
3. 怎样Cannizzaro反应，将呋喃甲醛全部转化成呋喃甲醛

实验十九　乙酰乙酸乙酯的制备

【实验目的】

1. 掌握乙酰乙酸乙酯的合成原理及制备方法。
2. 学习用 Claisen 酯缩合反应等有关操作方法。

【实验原理】

$$2CH_3COOC_2H_5 \xrightarrow{NaOC_2H_5} Na^+[CH_3COCHCOOC_2H_5]^- \xrightarrow{HAc} CH_3COCH_2COOC_2H_5^+$$

【原料与试剂】

乙酸乙酯	50g（55ml，0.57mol）
二甲苯	25ml
金属钠	5g
50%乙酸	30ml

【实验步骤】

在干燥的250ml圆底烧瓶中放入5g金属钠（附注①）和25ml二甲苯，装上冷凝管，加热使钠熔融。拆去冷凝管，将圆底烧瓶用橡皮塞子塞紧，用力来回振摇，即得细粒钠珠。稍经放置钠珠即沉于瓶底，将二甲苯倾出，并迅速加入55ml乙酸乙酯（附注②），重新装上冷凝管，并在其顶端装一氯化钙干燥管。反应立即开始，并有氢气泡逸出。如反应很慢时，可稍加温热。待激烈反应过后，在石棉网上用小火加热，保持微沸状态，直至所有金属钠全部作用完为止（约需1.5h）（附注③）。此时生成的乙酰乙酸乙酯钠盐为橘红色透明溶液。待反应物稍冷后，在振摇下加入50%醋酸，直至反应液呈弱酸性为止（约需30ml）（附注④）。这时所有的固体物质都已溶解。将反应物移入分液漏斗，加入等体积的饱和氯化钠溶液，用力振摇，经放置后乙酰乙酸乙酯全部析出。分出后用无水硫酸钠干燥，然后滤入蒸馏瓶，并以少量乙酸乙酯洗涤干燥剂。在沸水浴上蒸去未作用的乙酸乙酯后，将瓶内物移入30ml克氏蒸馏烧瓶进行减压蒸馏（附注⑤）。减压蒸馏时加热须缓慢，待残留的低沸点物蒸出后，再升高温度，收集乙酰乙酸乙酯，产量约12～14g（产率约42%～49%）（附注⑥）。乙酰乙酸乙酯的沸点为180.4℃。

【附注】

①金属钠与水燃烧、爆炸，在称量或切片过程中应当迅速，以免空气中水汽侵蚀或氧化。

②乙酸乙酯必须绝对干燥，但其中应含有1%～2%的乙醇。

③一般要使钠全部溶解，但很少量未反应的钠并不影响进一步操作。

④用醋酸中和时，开始有固体析出，继续加酸并不断振摇，固体会逐渐消失，最

后得到澄清的液体。如尚有少量固体未溶解时，可加少许水使溶解。但应避免加入过量的醋酸，否则会增加酯在水中的溶解度而降低产量。

⑤乙酰乙酸乙酯在常压蒸馏时，很易分解而降低产量。

⑥产率是按钠计算的。本实验最好连续进行，间隔时间太久，由于去水乙酸的生成而降低产量。

【思考题】

1. 什么叫 Claisen 酯缩合反应？下列化合物之间发生缩合反应，将得到什么产物？苯甲酸乙酯和丙酸乙酯；苯甲酸乙酯和苯乙酮；苯乙酸乙酯和草酸乙酯。

2. 什么叫互变异构现象？如何用实验证明乙酰乙酸乙酯是两种互变异构体的平衡混合物？

3. 如何通过乙酰乙酸乙酯合成下列化合物？

2－庚酮；3－甲基－2－戊酮；2，6－庚二酮

4. 本实验中加入 50% 醋酸和饱和氯化钠的目的何在？

附录 1 药物合成反应中常用的缩略语

a	electron - pairacceptorsite	电子对 - 接受体位置
Ac	acetyl（e. 8. AcOH = acetic acid）	乙酰基（如 AcOH = 乙酸）
Acac	acetylaceronate	乙酰丙酮酸酯
addn	addition	加入
AIBN	α，α′ - azobisisobutyronitrite	α，α′ - 偶氮双异丁腈
Am	amyl = pentyt	戊基
anh	anhydrous	无水的
aq	aqueous	水性的/含水的
Ar	aryl，heteroaryl	芳基，杂芳基
azdist	azeotropicdistillation	共沸蒸馏
9 - BBN	9 - borobicyclo［3. 3. 1］nonane	9 - 硼双环［3. 3. 1］壬烷
BINAP	(*R*) -（+）-2，2′bis（diphenylphosphino）-1，1′ - binaphthyl	(*R*) -（+）-2, 2′-二（二苯基膦）-1, 1′-二萘
Boc	*t* - butoxycarbonyl 叔丁氧羰基	
Bu	butyl	丁基
t - Bu	*t* - butyl	叔丁基
t - BuOOH	*tert* - butyi hydroperoxide	叔丁基过氧醇
n - BuOTs	*n* - butyltosytate	对甲苯磺酸正丁酯
Bz	benzoyl	苯甲酰基
Bzl	benzyl	苄基
Bz_2Q_2	dibenzoyl peroxide	过氧化苯甲酰
CAN	cerium ammonium nitrate	硝酸铈铵
Cat	catalyst	催化剂
Cb，Cbz	benzoxyearbonyl	苄氧羰基
CC	columnchromatography	柱色谱（法）
CDl	*N*，*N*′ - carbonyldiimidazole	*N*，*N*′ - 碳酰（羰基）二咪唑
Cet	cetyl = hexadecyl	十六烷基
Ch	cyclohexyl	环已烷基
CHPCA	cyclohexaneperoxycarboxylic acid	环已基过氧酸

conc	concentrated	浓的
Cp	cyclopentyt, cyclopentadienyl	环戊基，环戊二烯基
CTEAB	cetyltriethylammoniumbromide	溴代十六烷基三乙基铵
CTMAB	cetyltrimethylammonium bromide	溴代十六烷基三甲基铵
d	dextrorotatory	右旋的
	electron – pairdonorsite	电子对 – 供体位置
△	refiux, heat	回流/加热
DABCO	1, 4 – diazabicyeto [2. 2. 2] octane	1，4 – 二氮杂二环 [2. 2. 2] 辛烷
DBN	1. 5 – diazabicydo [4. 3. 0] 1 – non – 5 – ene	1，5 – 二氮杂二环 [4. 3. 0] 壬烯 – 5
DBPO	dibenzoyl peroxide	过氧化二苯甲酰
DBU	1, 5 – diazabicyclo [5, 4, 0] undecen – 5 – ene	1，5 – 二氮杂二环 [5. 4. 0] 十一烯 – 5
O – DCB	ortho diChlorobenzene	邻二氯苯
DCC	dicyclOhexyl carbodiimide	二环已基碳二亚胺
DCE	1, 2 – dichlorOethane	1，2 – 二氯乙烷
DCU	1, 3 – dieyelOhexylurea	1，3 – 二环已基脲
DDQ	2, 3 – dichloro – 5, 6 – dicyano – 1, 4 – benzoquinone	2，3 – 二氯 – 5，6 – 二氰基对苯醌
DEAD	diethyl azodicarboxylate	偶氮二羧酸乙酯
Dec	decyl	癸基，十碳烷基
DEG	diethylene glycol = 3 – Oxapentane – 1, 5 – diol	二甘醇
DEPC	diethyl phosphory, cyanide	氰代磷酸二乙酯
deriV	derivative	衍生物
DET	diethyl tartrate	酒石酸二乙酯
DHP	3, 4 – dihydto – 2*H* – pyran	3，4 – 二氢 – 2H – 吡喃
DHQ	dihydroquinine	二氢奎宁
DHQD	dihydroquinidine	二氢奎尼定
DIBAH, DIBAL	diisobutylaluminum hydride = hydrobis – (2 – me – thylpropyl) aluminum	氢化二异丁基铝
diglyme	dltthylene glycol dimethyl ether	二甘醇二甲醚
dil	dilute	稀（释）的
diln	dilution	稀释
Diox	dioxane	二噁烷/二氧六环
DIPT	diisopropyl tartrate	酒石酸二异丙酯
DISIAB	disiamyl borane = di – sec – isoalmylborane	二仲异戊基硼烷
Dist	distillation	蒸馏
dl	racemic (rac.) mixtureo of dextro – and Ievorotafory fom	外消旋混合物
DMA	*N*, *N* – dimethylacetamide	*N*，*N* – 二甲基乙酰胺
	N, *N* – dimethylaniline	*N*，*N* – 二甲基苯胺

DMAP	4 - dinlethylaminopyridine	4 - 二甲氨基吡啶
DMAP	4 - dimethylalaminopyridihe oxidc	4 - 二甲胺基吡啶氧化物
DME	1，2 - dimethoxyethane = glyme	甘醇二甲醚
DMF	*N*，*N* - dimethylformamide	*N*，*N* - 二甲基甲酰胺
DMSO	dimethyl sulfoxide	二甲亚砜
Dmso	anion Of DMSO，“dimsyl” anion	二甲亚砜的碳负离子
Dod	dodecyl	十二烷基
DPPA	diphenyl azide	叠氮化磷酸二苯酯
DTEAB	decyltrlethylammonium bromide	溴代癸基三乙基铵
EDA	ethylene diamine	1，2 - 乙二胺
EDTA	ethylene diamine - *N*，*N*，*N'*，*N'* - tetraacetate	乙二胺四乙酸
e. e.（ee）	enantiomeric excess：0% ee = tacemization，100% ee = stereospecific reaction	对映体过量
EG	ethylene glycoL = 1，2 - ethaNEDIOL	1，2 - 亚乙基乙醇，乙二醇
E，I	electrochem indoced	电化学诱导的
Et	ethyl（e. g. EtOH，EtOAc）	乙基
Fmoc	9 - fluorenylmethoxycarbonyl	9 - 芴甲氧羰基
Gas，g	gaseous	气体的，气相
GO	gas chromatography	气相色谱（法）
Gly	glycine	甘氨酸
Glyme	1，2 - dlmethoxycthane（ = DME）	甘醇二甲醚
h	hour	小时
Hal	halo，halide	卤素，卤化物
Hep	heptyl	庚基
Hex	hexyl	己基
HCA	hexachloroacetone	六氯丙酮
HMDS	hexamethyl disilazane = bis（trimethylsilyl）amine	双（三甲硅基）胺
HMPA，HMPTA	*N*，*N*，*N'*，*N'*，*N'*，*N'* - hexamethylphosphoramide = hexamethylphosphotriamide = tris（dimethylamion）phosphinoxide	六甲基磷酰胺
hv	irrdation	照光（紫外光）
HOMO	highest occupisd molecular orbital	最高已占分子轨道
HPLC	high · pre ~ ureliquidchromaDgraphy	高效液相色谱
HTEAB	hexyltriehylammonium bromide	溴代己基三乙基铵
Hunig base	1 - （dimethylamino）naphthalene	1 - 二甲氨基萘
i -	iso - （e，g，*i* - Bu = isobutyl）	异 - （如 *i* - Bu = 异丁基）
inh	inhibitor	抑制剂
IPC	isopinocamphenyl	异莰烯基

IR	infra－red（absorption）spectra	红外（吸收）光谱
L	ligand	配（位）体
L	levorotatory	左旋的
LAH	lithium aluminum hydride	氢化铝锂
LDA	lithiurm diisopropylamide	二异丙基（酰）胺锂
Leu	leucine	亮氢酸
LHMDS	Li hexamethyldisilazide	六甲基二硅烷重氮锂
Liq，l	liquid	液体，液相
Ln	lanthanilde	稀土金属
LTA	lead tetraacetate	四乙酸铅
LTEAB	lauryltriethylammonium bromide (dodecyltriethylammonium bromide)	溴代十二烷基三乙基铵
LUMO	lowest unoccupied molecular orbital	最低空分子轨道
M	metal	金属
	transition metal complex	过渡金属配位化合物
MBK	methyl isobutyl ketone	甲基异丁基酮
MCPBA	*m*－chloroperoxybenzoic acid	间氯过氧苯甲酸
Me	methyl（e. g. MeOH，MeCN）	甲基
MEM	methoxyethoxymethyl	甲氧乙氧甲基
Mes，Ms	mesyl = methanesulfonyl	甲磺酰基
min	minute	分
mol	mole	摩尔（量）
MOM	methoxymethyl	甲氧甲基
MS	mass spectra	质谱
MW	microwave	微波
n－	normal	正
－NBA	*N*－bromo－acetamide	*N*－溴乙酰胺
NBP	*N*－bromo－phthalimide	*N*－溴酞酰亚胺
NBS	*N*－bromo－succinimiee	*N*－溴丁二亚胺
NCS	*N*－chaloro－succinimide	*N*－氯丁二酰亚胺
NIS	*N*－iodo－succinimide	*N*－碘丁二酰亚胺
NMO	*N*－methylnlorpholine *N*－oxide	*N*－甲基吗啉－*N*－氧化物
NMR	nuclear magnetic resonance spectra	核磁共振光谱
Non	nonyl	壬基
NU	NUcLEOPHILE	亲核试剂
Oct	octyl	辛基
o. p.	optical purity：0% o. p. = racemate，100% o. p. = pure cnantiomer	光学纯度
OTEAB	octyltriethylammonium bromide	涅代辛基三乙基铵
p	pressure	压力
PCC	pyridiniun chlorochromate	氯铬酸吡啶鎓盐
PDC	pyridinium dichromate	重铬酸吡啶鎓盐

PE	petrol ether = light petroleum	石油醚
PFC	pyridinium fluorochromate	氟铬酸吡啶鎓盐
Pen	pentyl	戊基
Ph	phenyl（e. g. PhH = benzene，PhOH = phenol）	苯基（PhH = 苯，PhOH = 苯酚）
Phth	phthaloyl = 1，2 – phenylcnedicarbonyl	邻苯二甲酰基
Pin	3 – pinanvl	3 – 蒎烷基
polvm	polymeric	聚合的
PPA	polyphosphoric acid	多聚磷酸
PPE	polyphosphorie ester	多聚磷酸酯
PPSE	polyphosphoric acid trimethylsilyl ester	多聚磷酸三甲硅酯
PPTS	pyridinium p – toluenesulfonate	对甲苯磺酸吡啶盐
Pr	propyl	丙基
Prot	protecting group	保护基
Py	Pyridine	吡啶
R，	alkvl. erc	烷基等
rac	racemic	外消旋的
r. t.	room temperature = 20 ~ 25℃	室温 = 20 ~ 25℃
s –	see –	仲
satd	saturated	饱和的
s	second	秒
sens	sensitizer	敏化剂，增感剂
sepn	separation	分离
sol	solid	固体
soln	solution	溶液
t –	*tert* –	叔 –
T	thymine	胸腺嘧啶
TBA	tribenzylammonium	三苄基胺
TBAB	tetrabutylammoniumbrc bromidc	溴代四丁基铵
TBAHS	tetrabutylammOnium hydrogensnlfate	四丁基硫酸氢铵
TBAI	telmbutylammonium iodide	碘代四丁基铵
TBAC	tetrbutylammonium chloride	氯代四丁基铵
TBATFA	tetrabutylammonium trifluoroacetate	四丁胺三氟醋酸盐
TBDMS	tert – butyldmethylsilyl	叔丁基二甲基硅烷基
TCC	trichlorocyanuric acid	三氯氰尿酸
TCQ	tetrachlorobenzoquinone	四氯苯醌
TEA	triethylamine	三乙（基）胺
TEBA	triethylbenzylammonium salt	三乙基苄基胺盐
TEBAB	triethylbenzylammonium bromide	溴代三乙摹苄基铵
TEBAC	triethylbenzylammonium bromide	氯代三乙基苄基铵
TEG	triethylene – glycol	三甘醇，二缩三（乙二醇）
Tf	trifluoromethanesulfonyl = triflyl	三氟甲磺酰基

TFA	trifluoroacetic acid	二氟醋酸
TFMeS	trfluoromethanesulfonyl = triflyl	三氟甲磺酰基
TFSA	trifluoromelhanesulfonic acid	三氟甲磺酸
THF	tetrahvdrofuran	四氢呋喃
THP	tetrahvdropyranyl	四氢吡喃基
TLC	thin – layer chromatography	薄层色谱
TMAB	tetramcthvlammonium bromide	溴代四甲基铵
TMEDA	*N*, *N′*, *N′N′* – tetramethyl – ethylenediamine [1, 2 – bis (dimethylamino) ethane]	*N*, *N*, *N′*, *N′* – 四甲基乙二胺
TMS	trimethylsilyl	三甲硅烷基
TMSCI	trimethylsilyl iodide	氯代三甲基硅烷
TMSI	trimethylsilyl iodide	碘代二甲基硅烷
TOMAC	trioctadecylmethylammonium chloride	氯代三（十八烷基）甲基铵
p – T – Oac	3 – *O* – acetyl thymidylic acid	3 – *O* – 乙酰基胸苷酸
Tol	toluene	甲苯
TOMACI	trioctylmonomeethylammonium chlorided	氯代二辛基甲基铵
TPAB	tetrapropylammonium bromide	溴代四丙基铵
TPAP	tetrapropylammonium perruthenate	四丙基高钙酸铵
TPS	2, 4, 6 – Triisopropylbenzenesulfonyl chloride	2, 4, 6 – 三异丙基苯璜酰氯
Tr	trityl	三苯甲基
triglyme	triethylene glycoldimethyl ether	三甘醇二甲醚
Ts	tosyl = 4 – toluenesulfonyl	对甲苯磺酰基
TsCl	tosyl chloride (p – toluenesulfonyl chloride)	对甲苯璜酰氯
TsH	4 – toluencsulfinic acid	对甲苯业磺酸
TsOH	4 – toluenesulfonic acid	对甲苯磺酸
TsOMe	methvl p – t0luenesulfonale	对甲苯磺酸甲酯
TTFA	thalium (3 +) trifluoroacetate	三氟乙酸铊（3 +）
TTN	thalium (3 +) trinitrate	三硝酸铊（3 +）
Und	undecyl	十一烷基
UV	ultraviolet spectra	紫外光谱
X, Y	mostly halogen, sulfonate, etc (leaving group in substitutions or eliminations)	大多数指卤素，磺酸酯基等（在取代或消除反应中的离去基团）
Xyl	xylene	二甲苯
Z	mostly electron – withdrawing group, e. g. CHO, CUR, COOR, CN, NO	大多数指吸电子基，如 CHO，COR，CO_2R，
Z = Cbz	benzoxycarbonyl protecting group	苄氧羰基保护基

附录 2 人名反应对照表

三　画

马克瓦（Marckwald）合成法

四　画

贝克曼（Beckmann）重排

乌尔夫－凯惜纳（Wolff－Kishner）－黄鸣龙还原

五　画

汉栖（Hantzsch）反应

史蒂文斯（stevens）重排

丘加叶夫（Chugaev）反应

瓜尔舍－索普（Guareschi Thorpe）吡啶合成法

加布里尔（Gabriel）反应

加特曼－科赫（Gattermann－Koch）反应

六　画

达金（Dakin）反应

达参（Darzens）反应

多伦斯（Tollens）缩合

七　画

麦尔外因－彭杜尔夫－威尔来（Meerwein－Ponndorf－Verley）还原

麦克尔（Micheal）加成

克莱森（Claisen）缩合

克莱森－施米特（Claisen－Schmidt）缩合

芬克尔斯坦（Finkelstein）反应

伯奇（Birch）还原

狄尔斯－阿尔德（Diels－Alder）双烯加成

狄克曼（Diekmann）反应

希曼（Schiemann）反应

八　画

欧芬脑尔（Oppenauer）氧化

武慈（Wurtz）反应

九　画

洛伊卡特（Leuckart）反应

柏琴（Perkin）反应

威廉森（Williamson）反应

费竭尔（Fischer）吲哚合成法

十　画

莱歇尔（Reissert）合成法

埃塔德（Etard）反应

桑德迈尔（Sandmeyer）反应

十一画

康尼查罗（Cannizzaro）反应

盖特曼（Gattermann）反应

盖特曼－科赫（Gattermann－Koch）反应。

曼尼希（Mannich）反应

维尔斯迈尔（Vilsmeier）反应

维蒂希（Wittig）反应

十二画

斯克劳普（skraup）喹啉合成法

琼斯（Jones）改良法

傅瑞德尔－克拉夫茨（Friedel－Crafts）烷基化反应

傅瑞德尔－克拉夫茨（Friedel－Crafts）酰化反应

十三画

雷福尔马茨基（Reformatsky）反应

鲍维特－勃朗克（Bouveault－Blanc）酯还原

十五画

德莱潘（Dele'pine）反应

十六画

霍夫曼（Hofmann）重排或降解

附录 3

重要化学试剂英汉对照表

acetic acid	乙酸
acetic anhydride	乙酸酐
acetic ester	乙酸酯
acetone（or acetone dianion）	丙酮（或丙酮双负离子）
acetyl chloride	乙酰氯
3 - Acetyl - 1，5，5 - trimethylhydantoin	3 - 乙酰基 - 1，5，5 - 三甲基乙内酰脲
acyl hypohalites	酰基次卤酸（酐）
alanine	丙氨酸
alkyl halides	烷基卤化物，卤代烃
alkyl hypohalite	次卤酸烷基酯
alkyl nitrite	亚硝酸烷基酯
alkyl thionitrite	硫代亚硝酸烷基酯
alkyl phosphonic amide	烷基磷酰胺
alkyl phosphonic ester	烷基磷酸酯
alkyl thiophos phonic ester	烷基硫代磷酸酯
aluminum chloride（cf. Lewis acid）	三氯化铝
aluminumisopropoxide - isopropanol	异丙醇铝—异丙醇
aluminumisopropoxide - ketone（acetone，cyclohexanone，diphenylketone	异丙醇铝 - 酮（丙酮、环已酮、二苯甲酮）
aluminum oxide	氧化铝
aluminum t - butoxide	叔丁醇铝
ammonium acetate	醋酸铵
n - Amylamine	正戊胺
aniline	苯胺
azidoformic ester	叠氮甲酸酯
azlactone	吖内酯
azobisi sobut yronitrile	偶氮双异丁腈
barium hydroxide	氢氧化钡
barium perchlorate	高氯酸钡
barium sulfate	硫酸钡
benzenesul finic acid	苯磺酸
benzoic acid	苯甲酸
benzoic anhydride	苯甲酸酐
benzoyl chloride	苯甲酰氯

benzoyl cyanide	苯甲酰氰
benzoyl tetrazole	苯甲酰四唑
benzyl halides	苄基卤
4 – Benzylpyridine	4 – 苄基吡啶
benzyltrimethylammonium hydroxide	氢氧化苄基三甲基铵
bis（1 – methylimidazol – 2 – yl）disulfide	双（1 – 甲基 – 2 – 咪唑基）二硫化物
bis（dichloromethyl）ether（Dichloromethyl ether）	双（二氯甲基）醚，双氯甲醚
bis（trihalo – aceoxy）iodobenzene	双（三卤一乙酰氧基）碘苯
bismuth（3 +）oxide	氧化铋
borane，diborane	硼烷，二硼烷
boric acid – sulfuric acid	硼酸 – 硫酸
boron trihalide	三卤化硼
bromo chloride	氯化溴
o – Bromomethyl benzoic acid	邻溴甲基苯
o – Bromomethyl benzoyl bromide	邻溴甲基苯甲酰溴
Butanethiol	丁硫醇
butyl alcohol	丁醇
butyl azidofomate	叠氮甲酸丁酯
t – Butyl chromate	铬酸叔丁酯
t – Butyl hydroperoxide	叔丁基过氧化氢
t – Butyl peroxybenzoate	过苯甲酸叔丁酯
Butylamine	丁胺
butyllithium	丁基锂
cadmium（2 +）carbonate	碳酸镉
cadmium（2 +）chloride	氯化镉
calcium（2 +）hydroxide	氢氧化钙
calcium（2 +）sulfate	硫酸钙
carbene	碳烯
carbodiimide（DCC，etc）	碳二亚胺（DCC 等）
carbon dioxide	二氧化碳
carbonyldiimidazole	羰基二咪唑
carboxylic anhydride	羧酸酐
carhoxylic pyridol ester	羧基吡啶酯
carboxylic thiol ester	羧酸硫醇酯
carboxylic trinitrophenol ester	羧酸三硝基苯酯
caro’ s acid（Permonosulfuric acid）	Caro 酸，过一硫酸
ceric（4 +）ammonium nitrite	硝酸铈铵
chloramines – T（N – chloro – p – toluenesulfonamide，sodium salt）	氯胺 T（N – 氯 – 对苯甲磺酰胺，钠盐）
chloranil（Tetrachlorobenzoquinone）	氯醌（四氯代苯对醌）
2 – Chloro – 2，2 – diphenylacetic ester	2 – 氯 – 2，2 – 苯基乙酸酯

chloroacetic ester	氯乙酸酯
chlorofor mic ester	氯甲酸酯
chloromethyl methyl ether	氯甲基甲基醚
m – Chloroperoxybenzoic acid（MCPBA）	间–氯过苯甲酸（MCPBA）
2–（p–Chlorophenoxy）acetic ester	2–（对–氯苯氧基）乙酸酯
chromic acid	铬酸
chromium（6+）oxide–acetic acid	三氧化铬–醋酸
chromium（6+）oxide–acetic anhydride–sulfuric acid	氧化铬–醋酐–硫酸
chromium（6+）oxide–pyridine	三氧化铬–吡啶
chromium（6+）oxide–sulfuric acid（Jones reagent）	氧化铬–硫酸（Jones 试剂）
chromyl chloride	铬酰氯
collins reagent，Trioxobis（pyridine）chromium	Collins 试剂，三氧双（吡啶）铬
copper	铜
copper chromite（copper oxidechromium oxide）	亚铬酸铜（氧化铜–三氧化铬）
copper（2+）chloride–oxygen	氯化铜–氧气
copper（2+）oxide	氧化铜
cornforth reagent（Chromium oxide–Water–Pyridine）	Cornforth 试剂（三氧化铬–水–吡啶）
crown ether	冠醚
cupper（1+）cyanide（Cuprous cyanide）	氰化亚铜
cupper（1+）halide（cuproushalide）	卤化亚铜
cupper（2+）acetate（Cpric acetate）	醋酸铜
cupper（2+）chloride（Cupric chloride）	氯化铜
cyanuric chloride	氰尿酰氯
cyclohexylamine	环己胺
1，5–Diazabieyclo［5.4.0］undecen–5–ene（DBU）	1，5–二氮杂二环［5.4.0］十一烯–5
diazoketone	重氮铜
diazom ethane	重氮甲烷
1，3–Dibromoisocyanuric acid	1，3–二溴异氰尿酸
o–Dibromom ethylbenzoate ester	邻二溴甲基苯甲酸酯
2，6–Diehloro–3–nitrobenzoyl chloride	2，6–二氯–3–硝基苯甲酰氯
2，6–Dichloro–4–methylphenyl acetate	乙酸–2，6–二氯–4–甲基苯酯
2，2–Dichloroacetic acid	2，2–二氯乙酸
2，2–Dichloroacetonitrile	2，2–二氯乙腈
dichlorophosphoric anhydride	二氯磷酸酐
dichoromethyl methyl ether	二氯甲基甲基醚
diethoxyphenoxymethane	二乙氧基苯氧基甲烷
diethyl azodicarboxylate	偶氮二羧酸二乙酯

diethyl carbonate	碳酸二乙酯
diethyl oxalate	草酸二乙酯
diethvl succinate	丁二酸（琥珀酸）二乙酯
diimide	二亚胺
diisobut ylaluminum hydride（DIBAL，DIBAH）	氧化二异丁基铝
dimethyl sulfate	硫酸二甲酯
dimethyl sulfoxide – sodium hydride	二甲亚砜 – 氢化钠
7，8 – Dimethyl – 1，5 – dihydro – 2，4 – benzodithiepine	7，8 – 二甲基 – 1，5 – 二氢 – 2，4 – 苯并二硫环庚烯
N，N – Dimethylacetamide dimethylacetal	N，N – 甲基乙酰胺二甲缩醛
4 – Dimethylaminopyridine	4 – 二甲氨基吡啶
N，N – Dimethylaniline	N，N – 二甲苯胺
N，N – Dimethylformamide（DMF）	N，N – 二甲基甲酰胺（DMF）
2，4 – Dinitrophenyl benzoate	苯甲酸 – 2，4 – 硝基苯酯
2，3 – Diphenylmaleimide	2，3 – 二苯基顺丁烯（二）酰亚胺
diphenylphosphoryl azide	二苯基磷酰叠氮
dithiane	1，3 – 二噻烷
dthiolanes	二硫戊烷
epoxyclohexane	环氧环己烷
erlenmeyer – Plochl azlactone Erlenmeyer – Plochl	吖内酯
ethanediol – Tosyl acid	乙二醇 – 对甲苯磺酸
ethoxyvinyllithium	乙氧乙烯基锂
ethl ethylthiomethyl sulfoxide	乙基乙硫甲基亚砜
ethyl vinyl ether	乙基乙烯基醚
ethyl vinyl thiether	乙基乙烯基硫醚
ethylene oxide	环氧乙烷
ferric（3 +） chloride	三氯化铁
ferric（3 +） nitrate	硝酸铁
ferric（3 +） sulfate	硫酸铁
9 – Fluorenecarbonyl chloride	9 – 芴甲酰氯
formaldehyde	甲醛
formaldehyde – formic acid	甲醛 – 甲酸
formic acid	甲酸
formic acid – Palladium – Carbon	甲酸 – 钯 – 碳
formic ester	甲酸酯
glycine	甘氨酸
grignard reagent	Grignard 试剂
n – Halo – amide（NBS，NBA，NCS，NIS，etc）	N – 卤代酰胺
n – Haloamine	N – 卤胺
halogen	卤素

heptafluoroisopropyl phenyl ketone	七氟异丙基苯基酮
hexachloroacetone（HCA）	六氯丙酮（HCA）
hexafluoro－1，2－epoxypropane	六氟－1，2－环氧丙烷
hexafluorophosphoric acid	六氟磷酸（氟磷酸）
hexamethyl phosphoramide（HMPA，HMPTA）	六甲基磷酰胺（HMPA，HMPTA）
hydrazide	酰肼
hydrazine	肼
hydrazoic acid	叠氮酸
hydrogen halide	卤化氢，氢卤酸
hydrogen peroxide－Acetic acid	过氧化氢－醋酸
hydrogen peroxide－sodium hydroxide	过氧化氢－氢氧化钠
hydroxamic acid	异羟肟酸
1－Hydroxybenzotriazole	1－羟基苯并三唑
hydroxylamine	羟胺
hypochlorous anhydride	次卤酸酐
hypohalous acid（HOCl，HOBr，HOI，etc）	次卤酸
iodate	碘酸盐
Ion exchange resin	离子交换树脂
Iron	铁
iron trl（or penta）carbonyl	三或五羰基合铁
isopropenyl acetate	乙酸异丙烯酯
isopropenyllithium	异丙烯基锂
isopropylidene malonate	丙二酸异亚丙酯
ketene	乙烯酮，烯酮
lead tetraacetate（LTA）	四醋酸铅（LTA）
lemieux reagent	Lemieux 试剂
lewis acid	Lewis（路易士）酸
lindlar catalyst（Pd－$CaCO_3$ or $BaSO_4$＋quinoline）	Lindlar 催化剂
lithium 1，1－bis（trimethylsilyl）－3－methylbutoxide	1，1－双（三甲硅基）－3－甲基丁醇锂
lithium aluminum hydride（L－AH）	氢化铝锂
lithium bis（tremethylsilyl）amide	双（三甲硅基）（酰）胺锂
lithium borohydride	氢化硼锂
lithium chlorate	氯酸锂
lithium dialkylcuprate	二烷基铜锂
lithium diisopropylamide（LDA）	二异丙基（酰）胺锂
lithium isopropylcyclohexylamide	异丙基环己基（酰）胺锂
lithium tri－t－butoxyaluminohydride	氢化三叔丁基铝锂
lithium－diethylamine	锂－二乙胺
lucas reagent（zinc chloride－HCL）	Lucas 试剂（氯化锌－盐酸）
magnesium	镁
manganese（4＋）oxide	二氧化锰

2 – Mercaptoethanol	2 – 巯基乙醇
mercuric (2 +) chloride	氯化汞
mercuric (2 +) oxide	氧化汞
mercuric (2 +) triflucroacetate	三氟醋酸汞
metal cyanide	金属氰化物
metal halide (cf. Lewis acid)	金属卤化物
metal – liq ammonia	金属 – 液氨
methanesulfonic acid	甲磺酸
methanesulfonic anhydride	甲磺酸酐
methanesulfonyl chloride	甲磺酰氯
methionine	蛋氨酸
2 – Methoxyacetic ester	2 – 甲氧基乙酸酯
p – Methoxybenzoyl chloride	对甲氧基苯甲酰氯
2 – Methoxyisoprene	2 – 甲氧基异戊二烯
methoxyvinyllithium	甲氧乙烯基锂
methyl 1 – (trimethylsilyl) vinyl ketone	甲基 1 – (三甲硅基) 乙烯基酮
methyl iodide (cf. Alkyl halide)	碘甲烷
methyl nitrite	亚硝基甲酯
methyl (trialkylborane) cuprate	甲基三烷基硼铜
2 – Methyl – 2 – propanethiol thallium salt	叔丁基硫醇铊盐
n – Methyl – piperidin – 3 – yl – 2 – diphenyl – 2 – hydroxyacetate	2 – 苯基 – 2 – 羟基乙酸 – N – 甲基 – 3 – 哌啶酯
methylal	甲缩醛，甲醛缩二甲醇
n – Methylaniline potassium salt	N – 甲基苯胺钾盐
methyllithium	甲基锂
molybdenum hexacarbonyl (Hexacarbonylmolybdenum)	羰基合钼
monoperoxynhthalic acid	单过氧邻苯二甲酸
morpholine	吗啉
nickel	镍
nickel betide	硼化镍
nickel tetracarbonyl	四羰基合镍
nitrene	氮烯
nitric acid	硝酸
o – Nitrobenzoic acid	邻硝基苯甲酸
p – Nitroperoxybenzoic acid	对硝基过苯甲酸
p – Nitrophenyl benzoate	苯甲酸 – 对硝基苯酯
p – Nitrophenyl t – butyl carbonate	碳酸 – 对硝基苯基叔丁基酯
p – Nitroso – N, N – dimethylaniline	对 – 亚硝基 – N, N – 二甲苯胺
normant reagent	Normant 试剂
organic peracid	有机过 (氧) 酸
organic peroxide	有机过氧化物
organocopper (chiral ligand) compound	有机铜 (手性配体) 化合物

organometal compound 有机金属化合物
ortho – ester 原酸酯
osmium（8+）tetraoxide 四氧化锇
oxalic acid 草酸
oxalyl chloride 草酰氯
ozone – chromium（6+）Oxidesulfuric acid（or hydrogen peroxide）臭氧 – 三氧化铬 – 硫酸（或过氧化氢）
ozone – dimethyl sulfide（or hydride ion，zinc – acetic acid. catalytic hydrogenation）臭氧 – 二甲硫醚（或负氢离子，锌 – 醋酸，催化氢化）
palladium 钯
palladium（2+）acetate 醋酸钯
palladium（2+）chloride 氯化钯
palladium – hydrogen 钯 – 氢气
pentafluoroethyl hypofluorite 次氟酸五氟乙酯
pentafluorophenyl acetate 乙酸五氟苯酯
pentyl nitrite 硝酸戊酯
peracetic acid 过乙酸
perbenzoic acid 过苯甲酸
perchloric acid 高氯酸
parformk acid 过甲酸
periodate 过碘酸盐
periodic acid 过碘酸
peroxycarboximidic acid 过氧亚氨酸
peroxytrifluoroacetic acid 过氧三氟乙酸
phase transfer catalyst 相转移催化剂
2 – Phenoxyacetic ester 2 – 苯氧乙酸酯
phenyl benzoate 苯甲酸苯酯
phenyl methyl sulfone 苯基甲基砜
phenyl phenylthiomethyl sulfide 苯基苯硫甲基硫醚
6 – Phenyl2 – pyridone 6 – 苯基 – 2 – 吡啶酮
p – Phenylbenzoic chloride 对苯基苯甲酰氯
phenylene phosphochloridite 氯代磷酸 – 邻苯二酚酯
phenyllithium 苯基锂
phenylselenenyl halide 苯硒基卤化物
phenyletrafluorophosphorane 苯基四氟正膦
phenylthiomethyllithium 苯硫甲基锂
phosphoric acid 磷酸
phosphorous halide 卤化磷
phosphorus oxychloride 三氯氧化磷（氧氯化磷）
phosphorus pentasulfide 五硫化二磷
phosphorus pentoxide 五氧化二磷，磷酸酐
phthatic anhydride 邻苯二甲酸酐

piperidin – N – yl benzoate	苯甲酸 – N – 哌啶（基）酯
piperidine	哌啶
pivalic ester	新戊酸酯
platinum（4+）oxide（Adams'catalyst）– hydrogen	二氧化铂（Abams 催化剂）– 氢气
(cf. Adams'catalyst)	
platinum – hydrogen	铂 – 氢气
polyphosphoric acid	多磷酸
polysubsituted imidazolidine	多取代咪唑烷
potassium acetate	醋酸钾
potassium borohydride	氢化硼钾
potassium ferricyanide	铁氰化钾
potassium hydride	氢化钾
potassium naphthalenide	萘钾
potassium permanganate	高锰酸钾
potassium persulfate	过（二）硫酸钾
potassium t – butoxide	叔丁醇钾
potassium（or sodium）dichromate	重铬酸钾（或钠）
1，3 – Propanedithiol	1，3 – 丙二硫醇
propionic acid	丙酸
propionic anhydride	丙酸酐
pschorr cyelization Pschorr	环合
pyridine	吡啶
2 – Pyridyl disulphide	2 – 吡啶基二硫化物
pyrrolidine	四氢吡啶
4 – Pyrrolidnopyridine	4 – 吡咯基吡啶
quaternary ammonium salt	季铵盐
quaternary arsenium salt	季砷盐
raney nickel	Raney 镍
ruthenium（8+）oxide（or + periodate）	四氧化钌（或 + 过碘酸盐）
sarett reagent	Sarett 试剂
selenium	硒
selenium dioxide	二氧化硒
semiearbazide	氨基脲
silver（1+）acetate	醋酸银
silver（1+）carbonate	碳酸银
silver（1+）nitrate	硝酸银
silver（1+）oxide	氧化银
silver（1+）*p* – toluenesulfonate	对甲苯磺酸银
silver（1+）tetrafluoroborate	氟硼酸银
simmous – Smith reagent	Simmous – Smith 试剂
sodium	钠

sodium 4 – mefthylbenzenethiolate	对甲苯硫酚钠
sodium acetate	醋酸钠
sodium alkoxide	醇钠
sodium alkyl（chiral）borohydride	氢化烷基（手性）硼钠，烷基（手性）硼氢钠
sodium anilidoborohydride	氢化酰苯胺基硼钠，酰苯胺基硼氢钠
sodium azide	叠氮化钠
sodiumbenzylselenolate	苄硒醇钠
sodium bisulfite	亚硫酸氢钠
sodium borohydride	氢化硼钠
sodium butyrate	丁酸钠
sodium chloride – aq. DMSO	氯化钠 – 水性二甲亚砜
sodium cyanide – DMSO	氰化钠 – 二甲亚砜
sodium cyanoborohydride	氰基硼氢钠
sodium dichromate	重铬酸钠
sodium ethanethiolate	乙硫醇钠
sodium hydride	氢化钠
sodiumhydrosulfite	连二亚硫酸钠，保险粉
sodium iodide – acetone	碘化钠 – 丙酮
sodium nitrite（+HCl or acetic acid）	亚硝酸钠（+盐酸或乙酸）
sodium propanethiolate	丙硫醇钠
sodium tetracarbonylcobaltate	四羰基合钴酸钠
sodium tetracarbonylferrate	四羰基合铁酸钠
sodium（or potassium）amide	氨基钠（或钾）
sodium – Mercury	钠 – 汞
strontium（2+）carbonate	碳酸锶
succinic anhydride	丁二酸酐
succinimid – N – yl benzoate	苯甲酸 – 琥珀酰亚胺 – N – 基酯
sulfur	硫
sulfur chloride	氯化硫
sulfuryl chloride	硫酰氯
synthon（d –，a –，e –，r –，etc）	合成子
tetrabromocyclohexadienone	四溴环己烯二酮
tetrabutylammonium cynide	氰化四丁基铵
tetracyanoethylene	四氰乙烯
tetraethyl pyrophosphite	焦磷酸四乙酯
tetraethyl ammonium bis（trihalo – acetoxy）iodate	双（三卤乙酰氧基）碘酸四乙基铵
tetrafluomboric acid	四氟硼酸
tetrahydrofolic acid	四氢叶酸
tetrakis（triphenylhosphine）palladium	四（三苯膦）合钯
tetraline（tetralin，tetrahydronaphtllalene）	四氢萘
tetramethyl – α – hologeno – enamine	四甲基 – α – 卤代烯胺
N，N，N′，N′ – Tetramethyldiamino methane	N，N，N′，N′ – 四甲基甲二胺

thallium (1+) acetate	醋酸铊
thallium (1+) alcoholate	醇铊
thallium (3+) trifluoroacetate	三氟醋酸铊
thionyl halide	卤化亚砜
tin (2+) chloride (Stannous chloride)	二氯化锡
tin (4+) chloride (Stannic chloride)	四氯化锡
titanium (3+) chloride	三氯化钛
titanium (4+) chloride	四氯化钛
titanium (4+) isopropoxide	异丙醇钛
p – Toluenesulfonic acid	对甲苯磺酸
p – ToluenesuHbnic ester	对甲苯磺酰酯
p – Toluenesulfonyl chloride	对甲苯磺酰氯
p – Toluenesulfonyl hydrazine	对甲苯磺酰肼
Tri – butyltin hydride	氢化三正丁基锡啊
Trialkyl (or aryl) phosphite	亚磷酸三烷基（或芳基）酯
trialkylammonium fluoride	氟化三烷基铵
trialkylborane	三烷基硼
tributylphosphine oxide	氧化三丁基膦
tricarbonylcoball hydride	氢三羰基合钴
trichloroacetaldehyde	三氯乙醛
trichloroacetic acid	三氯乙酸
trichloroacetonitfile	三氯乙腈
2，4，5 – Trichlorophenyl t – butylcarbonate	碳酸 – 2，4，5 – 三氯苯基叔丁基酯
triethylamine	三乙胺
trifluoroacetic acid (or salt)	三氟乙酸（或盐）
trifluoroacetic anhydride	三氟乙酸酐
trifluoroacetic ester	三氟乙酸酯
trifluoroacetyl hypoiodite	三氟乙酰基次碘酸（酐）
trifluoromethanesulfonic acid	三氟甲磺酸
trifluoromethanesulfonic anhydride	三氟甲磺酸酐
trifluoromethanesulfonic ester	三氟甲磺酸酯
trifluoromethanesulfonic – acetic anhydride	三氟甲磺酸 – 醋酸混合酸酐
trifluoromethanesulfonyl chloride	三氟甲磺酰氯
2，4，6 – Trihalo – benzoyl chloride	2，4，6 – 三卤苯甲酰氯
2，4，6 – Triisopropylbenzenesulfonyl chloride	2，4，6 – 三异丙基苯磺酰氯
2，3，6 – Trimethyl – 4，5 – dinitrobenzoyl chloride	2，3，6 – 三甲基 – 4，5 – 二硝基苯甲酰氯
trimethylhalosilane (Tins – Cl，Tms – I，etc)	三甲基卤硅烷
trimethylsilyl cyanide	三甲硅基氰化物
trimethylsulfonium iodide – DMSO – Sodium hydride	碘化三甲锍 – 二甲亚砜 – 氢化钠
2，4，6 – Trinitro – fluorobenzene	2，4，6 – 三硝基氟苯
triphenylmethane – Sodium hydride	三苯甲烷 – 氢化钠
2 – Triphenylmethoxyacetate	2 – 三苯甲氧基乙酸酯

triphenylphosphine	三苯膦
tris（triphenylphosphine）ruthenium dichloride	二氯三（三苯膦）合铑
1，3，5 – Trithiane	1，3，5 – 三噻烷
trityl chloride	三苯甲基氯（化物）
trityllithium	三苯甲基锂
vanadium acetylacetonate	乙酰丙酮合钒
vilsmeir – Haauc reagent	Vilsmeier – Haauc 试剂
wittig reagent	Wittig 试剂
wittig – Horner reagent	Wittig – Horner 试剂
xenon（2 +）fluoride	氟化氙
zinc	锌
zinc amalgam	锌汞齐
zinc（2 +）cyanide	氰化锌
zinc（2 +）halide	卤化锌
zinc – copper（or silver）	锌 – 铜（或银）
zinc – sodium iodide – acetic acid	锌 – 碘化钠 – 醋酸
zinc – acetic acid	锌 – 醋酸

参考文献

[1] 闻韧. 药物合成反应. 北京：化学工业出版社，2004.
[2] 唐培堃. 精细有机合成化学与工艺学. 北京：化学工业出版社，2002.
[3] 卞克建，沈慕仲. 工业化学反应及应用. 合肥：中国科学技术大学出版社，1999.
[4] 徐寿昌. 有机化学. 北京：高等教育出版社，1982.
[5] 徐克勋. 精细有机化工原料及中间体手册. 北京：化学工业出版社，1998.
[6] 苏为科，何潮洪. 医药中间体制备方法. 北京：化学工业出版社，2001.
[7] 何敬文. 药物合成反应. 北京：中国医药科学出版社，1995.
[8] 李正化. 有机药物合成原理. 北京：人民卫生出版社，1985.
[9] 李天全. 有机合成化学基础. 北京：人民卫生出版社，2003.
[10] 牛彦辉. 药物合成反应. 北京：人民卫生出版社，2003.
[11] 陆涛，陈继俊. 有机化学实验与指导. 北京：中国医药科技出版社，2003.
[12] 姚其正，王亚楼. 药物合成基本技能与实验. 北京：化学工业出版社，2008.